OA 기기의 기본구성 및 응용

남상엽 · 박정호 · 최경찬 공저

도서출판 상학당

Preface

현재 전 세계 프린터 및 복합기 시장은 디지털 융합화로써 130조 원 이상 규모로 40조 원 규모의 메모리 반도체 시장, 100조 원 규모의 디지털 TV 시장보다 훨씬 크다. 유럽과 아시아 지역을 중심으로 꾸준히 성장하고 있으며, 관련 소모품 시장과 기업 대상의 토털 프린팅 솔루션 시장도 빠르게 확대되고 있다. 앞으로 디지털 컨버전스가 가속화되면 휴대폰을 비롯해 디지털 TV, LCD 디스플레이 등 다방면에서 경쟁력을 갖추고 있는 회사가 더욱 유리할 것이다. 저가(低價) 제품군에서 이룬 성공을 고가(高價) 제품군으로 확장하는 데 성공한다면 세계 프린터 시장 리더로 도약하는 것도 불가능하지 않을 것이다.

최근 복합기가 사무용품의 대표주자로 등장하면서 하드웨어와 소프트웨어의 융합이 가속되면서 사무기기의 활용의 방향이 다양하게 전개되고 있다. 특히 네트워크와 융합화를 이루어지면서 모든 업무처리를 메일 서비스 및 관리 시스템이 복합화되어가고 있다. 예를 들면 삼성의 MPS의 구성은 통합출력 관리 솔루션, 출력보안 솔루션, Form 레이아웃 자동생성 솔루션, 문서관리 솔루션, 무인과금 솔루션, 전문출력 솔루션 등 모든 것을 관리하고 통합되는 양상으로 발전하고 있다.

OA 기기는 사무활동의 효율화 및 내용의 질적 향상을 지향하는 것을 목적으로 하여, 각각의 OA 기기를 이용하여 업무를 효율적으로 처리할 수 있고 대표적인 OA 기기는 복사기, 팩시밀리, 프린터, 인쇄기 등 업무의 처리방법에 따라 여러 가지 종류가 있다. 복사기(複寫機)는 화학적인 반응과 레이저 광선을 이용하여 그림이나 문서를 인쇄하는 기계를 말한다. 값이 싸서 학교와 직장, 관공서에서 많이 사용하고 있기 때문에 등사기와 타자기와 더불어 사무용 기기에 널리 이용되고 있다.

팩시밀리(Facsimile) 혹은 팩스(Fax)는 문서의 복사본을 전송하는 데에 쓰이는 전자통신기술로, 특히 전화 네트워크 위에 동작하는 장치를 사용한다. 프린터는 그것이 연결된 컴퓨터에 저장된 데이터의 하드 카피(복사본, 보통 종이에 인쇄되는 텍스트 혹은 그래픽)를 만드는 컴퓨터 출력장치이다.

액정 프로젝터(LCD 프로젝터)는 비디오, 그림, 컴퓨터 데이터를 어느 화면 또는 평평한 화면 위에 표시하기 위한 영상 프로젝터의 하나이다. 인쇄기(印刷機)는 판면(版面)에 잉크를 묻히고, 판면의 문자·그림 등을 종이 등에 박아 많은 복제를 만드는 기계장치이다.

보통 컴퓨터를 통하여 복합기를 데이터를 처리하는 과정은 PC로부터 사용자가 자료의 인쇄명령을 내리면 PC에서는 해당 자료를 코드화하여 프린터로 보내면 코드화된 자료는 맨 처음 프린터의 비디오 컨트롤러로 들어가는데 비디오 컨트롤러는 인쇄하고자 하

Preface

는 정보를 프린터 엔진이 처리할 수 있는 화상정보로 바꾸어 페이지 단위로 엔진 회로에 넘겨주고 엔진 회로는 모터, 레이저센서 등 각종 제어장치를 이용하여 비디오 컨트롤러부에서 전달받은 화상정보를 용지 위에 인쇄할 수 있도록 엔진 기구부를 제어하고 최종적으로 엔진 기구부가 전자 사진 프로세스에 의해 인쇄작업을 하도록 구성되어 있다.

이 교재는 OA 기기의 대표적인 제품들의 기본적인 구성 및 기술에 대하여 설명하였다. 기존에 나와 있는 것은 기본적인 자료이거나 실무자료만 있었는데 이 교재를 통하여 복합 OA 기기를 이해하고 학습할 수 있도록 구성하였다. 이 교재를 이용하여 컴퓨터 · 전자 · 통신, 메카트로닉스, 전기 분야 관련 학생 및 초보개발자를 대상으로 한 OA 기기에 대한 기본학습 및 실습을 위한 교재로서, 처음 OA 복합기를 접하는 학생 및 관계자에게 쉽고 빠르게 접근할 수 있도록 하는 데 촛점을 맞추어 편찬되었다.

이 책의 주요 구성은 다음과 같다.

이 책의 1장은 OA 기기의 개론, 2장은 복사기의 구성 및 기술, 3장은 프린터의 구성 및 기술, 4장은 팩시밀리의 구성 및 기술, 5장은 복합기(DMFP) 구성 및 기술, 6장은 MPS 구성 및 기술, 부록으로 구성되어 있다.

끝으로 이 교재를 집필하는 데 많은 도움을 주신 (주)삼성솔루션의 임직원 관계자 여러분께 감사의 말씀을 전하고, 도서출판 상학당의 관계자 여러분에게 감사의 마음을 전합니다. 이 교재를 집필하면서 OA 기기 관련 기존 도서를 출판하신 교수님들, 기존 OA 기기 응용 산업 관계자 여러분 및 OA 기기 응용 관련 분야의 전문가의 조언과 자료제공에 대하여 깊이 감사드린다. 이 교재는 OA 응용 시스템 관련 솔루션으로 이 책이 보다 많은 OA 응용 분야의 인력 양성에 힘이 되어주기 바란다.

저 자 씀

Contents

Contents

01장

OA 기기의 개론

01 OA 기기의 기본구성

사무활동의 효율화 및 내용의 질적 향상을 지향하는 것을 목적으로 하여, 각각의 OA 기기를 이용하여 업무를 효율적으로 처리하는 구성이다. 복사기, 팩시밀리, 프린터, 인쇄기 등 업무의 처리방법에 따라 여러 가지 구성이 가능하다. 대표적인 OA 기기의 종류는 다음과 같다.

(1) 복사기

복사기(複寫機)는 화학적인 반응과 레이저 광선을 이용하여 그림이나 문서를 인쇄하는 기계를 말한다. 값이 싸서 학교와 직장, 관공서에서 많이 사용하고 있기 때문에 등사기와 타자기와 더불어 사무용 기기에 널리 이용되고 있다.

(2) 팩시밀리

팩시밀리(facsimile) 혹은 팩스(fax)는 문서의 복사본을 전송하는 데에 쓰이는 전자·통신기술로, 특히 전화 네트워크 위에 동작하는 장치를 사용한다. "일정한 거리에서 복사본을 만들기" 위한 텔레팩시밀리(telefacsimile)의 준말 텔레팩스(telefax)가 동의어로 사용된다. 이 장치는 또한 특정한 산업에서 전화 복사기로도 알려져 있다.

(3) 프린터

프린터는 그것이 연결된 컴퓨터에 저장된 데이터의 하드 카피(복사본, 보통 종이에 인쇄되는 텍스트 혹은 그래픽)를 만드는 컴퓨터 출력장치이다. 과거 전사 프린터, 도트 매트릭스 프린터 등이 쓰였으나, 현재는 잉크젯 프린터, 레이저 프린터가 널리 쓰인다.

(4) LCD 프로젝터

액정 프로젝터(LCD 프로젝터)는 비디오, 그림, 컴퓨터 데이터를 어느 화면 또는 평평한 화면 위에 표시하기 위한 영상 프로젝터의 하나이다. 현대에는 슬라이드 영사기 또는 오버헤드 프로젝터의 현대판이라고 생각하면 된다.

(5) 인쇄기

인쇄기(印刷機)는 판면(版面)에 잉크를 묻히고, 판면의 문자 · 그림 등을 종이 등에 박아 많은 복제를 만드는 기계장치이다. 1439년 독일의 요하네스 구텐베르크에 의해 개발되었으며, 회전 인쇄는 1833년 미국의 리처드 마치 호에 의해 개발되었다. 이외에도 업무의 처리방법과 용도에 따라 다양한 OA 기기가 존재한다.

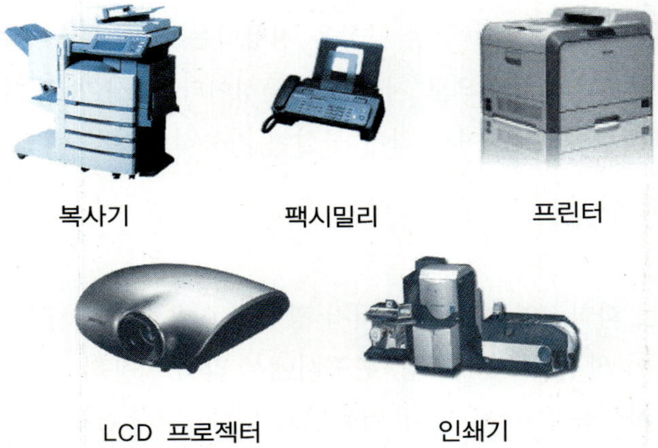

[그림 1-1] 다양한 OA 기기들

디지털 시대에 프린터가 각광을 받는 것은 역설적인 일이다. 그러나 프린터에 복사기, 팩스, 유선전화 기능까지 갖춘 디지털 복합기 등으로 발전하며 프린터는 컴퓨터와 함께 비즈니스 디지털 기기의 핵심 장비로 자리를 잡았다.

그러나 프린터가 우리 생활 깊숙이 들어온 것은 그리 오래된 일이 아니다. 흑백 잉크젯 프린터는 1970년대 후반에 개발됐고, 컬러 잉크젯 프린터는 1980년대 초반에 세상에 첫 선을 보였다. 오늘날 보편적으로 사용하고 있는 레이저 방식의 컬러 프린터는 1990년대 중반에 이르러서야 마침내 등장했다. 초기엔 어떤 방식이든 한 자씩, 한 줄씩 느리게 인쇄했지만 지금은 화려한 컬러사진까지도 한번에 밀어붙이듯 인쇄해 버린다.

화려한 디지털 기술이 판을 치는 시대에 자칫 별것 아닌 것처럼 여길 수도 있지만 프린터야말로 디지털 기기 중 가장 진입장벽이 높은 기술집약적 분야로 꼽힌다.

02 프린팅 구성 및 과정

1) 프린팅 기기의 구성

프린팅 기기의 구성은 프린터의 비디오 컨트롤러부, 엔진 회로부, 엔진 기구부로 구성되어 있다.

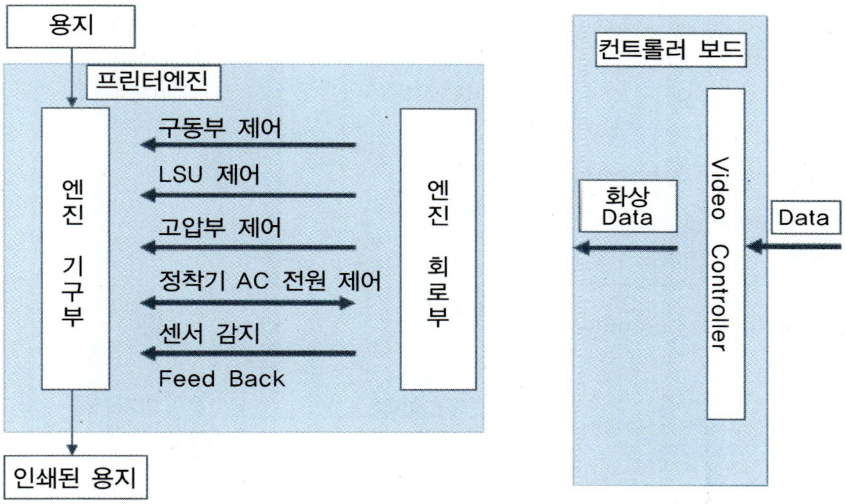

[그림 1-2] 프린팅 기기의 구성

2) 프린팅 과정

PC로부터 사용자가 자료의 인쇄명령을 내리면 PC에서는 해당 자료를 코드화하여 프린터로 보낸다. 그러면 코드화된 자료는 맨 처음 프린터의 비디오 컨트롤러로 들어가는데 비디오 컨트롤러는 인쇄하고자 하는 정보를 프린터 엔진이 처리할 수 있는 화상정보로 바꾸어 페이지 단위로 엔진 회로에 넘겨준다.

엔진 회로는 모터, 레이저센서 등 각종 제어장치를 이용하여 비디오 컨트롤러 부에서 전달받은 화상정보를 용지 위에 인쇄할 수 있도록 엔진 기구부를 제어하고 최종적으로 엔진 기구부가 전자사진 프로세스 6단계에 의해 인쇄작업을 하도록 구성되어 있다.

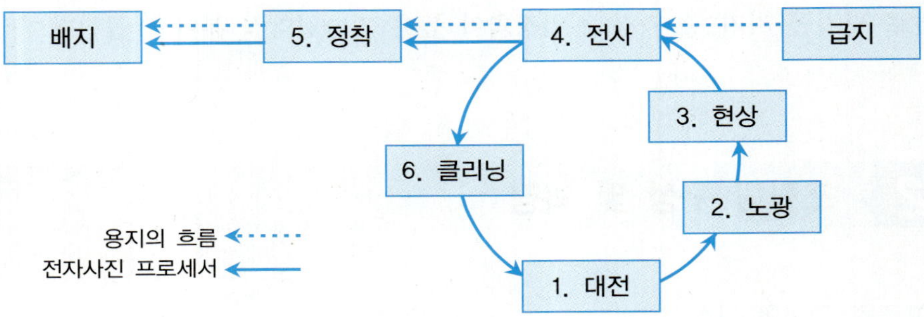

[그림 1-3] 전자사진 프로세스 6단계

빛을 화상정보의 매개체로 하여 행하는 화상형성 방식으로 1938년 미국의 Carlson이 이 방식을 이용한 화상형성에 성공한 이래 계속 발달하였다. 지금은 LBP, LED 프린터, PP-FAX, 복사기 등에 이 방식이 폭 넓게 적용하고 있다.

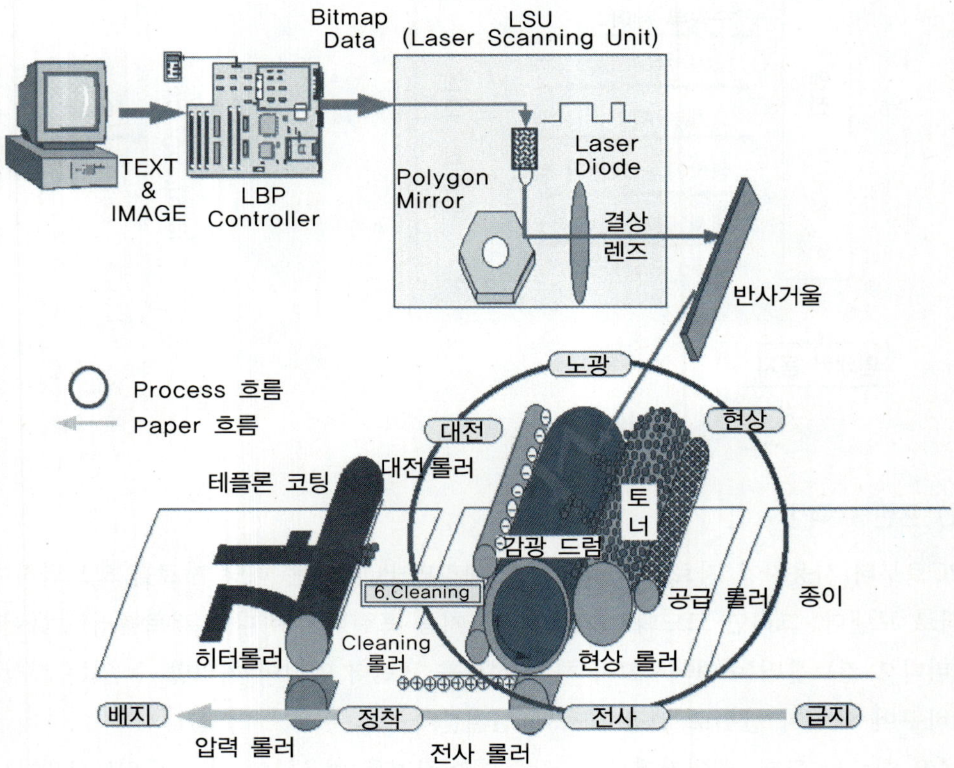

[그림 1-4] 프린팅 과정

PC에서 보낸 데이터는 이미지 처리되어 비트 데이터로 변환되고, 이를 광학부(LSU : Laser Scan Unit) 즉 레이저 빔을 이용한 전자 사진 프로세스에 의해 인쇄용지 위에 화상 자료를 출력하게 되어 있다. 프린터에 적용되는 가장 일반적인 인쇄과정은 다음과 같다.

① 먼저 프린터에 화상정보가 들어오면 대전 롤러에 의해 드럼표면을 대전시키는 작업이 이루어진다.

② 화상정보가 레이저 빔에 의해 드럼에 쏘아지는 노광작업이 이루어진다.

③ 공급 롤러와 현상 롤러를 이용하여 토너 입자를 드럼에 전달시켜 화상정보가 나타나게 하는 현상작업이 수행된다.

④ 드럼의 토너 입자가 용지 위로 이동하는 전사작업이 이루어진다.

⑤ 용지 위의 토너를 융착시키는 정착작업이 진행된다.

⑥ 폐토너를 회수하는 클리닝 과정과 용지를 배출하는 과정으로 모든 인쇄작업은 끝나도록 되어 있다.

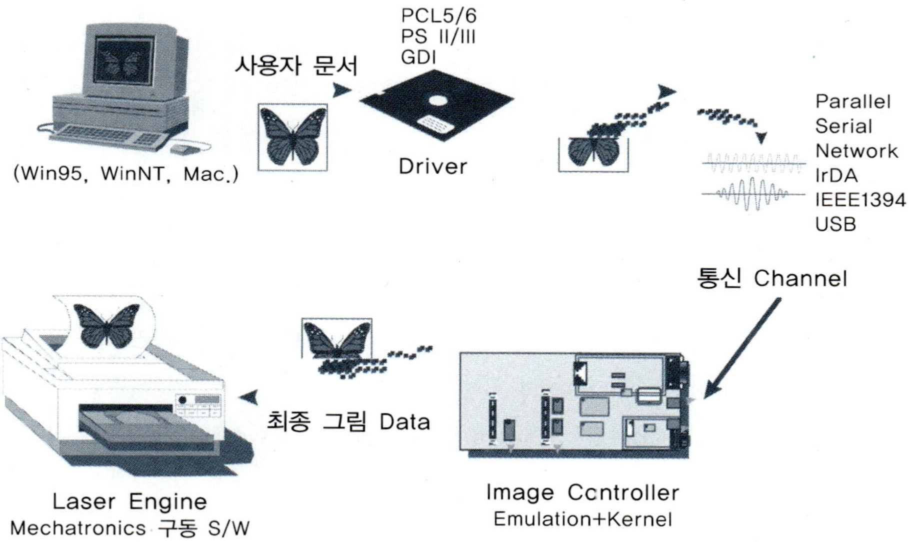

[그림 1-5] 화상 데이터 인쇄과정

PC에서 인쇄하고자 하는 데이터는 PCL(Printer Command Language), PDL(Page Description Language), 포스트 스크립트(PS : Post Script), GDI(Graphic Device Interface) 등의 프린터 언어를 통하여 프린터가 알 수 있는 전기적인 신호로 변환되고 이 신호는 PC의 다양한 출력 포트를 통해 프린터의 컨트롤러에 전달되고 프린터는 이 화상 데이터를 인쇄하도록 되어 있다. 전체적인 흐름을 이해하기 바란다.

03 전자사진 프로세서 기술

1) 전자사진 프로세서의 개요

(1) 레이저빔 프린터

1975년 미국의 IBM이 세계 최초로 상품화하여 오늘날 고품질의 사무용 프린터로 각광받고 있다. 엔진과 제어기 크게 두 부분으로 나눌 수 있으며 엔진은 해상도 속도 등 프린터의 성능을 규정짓고, 제어부는 프린터의 속도 해상도 등을 제어하여 보다 좋은 품질을 출력하게 한다.

LBP(Laser Beam Printer)의 핵심이라 할 수 있는 기술은 전자사진 프로세서(Electro-photographic process)가 중심으로 급지부, 광학부(LSU), 현상부(토너, 드럼), 정착부로 이루어진다.

LSU(Laser Scan Unit)는 감광체(Drum)에 빛을 주사하는 장치며, 주사되는 빛의 성질에 따라 레이저, LED 등 몇 가지 방식이 있었으나, 현재로써는 고속으로 회전하는 미러에 주사하는 방식이 가장 보편화되고 각광받는 방식이다. 감광체로는 OPC(Opto Photo-organic Conductor) 드럼을 사용하여 왔고, 뛰어난 특성을 갖고 있는 재료를 통한 연구개발이 활발히 진행되고 있다.

엔진 제어에 사용되는 처리장치로는 마이크로프로세서(CPU)가 사용되고 있으며, 폰트(Font)로는 도트(Dot)의 위치, 배열 상태로 글자를 나타내는 비트맵(Bit mapped) 폰트와 직선과 곡선의 글자의 외곽을 나타내는 윤곽선(Outline) 폰트가 있고, 폰트 제어 소프트웨어는 HP사의 PCL(Printer Command Language)과 Adobe사의 PDL(Page Description Language) 또는 PS(Post Script)와 MS사의 GDI(Graphic Device Interface)가 주로 사용되고 있다.

(2) 전자사진 프로세서

전자사진 프로세서는 전자사진 방식의 기술을 이용한 기구 및 시스템 장치를 엔진(Engine)이라 한다. 이는 감광체를 중심으로 주기적으로 반복되는 사이클(Cycle)을 가지고 일(인쇄)을 수행하는 것으로, 대전(Charging), 노광(Exposure), 현상, 전사, 청소(Cleaning), 제거(Erasing) 등을 순차적으로 수행, 용지에 인자를 출력하는 것이다.

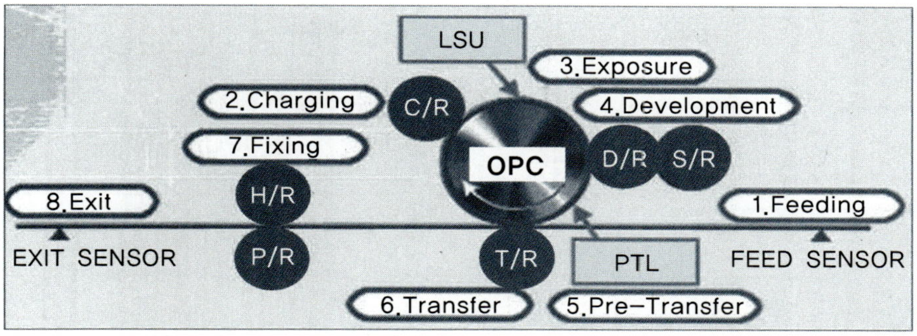

[그림 1-6] 전자사진 방식의 기술

2) 흑백 전자사진의 구동원리

(1) 대 전(Charging)

전자사진을 만들어 내는 첫 번째 단계이다. 마이너스 전압은 OPC 드럼(Drum)의 표면에 퍼진다.

HVPS는 약 −1.4kV를 전하 롤러(Charge roller)에 공급하고 대략 −800V의 전하를 OPC 드럼으로 전이시킨다.

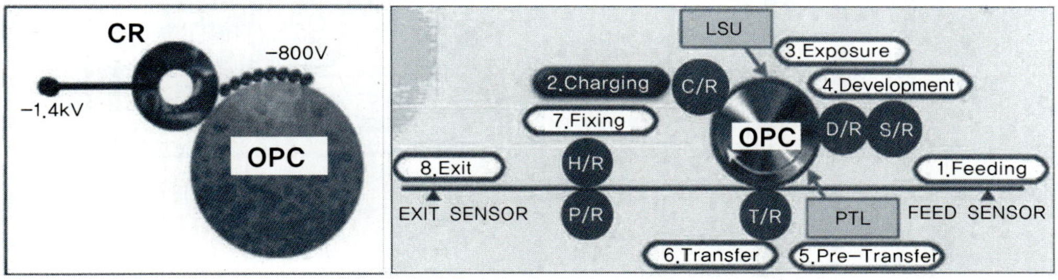

[그림 1-7] 대전과정

(2) 노광(Exposure)

광전부(LSU) 메인보드(Main board)에서 전사된 비트맵 이미지 데이터(Bitmap image data)를 전송받은 후 OPC 드럼을 노광시키기 위해 LSU의 레이저 다이오드(Laser diode)를 ON/OFF시킨다. 이때 레이저에 노광된 OPC 드럼 부분은 레이저 빔에 의해 대략 −50V 정도로 전위되는 반면 비노광 부분은 −800V로 전위된다.

레이저 빔에 노광되어 만들어진 이미지는 비가시적인 것이며 잠상(Latent image)이라고 한다.

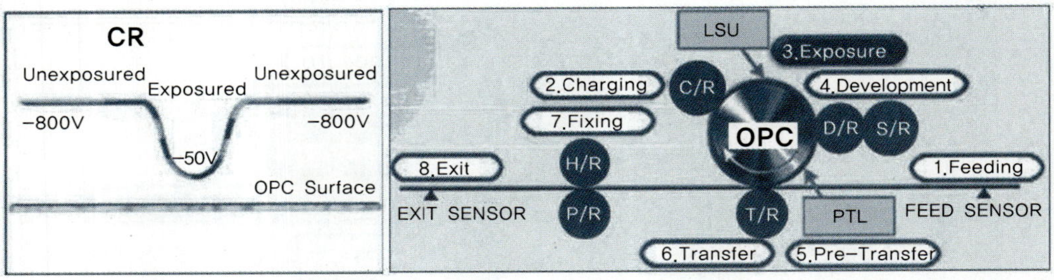

[그림 1-8] 노광과정

(3) 현상(Development)

음의 전기적 특성을 띤 토너(Toner)는 DEV 롤러와 OPC 드럼 사이에서 움직이며 OPC 드럼 표면의 노광부인 고전위 표면(−50V)으로 이동하게 된다.

노광되지 않은 저전위 표면(−800V)에는 토너가 부착되지 않고, 고전위 표면에 토너가 부착되어 가시화상(Visible image)을 형성된다.

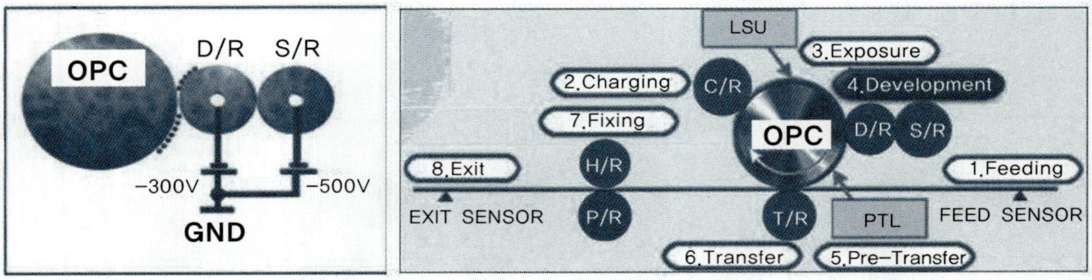

[그림 1-9] 현상과정

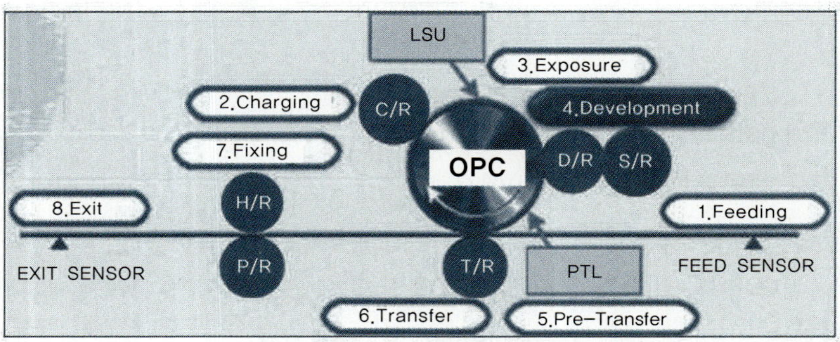

[그림 1-10] PTL 처리과정

PTL(Pre-Transfer Lamp)은 OPC 드럼에 빔(beam)을 조사하여 현상부의 전위를 낮추어 토너 부착력을 저하시켜서 전사효율을 좋게 하는 역할을 한다. PTL 구동회로는 메인 PBA에 있으며, NPN형 트랜지스터(TR)를 사용하여 구동을 하고 있다.

(4) 전사(Transfer)

전사단계 전에 PTL은 OPC 드럼에 빔(beam)을 조사하여 현상부의 전위를 낮추어 토너의 부착력을 저하시켜서 전사효율을 좋게 하는 역할을 한다.

전사는 OPC 드럼 위의 토너들은 전사 롤러(Roller)에 의해 용지로 이동된다.

OPC 드럼의 표면에 있는 토너(Toner)는 온도나 습도에 따라 다르기는 하지만 대략 +1.5kV(1k~5kV)로 대전된 전사 롤러에 이끌려 용지 위로 이동한다. 그래서 인쇄용지 위에 토너에 의한 출력물의 모습이 보이게 된다.

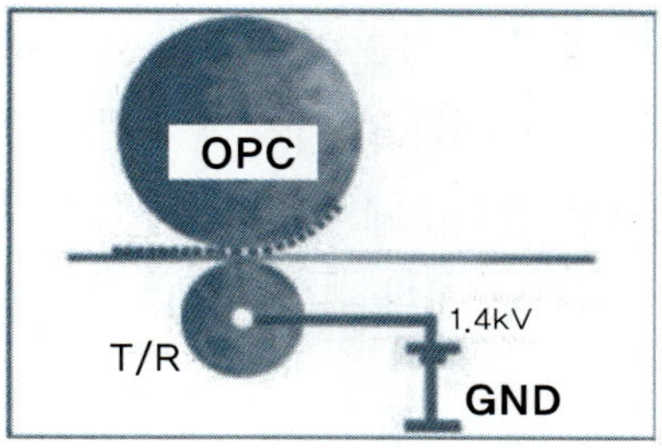

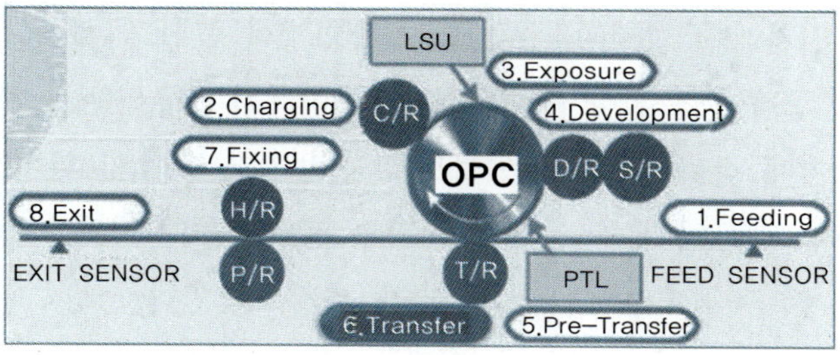

[그림 1-11] 전사과정

(5) 정착(Fixing)

인쇄용지 표면에 나타나게 된 토너 화상은 전기적으로 매우 낮은 상태여서 쉽게 흩어질 수 있다. 그래서 인쇄용지에 열을 가하거나(약 166℃), 압력을 가하면 (2.5kg) 토너는 인쇄용지에 흡착하게 된다. 이 과정을 통하여 정착된 화상은 영구적으로 남게 된다. 그리고 기종에 따라 온도차이가 있다.

히트 롤러(Heat roller)는 롤러 안의 램프(Lamp) 열을 인쇄용지로 전이시키는 역할을 한다. 히트 롤러의 표면은 테플론 코팅이 되어 있어 열에 녹은 토너가 그 표면에 남지 않게 한다. 히트 롤러의 아래쪽에 있는 압력 롤러(Pressure roller)는 실리콘 합성수지로 만들어졌다. 이 롤러의 표면은 역시 테플론 코팅이 되어 있다.

서미스터(Thermistor)는 히트 롤러 표면 온도를 감지하고 그 정보를 피드백(Feedback)하여, 히트 롤러가 인쇄중에는 166℃를 유지하고 인쇄 대기중에는 145℃를 유지하는지를 점검하여 알리는 역할을 한다. 그리고 서모스터는 히트 램프(Heat lamp)가 과열되었을 때 히트 램프 전원을 차단시켜 과열되는 것을 막는 역할을 한다.

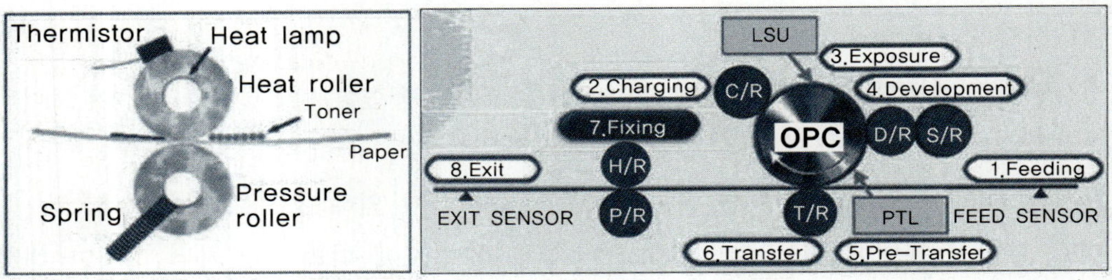

[그림 1-12] 정착과정

(6) 청소 및 배출(Exit)

전자사진 과정(Process)의 정착과정이 끝난 뒤에 인쇄된 용지는 배출 센서(Exit sensor)를 통해 배출된다. 또한, 용지는 인쇄가 되는 동안 액추레이터(Actuator)와 접촉한다.

이때 접촉신호는 메인보드로 전해져서 용지의 위치정보를 알려주게 된다. 액추레이터(Actuator)와 배출 센서는 용지의 정확한 위치정보를 알려줘야만 한다. 그렇지 않으면 종이 쨈 에러(Paper jam error)가 생길 수 있다.

청소(Cleaning)단계는 감광 드럼 표면에 남아 있는 토너들을 청소 브레드(Cleaning blade)를 이용하여 닦아주는 단계이며, 제거단계에서는 감광체 표면에 빛을 조사하여 감광체 표면에 남아 있는 잔류전위를 제거한다.

제거 램프(Erase lamp)는 LED를 사용하며, OPR(Organic Photo_Receiptor)를 감광체로 쓰는 경우 램프의 파장은 640~680nm 정도의 것을 사용한다.

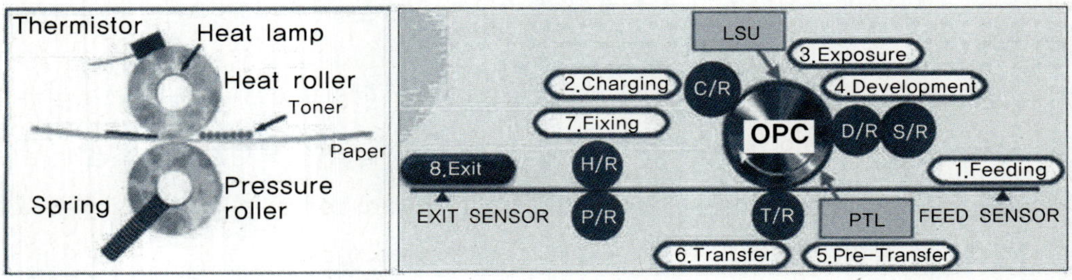

[그림 1-13] 청소 및 배출과정

(7) 전자사진 프로세스의 정리

[표 1-1] 전자사진 프로세스의 역할

주요부	역 할	비 고
비디오 컨트롤러부	컴퓨터에서 받은 데이터를 해독하여 인쇄할 수 있는 데이터로 변환하는 회로부	프린터 언어 데이터를 Bit image 화상으로 변환하여 엔진에 송출
급지	인쇄될 종이를 이송	
대전부	−1.4kV 정도의 고압을 이용하여 인쇄될 OPC 드럼 부분의 표면을 −500 ~ −900V 정도로 대전시켜 드럼상의 잔류전하를 전기적으로 깨끗하게 지움	대전된 표면전위 : −500~−900V
노광부	레이저 빔을 이용하여 전기적인 신호로 변조된 화상 Date를 OPC 드럼에 주사하여 OPC 드럼의 표면 전위차에 의한 전기적인 잠상으로 만듦	레이저 빔 또는 LED 빔을 사용 대전된 표면전위 : −500~−900V 노광된 표면전위 :약 0~−50V
현상부	Toner를 드럼 표면의 전기적인 잠상이 형성된 부분에만 부착시킴	
전사부	드럼에 화상으로 형성된 토너를 약 +1kV~5kV 정도의 전사기 전압을 이용하여 인쇄 종이로 옮김	
정착부	종이에 옮겨진 토너를 고열과 압력에 의해 영구히 정착시킴	150~190℃
클리닝부	전사과정에서 종이로 옮아가지 못하고 드럼에 남은 토너를 기계적으로 긁어내어 드럼의 표면을 깨끗하게 함	우레탄 고무 사용

3) 컬러 전자사진의 구동원리

컬러 전자사진 구동은 감광체 위에 4색을 순차적으로 오버토닝(Overtoning)한 후 직접 종이에 전사시킨다. 그러나 컬러의 앞뒤 양면의 맞춰 찍기(Registration)에 유리하나 컬러 토너 간 서로 혼합하는 색을 구현하는데 에러의 가능성이 있다.

중간 전사체를 쓰지 않으므로 구조가 단순하나 고성능의 이미지를 얻기가 쉽지 않다. 인쇄순서는 K, C, M, Y순으로 감광 드럼위에 중첩현상을 시키고 종이위에 4색의 중첩된 이미지를 전사시킨 다음에 정착시킨다.

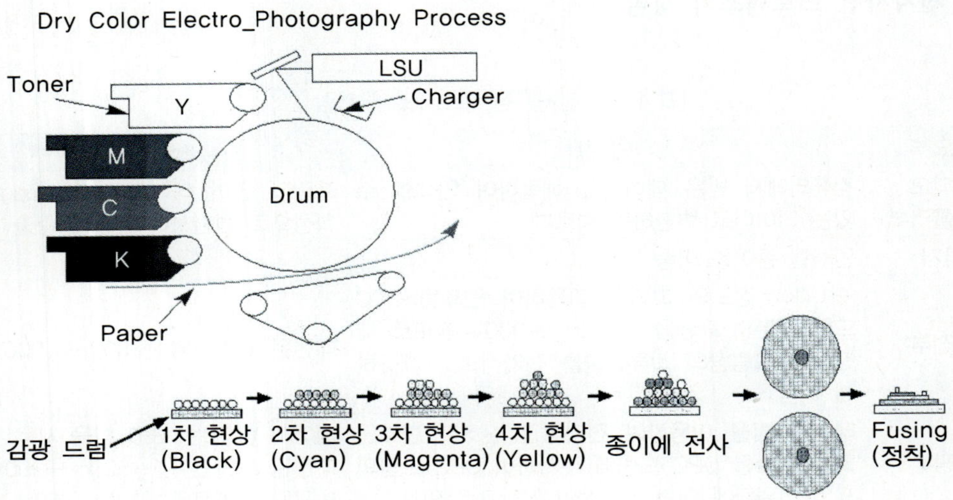

[그림 1-14] 컬러 전자사진의 구동과정

02장

복사기의 구성 및 기술

CHAPTER 02

01 복사기의 개념

1) 복사기의 역사

인쇄술의 발달이 세계사와 인류문명 발전에 엄청난 공헌을 했다. 이후 다양한 정보가 책이라는 인쇄물을 통해 유통되었고, 이후 이들 자료를 손쉽게 옮길 수 있는 기기가 발명되었는데 이것이 바로 복사기이다.

복사기(複寫機, Copying machine)의 기원은 1837년 프랑스의 다게르가 은판(銀版) 위에 물체의 모습을 고정시키는 사진술을 발명한 때부터 시작한다. 그 뒤 1938년 10월 미국의 C. 칼슨이 정전식(靜電式) 복사기를 발명하였으며, 이 복사기는 정전기를 이용한 복사기를 발명함으로써 문서를 값싸게 대량으로 빨리, 또한 크기도 자유자재로 찍어낼 수 있게 되었다.

이 복사기를 개선하여 상품화를 이룬 것은 할로이드가 1950년에 제록스 1호기를 생산하면서부터이다. 대중화를 이루게 된 결정적인 계기는 1959년 9월에 등장한 자동고속복사기 '제록스 914'가 개발되면서부터이다.

한국에 복사기가 처음으로 소개된 것은 1960년 신도교역(지금의 신도리코)이 일본 리코(Ricoh Company, Ltd.)에서 들여온 것으로, 서울 명동 미우만백화점(지금의 메트로미도파백화점)에 설치한 것이 최초인데 당시 승용차 한 대 값이었다. 한국에서 최초로 만들어진 복사기는 1964년 12월 신도리코에서 제작한 다이아조식 복사기 RICOPY-555이다. 근래에는 입체 컬러 복사기와 디지털 복사기 등도 개발되고 있다.

그 이후 전화망을 통해 거리에 관계없이 문서를 고속으로 전송하는 팩시밀리도 복사기의 일종이라고 할 수 있다. 복사기와 팩시밀리는 가장 보편화된 사무자동화 기기로 사무

작업뿐만 아니라 정보유통에도 혁신을 불러 일으켰다. 복사기는 값이 싸서 학교와 직장, 관공서에서 많이 사용하고 있기 때문에 등사기와 타자기와 더불어 사무용 기기에 널리 이용되고 있다. 2000년대에 들어 사업용 복사기는 대부분 디지털 방식으로 되어 있다.

또한 개인용 컴퓨터와 네트워크의 보급과 더불어 복사기, 프린터, 팩시밀리, 이미지 스캐너 등의 각종 기능이 통합된 디지털 복합기가 출시되기도 하였다. 이러한 복합기의 경우 인터넷(LAN)을 경유하는 기능이 추가된 모델이 많이 있다. 한국에서는 신도리코, 삼성전자, 애플에서 개발된 것이 많다. 최근에는 컬러 복사기가 개발되어 흑색 그림으로 인쇄되던 것이 이제는 색으로도 인쇄할 수 있게 되었다.

2) 복사기의 정의

복사기(複寫機)는 화학적인 반응과 레이저 광선을 이용하여 그림이나 문서를 인쇄하는 기계를 말한다. 백지 부분에서는 반사되고 검은 부분에서는 빛을 반사하는 반사광의 패턴이 거울을 통해 드럼으로 반사된다.

광전도성 드럼에 반사된 빛이 전하를 분산시켜 원본상의 검은 부분에 해당하는 부분만 음전하를 띠도록 남겨 놓는다. 양전하를 띠는 토너의 흑연 입자들이 드럼의 음전하를 띠는 부분으로 끌어당겨진다. 종이에 음전하를 띠게 해 양전하를 띠는 흑연 입자들을 끌어당긴다. 마지막으로 열을 가해 흑연입자를 종이에 고정시킨다.

복사기는 작동원리에 따라 '전자사진방식'과 '열이용방식', '디아조(diazo) 복사방식' 등으로 나눈다. 대부분 복사기는 제록스라 불리는 '전자사진식 복사방식'을 사용한다. 이 '제로그라피(Xerography : 전자사진술)'라 불리는 기술은 1937년 미국의 칼슨에 의해 처음 고안되었는데, 현상(現像)할 때 물이 필요없는 건식방식으로서 보통 종이에 복사하는 것이다.

[그림 2-1] 복사기의 외형

복사기의 핵심부분은 감광 드럼(Drum)이다. 이것은 빛의 세기에 따라 전류흐름이 변하는 광전효과를 갖는 셀렌(Se : 비금속원소) 등의 물질을 칠한 광도전체(光導電體)이다.

복사기의 기본원리는 드럼에 전기를 띠게 한 뒤 여기에 원고에서 반사되어 온 빛을 쏘이면 글자 이외 부분은 사라지고, 글자에 대응하는 대전부(帶電部)에만 토너가 달라붙어 복사되는 것이다.

복사기는 카메라와 인쇄기를 결합시킨 장치다. 즉, '사진을 찍는 부분'과 '프린터'로 구성되어 있어서 같은 시간에 송신과 수신을 한 번에 해치우는 장치인 셈이다.

이 원리를 이용해서 CCD(전자적인 눈)에서 읽어들이고 써멀헤드(감열 헤드)로 프린트하는 여러 가지 휴대용 복사기도 나오고 있다. 이 휴대용 복사기는 서류 위에 대고 이동시키면서 복사하는 방식이다.

02 복사기의 분류

복사기는 다음과 같은 방식으로 분류한다.

① 복사방식에 따라 분류

② 복사에 이용하는 빛의 파장(자외선 · 가시광선 · 적외선)에 의한 분류

③ 할로겐화은의 이용법에 의한 분류

④ 피복사물에 의한 분류

1) 복사기의 종류

(1) 다이아조식 복사기

다이아조식 복사기는 1924년부터 등장한 복사기로, 감광지를 이용하여 현상복사하는 방식의 청사진 복사기이다.

감광성을 지닌 다이아조 화합물과 커플링 성분(發色劑)은 알칼리와 결합하면 다이아조 염료를 생성하지만, 다이아조 화합물은 자외선에 의해서 분해되며, 분해된 다이아조 화합물은 커플링 성분과 결합하지 않기 때문에 발색하지 않는다. 다이아조식은 이 원리를 이용한 것이다.

감광제와 발색제의 혼합용액을 도포한 감광지에 원고를 겹쳐서 투과노광(透過露光)하

면 원고의 화상부분(畵像部分)은 빛이 투과하지 않으므로 그대로 잠상(潛像)으로 남고, 빛이 투과한 부분은 자외선의 작용으로 다이아조 화합물은 분해된다. 이 잠상을 알칼리 용액 또는 암모니아 가스로 현상하면 포지티브의 선명한 상을 얻을 수 있다. 다이아조식 복사기는 습식(알칼리 용액) · 건식(암모니아 가스) · 열식(적외선 히터)의 현상방법에 따라 기계구조가 달라진다.

광원(光源)은 수은등 · 형광등을 사용하지만 다이아조 감광지의 감도가 가장 좋은 빛의 파장 4,050Å에 맞추어서 설계되어 있다.

(2) 사진식 복사기

사진식 복사기에는 확산전사법, 스태빌라이저법, 다이트랜스퍼법의 3가지가 있다.

① 확산전사법(擴散轉寫法)

1941년 독일의 W.아이스비네에 의해 완성되었다. 이 복사방식은 반사구이복사라고 하여 감광성이 있는 네거티브지와 원고를 서로 마주보게 포개고 네거티브지 쪽에서 노광한다. 빛은 네거티브지를 투과하여 원고에 도달하지만, 원고의 화상부분은 빛을 흡수하고 비화상부는 네거티브지에 반사한다. 이 특성을 이용한 것이 확산전사법이다.

노광 후 네거티브지의 막면(膜面)과 감광성이 없는 포지티브지의 막면을 다시 포개어 현상액에 담그면, 네거티브지의 반사부의 할로겐화은은 흑색의 금속은이 되어 네거티브상이 생긴다. 빛을 흡수한 네거티브지의 할로겐화은은 포지티브지의 콜로이드은을 감광핵으로 하여 마찬가지 흑색의 금속은이 되어 포지티브지에 전사된다.

② 스태빌라이즈법

할로겐화은과 현상주액(現像主液)을 도포한 네거티브지와 원고를 포개서 반사구이를 하고 알칼리성의 현상액으로 현상하면, 반사부의 할로겐화은은 현상주액의 반응으로 감광성의 흑색 금속은이 된다. 이것을 티오 요소(尿素)의 안정액으로 빛이 반사되지 않는 부분을 비감광성으로 안정화하고, 다시 네거티브 사본에서 포지티브 사본을 뜬다.

③ 다이트랜스퍼법(젤라틴법)

이스트먼 코닥사에서 고안한 복사방식으로 할로겐화은 · 타닌 현상제 · 발색화합물을 함유한 경화하지 않는 젤라틴을 도포한 베이스를 사용해서 반사노광한다. 노광 후 액티베이터로 현상하면 발색한다.

빛이 반사된 부분은 경화하고 빛이 반사되지 않는 젤라틴은 경화하지 않으므로, 이 경화하지 않는 젤라틴 색소를 종이 압착롤로 전사하여 포지티브상을 얻는다.

(3) 정전식 복사기

정전식 복사기는 반도체를 빛에 쬐면 전기저항이 감소하는 광도전성의 성질과 정전기를 응용한 것이다. 광도전체 위에 +, − 어느 하나의 정전하를 부여하고 이것에 빛을 쬐면 그 부분의 전하는 달아나고 빛을 쬐지 않은 부분은 그대로 전기잠상을 형성한다. 이것을 대전한 전하와 반대의 전하를 띤 흑색의 현상분말 또는 현상액에 통과시키면 +, −가 서로 끌어당겨 흑색의 화상을 얻을 수 있다. 현재 사용되고 있는 대부분의 복사기가 이에 해당한다.

(4) 감열식 복사기

감열기 복사기는 1950년 미국의 3M사가 발명한 것으로 가열하면 왁스 상태인 제2철의 화합물 및 페놀 화합물을 가공한 감열지를 이용한다.

감열지와 원고를 맞추어서 적외선으로 반사노광하면 원고의 비화상부에서는 반사되지만 화상부에 닿은 적외선은 흡수되어 열을 발생하고 이것이 감광지에 전해져 포지티브상이 발색한다.

(5) 컬러식 복사기

컬러복사기의 원리는 일반 복사기(보급형 / 고속복사기)와 같다. 컬러복사기의 원리는 일반 복사기(보급형/고속복사기)와 같다. 다만 램프의 빛으로 원본을 읽을 때 컬러필터를 통과해서 색분해를 한 뒤 컬러토너를 사용하여 종이에 글자/그림을 복사해낸다. 컬러복사기의 이용되는 컬러토너는 노랑 / 빨강 / 파랑 3가지 토너를 있어서 다양한 색깔을 표현할 때 혼합해서 복사한다. 이런 것은 일반 컬러프린터와 동일하다고 볼 수 있다(물론, 원료는 조금 틀린다).

컬러복사기는 컬러만 되는 것은 아니다. 일반 흑백 복사도 가능하다. 별도로 흑색 토너도 같이 내장되어 있다. 컬러복사기의 경우도 흑백 복사기와 기본 원리가 같다. 단지 컬러복사기는 빛으로 글자 그림을 읽을 때 컬러필터를 통과해서 색분해를 하고, 컬러토너를 사용해 복사하는 방식이라는 것이 다르다.

여러 색의 잉크젯을 사용하는 소형 컬러복사기도 있다. 모든 색은 옐로(노랑), 마젠타(빨강), 시안(파랑)의 3색 토너를 혼합해서 표현해 낸다. 그 때문에 전사형의 경우 항상 원고 읽기와 빛쏘이기(露光), 현상(現像), 전사(轉寫) 작업을 3번씩 반복하게 된다. 결국 복사의 원리는 흑백과 같다.

또한 컬러복사기는 흑백복사도 겸하기 때문에 한번에 흑백복사를 하려면 노랑 · 빨강

· 파랑 3색 외에 따로 검정색 토너와 현상부를 갖고 있는 경우가 많다. 모든 색은 이 세 가지 색의 혼합으로 만들어지게 된다. 컬러식 복사기에는 정전사진방식과 전해방식 2가지가 있다.

① 정전사진방식

셀레늄 등 반도체의 증착층(蒸着層)과 정전현상을 조합한 것으로서 전자사진의 첫 걸음인 제로그래피(Zerography)와 같은 방식이다.

② 전해방식

3~4회의 분해노광(分解露光)을 필터로 하고, 착색 토너로 현상하는 방식이다. 2가지 방식 모두 전기적 방법에 의하고, 약품을 사용하지 않는 드라이프로세스(Dry process)가 특징이며, 복사시간은 60~90초이다.

분해노광 프린트 방식을 취하여 감광층 위에 직접 현상하는 것과 전사하는 것이 있다. 광고 · 카달로그 · 디자인 등에 이용된다. 그 밖에 1842년 영국의 하셀에 의해서 발명된 청사진법(靑寫眞法)도 복사법의 한 종류이다.

서모그래피(Thermography)는 감열재료(感熱材料)를 사용하여 화상형성(畵像形成)을 하는 방식이다.

복사의 경우 원고와 감열지를 밀착시켜 적외선을 함유하는 빛을 쐬면 원고의 화선부분(畵線部分 : 보통 흑색)은 빛을 흡수하여 온도가 상승하고, 그 열로 인해서 감열지에 화학 또는 물리변화가 일어나 화상이 형성된다. 시중에서 판매되고 있는 대표적인 것은 서모팩스인데, 이것은 보통 물리적으로 격리된 2가지 화합물이 열에 의해 한 쪽이 녹아서 다른 쪽과 혼합하여 화학반응을 일으켜 발색한다.

2가지 화합물은 전자주개(電子供與體)와 받개(受容體)인데, 한쪽이 유기 중금속염, 다른 쪽이 유기 환원제, 황화합물, 아미노 화합물 등이다. 이것들이 반응해서 금속산화물, 킬레이트 화합물의 화상을 형성한다.

2) 아날로그 복사기와 디지털 복사기의 차이점

최근 아날로그 복사기는 점점 사라지고 디지털 복사기로 교체하는 사무실이 늘고 있다. 비싼 가격에도 불구하고 디지털 복사기의 수요가 증가하는 이유를 아날로그와 간단히 비교하며 알아보자.

(1) 아날로그 복사기

① 기본적으로 복사기로만 사용하며 추가의 다른 기능이 없다.

② 복사할 때마다 스캐너가 움직여 원고를 읽어서 복사한다. 예를 들어 1장의 원고를 10장 복사할 경우 스캐너가 10번 움직여 10장의 복사본을 만든다.

(2) 디지털 복사기

① 복사기 기능 이외 팩스, 프린터, 스캐너 기능 등을 추가로 사용할 수 있다.

② 컴퓨터와 연결하여 네트워크에서 사용가능하다.

③ 단 한 번의 스캔으로 문서를 저장한 뒤 원하는 매수만큼 출력한다.

④ 내장형 하드디스크를 이용해 문서저장이 가능하며 언제든지 출력도 가능하다.

3) 복사기와 복합기의 차이점

(1) 복사기

① 일반적으로 아날로그를 말한다.

② 단순하게 복사만을 하는 것을 말한다.

③ 2000~2002년도 이전 제품은 거의 아날로그 위주였다.

④ 1회 스캔해서 1회 복사된다.

⑤ 메모리 기능이 없기에 단순 복사만 한다.

⑥ 복사 해상도는 300dpi정도이다.

(2) 복합기

① 복합기는 복사기+프린터+팩시밀리+스캐너를 합한 제품이다.

② 일반적으로 소형제품(레이저, 잉크젯)이며 A4 size를 말한다.

(3) 디지털 복합기

① 1회 스캔으로 다수의 복사와 프린팅을 할 수 있다.

② 스캔한 문서로 팩스와 하드디스크(HDD)에 저장할 수 있다.

③ 해상도에서 복사는 400~600dpi 프린팅은 400~1200dpi, 소형, 중형, 대형으로 구분이 된다.

④ 복사기 본체(바디)와 프린터 본체(바디)에 각종 기능을 넣어 생산한 것에 따라 일체형 이냐 아니냐가 구분된다. 일반적으로 토너 일체형(토너와 드럼)인 경우 유지가 편리한 대신 1장당 가격이 높다.

(4) 컬러 디지털 복합기

디지털 복합기에 컬러까지 사용할 수 있다.

03 복사기의 기술

1) 복사기의 기능

(1) 변배기능

문서를 원하는 크기로 확대하는 기능이다.

(2) 축소·확대의 기능

축소·확대를 1% 단위로 임의로 조정한다.

(3) 쪽분할분사 기능

책의 양면을 한 번에 따로 따로 복사한다.

(4) 자기진단 기능

복사기 사용 도중에 이상이 발견되면 매수 세트 표지상에 기호가 나타난다.

(5) 자동배율계산 기능

원고의 크기와 관계없이 복사하고자 하는 크기를 입력하면 자동적으로 배율이 계산된다.

(6) 프로그램 기능

기능을 복사기에 기억시켜 필요할 때 호출 즉시 해당 기능을 이용할 수 있는 기능이다.

(7) 자동배율조절 기능

패널상에 정형화된 원고의 크기를 선택해 주면 자동적으로 배율이 계산되는 기능이다.

(8) 편집 기능

트리밍, 센터링, 마스킹, 마진제거, 무빙 등의 기능이다.

(9) 모노 컬러 기능

흑색 토너만 사용하나 현상부를 다른 색의 현상부로 바꿔 다른 단색으로 복사하는 기능이다.

(10) 중앙 삭제 기능

바인드부에 발생하는 그림자를 중앙 부분에서 없애주는 기능이다.

2) 복사기의 작동원리

복사는 정전기와 광전도성 원리를 이용한 건식 인쇄법이다. 광전도성이란 전류 통과에 저항력이 있던 물질이 빛에 노출되면서 전도성이 커지는 성질이다. 복사기에서 가장 중요한 부품은 보통 알루미늄으로 만든 금속 원통 위에 광전도성 물질인 셀레늄을 입힌 드럼이다.

복사 과정 초기에는 셀레늄 표면이 양전하로 대전되어 있는데, 빛이 쪼이지 않으면 양전하가 비전도성 표면의 원래 위치에 그대로 남아 있게 된다. 복사할 종이 위에 빛을 쪼이면 일련의 공학계(거울, 렌즈 등)를 통해서 드럼 위에 복사할 내용의 영상이 생기게 된다.

한편, 복사되지 않을 부분은 문서의 흰 부분에서 반사된 빛이 도달하자마자 전도성을 띠게 되므로 알루미늄의 전자가 셀레늄을 통과하여 전하를 중화시킨다. 따라서, 복사할 영상만이 셀레늄 표면 위에서 전하를 띠게 되고, 이때 음전하를 띤 탄소알갱이로 만든 토너 입자를 드럼 위에 뿌리면 양전하를 띤 영상 부분에 달라붙게 된다.

다음 순간 빈 종이를 드럼보다 많이 양전하로 대전시켜서 드럼 위로 보내면 토너 입자가 종이 위로 달라붙게 된다. 그 다음에 즉시 종이를 가열하면 이 입자들이 녹아서 복사가 완료된다. 컬러 복사기는 남색(Cyan), 자홍색(Magenta), 노란색(Yellow), 검정색 등 네 개의 잉크 토너를 사용한다.

(1) 현상과 원리

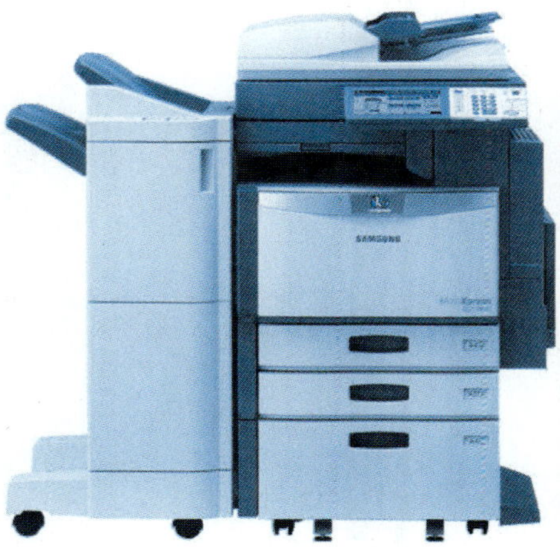

[그림 2-2] 복사기의 외형

복사기는 빛의 반사와 정전기의 성질을 이용한 20세기 대표적인 발명품이다. 정전기(Static electricity)란 말 그대로 움직이지 않는 전기이다. 주로 마찰한 물체에 생긴다. 우리가 일반적으로 사용하는 전기는 움직이는 동전기(動電氣)이다. 복사기의 작동 과정은 원본을 읽는 과정과 복사본을 프린트하는 과정으로 나눌 수 있다.

원본 종이를 복사기의 유리판 위에 올려놓은 후 복사기 버튼을 누르면 먼저 램프가 원본 종이에 빛을 쏜다. 이 빛은 흰 종이 부분에서는 반사되고, 검은 글씨 부분에는 흡수된다. 반사된 빛은 렌즈와 거울을 사용하여 드럼 표면위 초점으로 모인다.

알루미늄으로 만들어진 드럼의 표면은 셀레늄(Se)이라는 반도체로 싸여 있다. 이 셀레늄은 빛이 도달하기 직전에 (+)전하로 대전된다. 원본 종이에 반사된 빛이 대전된 셀레늄에 닿으면, 셀레늄의 전기저항이 낮아지면서 셀레늄은 전기가 통하는 도체의 성질을 띠게 된다. 결국 빛이 닿은 부분은 (+)전하를 잃는다.

이와 같은 과정을 거치게 되면 드럼의 원본 종이의 글자에 대응하는 부분은 전기적 중성이 되고, 나머지 부분만이 (+)전하를 띠게 된다. 대전된 드럼이 회전하여 탄소가루를 수지(樹脂)로 싼 토너와 접촉하게 된다. 토너를 미리 (−)전하로 대전하여 뒀기 때문에 드럼의 (+)전하로 대전된 부분에 토너가 달라붙는다. 다시 드럼이 회전하면서 복사지와 접촉하게 된다. 이 복사지는 드럼보다 강한 (+)전하로 대전되어 있다. 따라서 드럼에 붙어 있던 토너가 복사지로 옮겨 붙는다.

전기적 성질 때문에 복사지에 토너가 붙어 있으므로 전기적 성질이 사라지면 토너는 복사지에서 떨어진다. 따라서 토너를 복사지에 지속적으로 붙어 있도록 하는 과정이 필요하다. 탄소가루를 수지로 감싸 토너를 만드는 이유가 여기에 있다. 복사지를 뜨거운 롤러 사이로 통과시키면 수지가 녹아 종이에 달라붙게 된다.

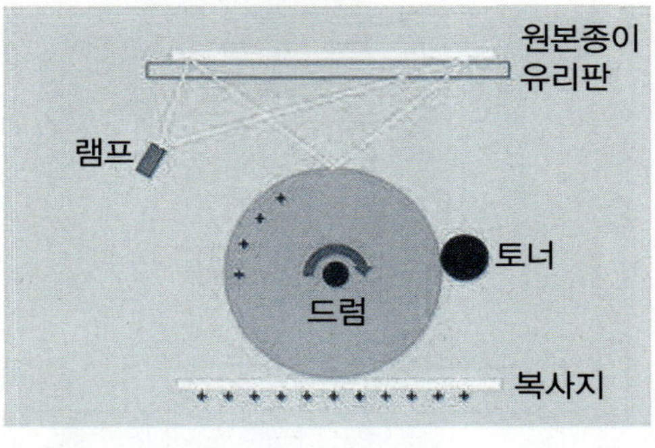

[그림 2-3] 복사기의 구조

(2) 정전기의 원리

정전기란 마찰 전기처럼 물체 위에 정지하고 있는 전기를 말하는 것으로, 겨울에 스웨터를 벗을 때 머리카락이 서거나, 텔레비전 브라운관 앞에 먼지가 많이 묻어 있는 것 등 우리 생활 주변에서 쉽게 관찰할 수 있다.

정전기는 전기처럼 양극과 음극으로 나뉘며, 같은 극성은 서로 밀어내려는 힘이 작용하고, 다른 극들은 서로 끌어당기는 힘이 작용한다. 복사기는 정전기의 이러한 작용을 이용한 장치이다.

우리가 복사하려는 자료를 유리판 위에 올려놓고 스위치를 누르면 복사기 유리판 내부에서 매우 밝은 불빛이 천천히 자료를 훑으며 지나가는 것을 발견할 수 있다. 이 빛은 자료(종이)에 반사되어 복사기 내부의 알루미늄으로 된 원통(드럼) 위에 상을 맺게 한다. 이 알루미늄 원통의 표면에는 반도체인 셀레늄이 진공 증착되어 있다.

셀레늄이라는 반도체는 태양전지에 쓰이는 것으로도 알 수 있듯이 광전효과가 있다. 빛의 에너지에 의해 반도체 내에는 자유전자와 홀이 발생하여 전기전도도가 높아지고 저항이 감소한다. 불빛이 자료를 비추며 지나갈 때 내용이 없는 흰 부분은 불빛을 그대로 반사시키고, 반면 검은 글씨가 있는 부분은 빛을 흡수해 반사하지 못하게 된다.

마치 카메라로 사진을 찍을 때 셔터를 누르면 그 때의 이미지가 필름 위에 상을 맺는 것과 같다.

한편 복사하기 전에 드럼은 이미 양극의 정전기로 대전(어떤 물체가 전기를 띰)시켜 놓는다(코로나 방전). 드럼은 1회전하면서 자료로부터 반사광을 받는데, 빛이 닿은 부분의 셀레늄의 전기저항이 내려가 셀레늄은 도체가 된다. 도체 위에서는 정전기가 모이지 않고, 알루미늄 쪽으로 양의 전하는 도망쳐 버리므로, 자료의 문자나 화상에 대응하는 셀레늄 부분에만 양의 전하가 남게 되고 이 판에 코팅된 물질은 빛에 아주 민감하다.

예를 들어 복사할 문서의 흰 부분에 의해 반사된 빛이 비추어지면 하전된 전하가 접지로 도망가서 그 부분은 하전량이 떨어진다. 이때 카메라를 활용하여 문서를 확대, 축소할 수 있다. 이 드럼 위에 마찰로 인해 음으로 대전된 검정 탄소가루(토너)를 묻히면 양의 정전기로 대전된 부분(이미지 부분)만 음극의 탄소가루를 끌어당겨 붙게 된다. 그리고 나서 탄소가루가 묻은 드럼 아래로 종이를 통과시킨다. 이 대 종이 밑에서 강한 양의 전하(물체가 띠고 있는 전기)를 걸어 주고, 이로 인해 드럼에 묻은 토너 가루들은 그대로 종이로 옮겨간다.

이렇게 해서 종이 위에는 탄소가루들에 의한 이미지가 형성된다. 이 탄소가루는 정전기에 의해 종이에 묻어 있는 것으로, 정전기가 없어지면 곧 종이에서 떨어져 나간다. 이를 방지하기 위해 이 종이를 180℃ 이상 되는 뜨거운 롤러 사이로 통과시키게 된다. 이 과정에서 탄소가루들은 그대로 종이에 달라붙게 된다. 방금 복사된 종이가 따끈따끈한 것은 바로 이 뜨거운 롤러 때문이다. 복사기의 성능은 원고를 얼마나 있는 그대로 선명하게 복사해내느냐에 달려 있다.

① 정전기(Static electricity)

서로 다른 물체를 마찰하면 한쪽은 음전하를 띠고 다른 한쪽은 양전하를 띤다. 이것은 상대적인 특징으로 물질의 고유 특성에 기인한다. 복사기는 기본적으로 정전기의 원리를 사용하며, [그림 2-4]에 나타내었다.

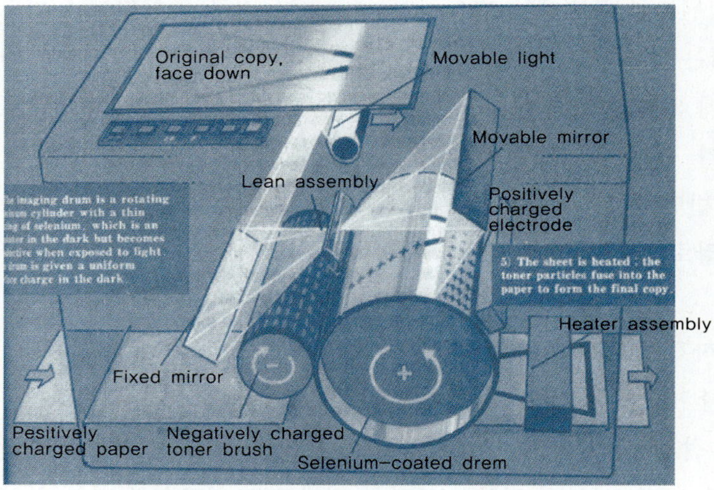

[그림 2-4] 정전기의 원리

② 스캔(Scanning)

첫 번째, 이동 빛(Movable light)가 원본 사진을 비추면 빛은 원본의 흑백여부에 따라 반사를 한다. 즉, 원본의 검은 부분은 빛을 흡수하고 원본의 흰부분은 그대로 빛을 반사하는 것이다.

이 반사된 빛은 고정 거울(Fixed mirror)에 부딛힌 후 가운데 렌즈로 간 후 이동 거울(Movable mirror)을 거쳐 가운데 큰 셀레늄 코팅 드럼(Selenium-coated drum)에 이른다. 렌즈를 통과하는 이유는 처음 빛이 반사될 때 거울처럼 좌우가 방향이 바뀌기 때문에 렌즈를 통해서 방향을 교정한다.

③ 정보 조직화(Organizing informations)

두 번째, 드럼통은 셀레늄으로 코팅되어 있는데, 셀레늄이 평상시에 양전하(+)를 띠고 있다가 빛을 받으면 음전하(−)로 바뀌는 성질을 이용하기 위함이다. 즉, 눈에 보이진 않지만 원본의 이미지가 드럼통의 양전하(+)의 형태로 정보가 저장된 것이다.

④ 프린팅(Printing)

마지막단계, 드럼통은 돌아서 왼쪽의 작은 토너 브러시(Toner brush)를 만난다. 이 토너통에는 음전하(−)로 대전된 토너 입자들이 들어 있는데 두 통이 맞닿을 때 이 토너 입자들이 드럼통의 (+)부분에 달라붙는다. 드럼통은 토너통을 지나서 인쇄될 종이를 만나게 된다.

그런 다음에 인쇄할 종이에 매우 강한 양전하를 띠게 하거나 드럼통과 종이가 만나는 부분에서 종이 뒤에 매우 강한 양전하를 띠는 물체를 두면, (기본적으로 여기의 양전하는 드럼통의 양전하보다 강함) 드럼통에 붙어 있는 토너 입자들이 종이로 이동해서 종이에 검은 모양이 생기게 된다. 그리고 히터(Heater)를 지나면 열에 의해 굳고 전기적 성질이 사라지면서 인쇄된 종이가 나온다(토너 입자는 검은색 물질로 종이의 검은 부분을 만든다).

(3) 복사기/프린터의 동작원리

① 대전(Electrostatic charge)

대전이라는 금속선을 감광 드럼과 평행으로 설치하여 높은 고전압을 가하면 대전선에서 코로나 방전이 일어나 이것에 의해 드럼 표면에 (+) 또는 (−)의 전기를 지니게 된다.

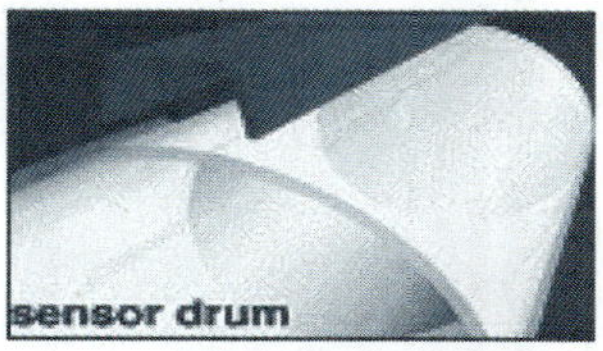

[그림 2-5] 대전과정

② 노광(Exposure)

원고에 광이 닿으면 원고의 흰 부분에서 광이 반사되어 미러와 렌즈를 통하여 드럼에 닿아 드럼 표면위의 전하를 제거하게 된다. 광이 닿지 않은 부분은 전하가 그대로 남아 눈으로는 보이지 않는 전하에 의한 화상(정전잠상)이 드럼 표면에 생성된다.

CHAPTER 02

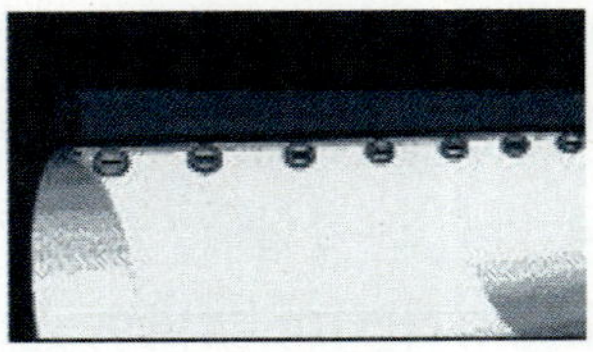

[그림 2-6] 노광과정

③ 현상(Developing)

노광단계에서 형성된 정전잠상에 토너를 부착시켜 눈에 보이는 가시상을 형성하는 단계이다. 바이어스 전압에 의하여 드럼 면에 형성된 정전잠상에 달라붙는 토너(철분성분이 있는 잉크)를 조절하여 진하고 흐리게 복사도를 조정하게 된다.

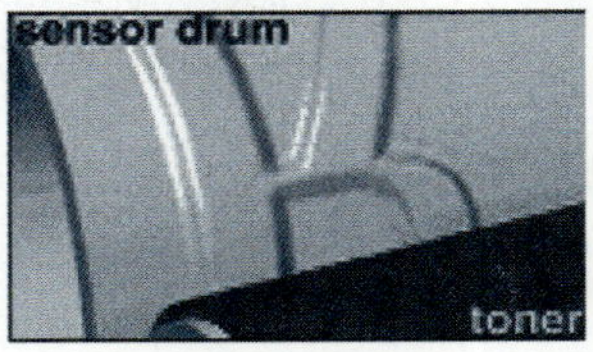

[그림 2-7] 현상과정

④ 전사 혹은 분리(Transfer separation)

드럼에 부착된 토너를 용지에 옮기는 과정을 전사라 하고 전사된 용지를 드럼으로부터 떼어내는 것을 분리라고 한다. 만일 용지가 분리되지 않으면 톱니멈춤쇠(Pawls)빼기에 의해 강제 분리시킨다.

[그림 2-8] 전사과정

⑤ 고착(Fixing)

반송부로부터 보내진 용지에 일정한 온도와 압력을 가하여 토너를 용지위에 고착시키게 된다.

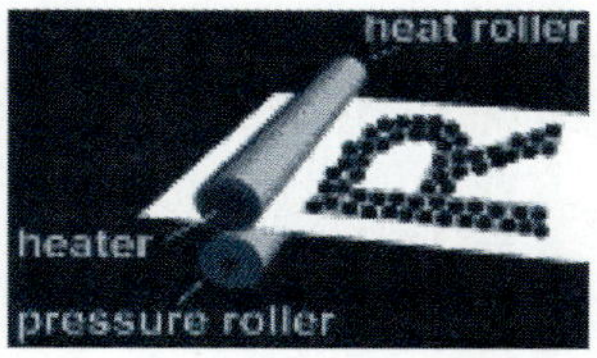

[그림 2-9] 고착과정

⑥ 크리닝(Cleaning)

다음의 복사를 하기 위하여 드럼 면에 남아있는 토너 크리닝 브레이드이다.

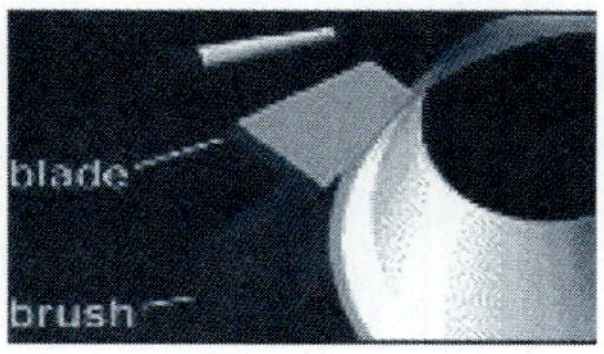

[그림 2-10] 크리닝 과정

(4) 복사기/프린터의 동작처리

다음은 복사기/프린터의 동작처리가 10가지로 분류된다. 이것을 통칭해서 복사기/프린터 원리 프로세스(Process)라고 한다.

① 대 전

텅스텐으로 이루어진 와이어 줄에 (−)전류를 가하여 드럼(감광체)을 고르게 (−)로 대전시키는 역할을 한다. 실제로 대전와이어는 굉장히 얇고 길어서 고르고 균등하게 대전을 시킬 수 없기에 격자모양의 철판(Grid)을 드럼과 대전와이어 사이에 두어서 드럼을 좀 더 고르게 대전시킨다.

② 노 광

광학계에서 할로겐 램프등으로 빛을 쏘인 원고는 흑과 백의 성질을 이용하여 거울에 그대로 투영되게 된다. 일반적으로 아날로그의 경우에는 (1, 2, 3, (셀로판)렌즈, 4, 5, 6미러) 디지털의 경우에는 (1, 2, 3, CCD, Writing Unit)로 구성된다. 이렇게 투영된 원고는 드럼에 빛의 강약에 의해서 정전잠상을 이루게 된다.

정전잠상이란 전기적 성질을 띤 잠재적인 상이라고 보면 된다(드럼은 (−)로 위에서 이미 대전되어졌기 때문에).

③ 제 거(Eraser)

비화상부 즉, 정전잠상이 이루어지지 않은 부분에 전위를 제거하는 것으로 일반적인 용지 크기별로 제거를 먼저 하게 된다.

④ 현 상

복사에서 직접적인 상을 형성하는 곳으로 흔히들 데벨로퍼 유닛, 현상 유닛이라고 부르는 곳이다. 이 안에는 현상제라는 가는 쇳가루가 들어 있는데 기종이나 회사에 따라서 토너와 섞여 있는 곳도 있으며 일반적으로 토너와 따로 존재하게 된다.

이 부분에서는 마그네틱 롤(현상 Sleeve)이라는 길다란 원기둥 모양의 자석이 회전을 하면서 현상제와 토너에 (+)전압을 걸어주게 된다. 쉽게 표현하자면 정전잠상에 걸려있는 (−)전압이 (+)로 형성되어진 토너를 땡겨가고 정전잠상에 토너가 묻게 되어 가시상이 만들어지는 것이다.

⑤ 전사전 제전

전사라는 단계를 거치기 전에 다시 한번 전위를 약하게 해 주는 것으로 후에 행하게 될 작업의 효율을 높여주는 작업이다. 드럼 전면에 빛을 쏘여서 전위를 저하시키게 된다.

⑥ 전 사

실질적으로 종이에 토너가 묻게 되는 작업으로 카세트(트레이)에서 올라온 용지 뒷면에서 강하게 (−)를 전하를 걸어 주어 가시상에 묻어 있는 토너를 용지에 달라 붙게 만드는 작업이다(드럼 위의 정전잠상 (−) → 토너(+) → 종이 뒷면(−)).

⑦ 분 리

전사단계에서 걸어준 전하에 의해 종이와 드럼에 생긴 흡착력을 제거해주는 작업이다. 이 단계에서 분리를 확실히 하기 위해서 분리조(핑거, 스트립퍼)를 설치하기도 하다. 이 부분을 지나면 정착부라는 곳을 거치게 되는데 열과 압력으로 토너를 종이에 융착시키는 과정이다. 정착부를 지나지 않으면 종이위에 글씨들은 그냥 번지게 된다.

⑧ P센서

드럼상에는 토너의 농도를 체크할 수 있는 각자의 고유한 패턴이 있게 되는데 이것은 드럼 후단부에 위치하며 P센서로 이러한 패턴을 읽어서 토너의 보급량을 조절하게 된다. 일반적으로 흑백은 10복사당 1회, 컬러는 5복사당 1회이다.

⑨ 클리닝(Cleannig)

전사, 분리를 하고도 드럼 표면에 남아있는 토너를 클리닝 브레이드(고무 등)으로 깎아

내어 폐토너통에 담게 된다. 요즘에는 이 폐토너를 재사용하는 리사이클 방식의 복사기가 많이 나와 폐토너통 자체가 존재하지 않는 경우도 있다. 브레이드는 물론 존재한다.

⑩ 제 전

복사 프로세스(Process)의 마지막인 제전이다. 크리닝 작업이 남은 토너를 제거하는 작업이라면 제전은 남아있는 전하를 지우는 작업으로 드럼 전면에 빛을 쏘여 다음 복사(copy)를 준비하게 된다. 이러한 사이클은 복사 1복사를 기준으로 하며 복사양이 40복사라면 이러한 사이클을 40번 반복하는 것으로 복사는 이루어지게 된다.

03장

프린터의 구성 및 기술

01 프린터 기술의 진화

1) 충격식 도트에서 레이저까지

초기 프린터는 타자기처럼 활자나 인쇄 핀(Pin)으로 잉크가 묻은 리본에 충격을 가해 종이에 찍어내는 '충격식'이었다. 인쇄 핀을 사용하는 프린터는 통상 '도트(Dot) 프린터'라 불렸고, 수직으로 배열된 핀의 수에 따라 등급이 나눠졌다. 어떤 문자를 인쇄하기 위해서는 그 문자를 구성할 핀들에 전기적 신호를 전달, 해당 핀들이 종이에 충격을 가하는 게 원리다. 그러자니 프린터 작업은 다닥거리며 항상 시끄러울 수밖에 없었다.

속도도 빠르고, 소음까지 획기적으로 줄인 방식이 바로 열이나 레이저 광선을 이용하는 '비충격식' 프린터이다. 널리 쓰이는 열전사 프린터, 잉크젯 프린터, 레이저 프린터 등이 이에 속한다. 이 중 가장 오랫동안 환영을 받았던 제품은 잉크 방울을 용지위에 분사시켜 영상을 그려내는 잉크젯 프린터였다. 처음 발명된 것은 1951년 스웨덴의 엘름퀴스트(Elmquist)에 의해서였지만 정교한 성능을 보이게 된 것은 1972년 졸탄(Zoltan)이 비연속분사 '드롭 온 디맨드(Drop on Demand)' 방식으로 압전기(Piezoelectric) 소자를 쓴 잉크젯 프린터를 고안하고, 또 1979년 캐논사와 HP사가 버블젯(Bubble jet) 방식을 독자적으로 개발하면서부터이다.

프린터가 디지털 시대에 복사기, 팩스, 유선전화 기능까지 갖춘 비즈니스용 복합기기로 발전하면서 제2의 전성기를 맞고 있다. 프린터 업체들은 반도체나 디지털 TV 시장보다 훨씬 큰 130조원의 시장을 선점하려고 치열한 디자인 경쟁을 벌이고 있다.

개인용 컴퓨터(PC)가 본격 보급되기 시작한 1980년대부터는 캐논, HP에 이어 엡손(Epson)과 핫 멜트(Hot-melt) 방식의 데이터 프로덕츠(Data products), 텍트로닉스

(Tektronix) 사 등이 경쟁을 펼치며 잉크젯 기술의 급속한 발전을 이끌었다. 이후 잉크젯 방식이 프린터의 대세를 이루게 됐다.

[그림 3-1] 프린터/스캐너의 외형

잉크젯에 이어 고품질 사무용 프린터로 각광을 받고 있는 레이저 프린터는 1975년 IBM이 세계 최초로 상품화에 성공했다. 이어 1977년에는 제록스사가 '제로 그라피(Xerox graphy · 건식현상)' 방식을 고안, '제록스' 시리즈를 선보이며 시장을 장악했다. 레이저 프린터는 빠른 속도와 낮은 소음, 경제성을 장점으로 폭넓은 사랑을 받고 있다. 레이저 프린터의 원리는 의외로 간단하다.

'정전기'를 이용해 토너 가루를 종이에 압착시키는 방식이다. 레이저 프린터에는 드럼이라는 금속 원통이 장착돼 있는데, 이 드럼은 빛을 받으면 전자를 내는 물질로 만들어졌다. 이 드럼에 전기를 흘려 양(+)의 전기를 띠게 한 다음 컴퓨터가 레이저의 방향을 조절해 원통에 글씨 모양으로 빛을 비춘다.

빛을 받은 부분은 전자가 나와 음(−)의 전기를 띠게 되고, 나머지 부분은 양의 전기로 남아 있게 된다. 그 다음, 아주 작은 가루로 된 토너에 양의 전기를 띠게 하여 원통에 뿌리면 음의 전기를 띠고 있는 곳에만 토너가 달라붙게 되는 것이다. 이어서 프린트할 종이는 음의 전기를 띠도록 준비한 후 원통에 눌려서 지나가게 하면 이때 양의 전기를 띤 토너가 종이에 붙어 글씨가 찍히게 되는 것이다.

2) 진입장벽 높은 시장에서 추격 성공

국내 프린터 역사는 1980년 중반 삼보, 삼성, LG, 큐닉스 등이 HP, 엡손, 캐논 제품을 OEM(주문자 상표부착방식)으로 수입, 판매하면서 시작됐다. 도트 프린터를 거쳐 잉크젯 프린터가 활개를 칠 때까지도 국내 기업들은 원천기술 하나 없이 수입에만 의존했다. 자체 프린터 개발에 가장 먼저 뛰어든 곳은 1983년 삼성전자였다.

그러나 프린터 산업의 특성상 개발 및 생산에 투입되는 막대한 비용을 감당하기 어려워 10년 동안은 만성 적자에 시달렸다. 삼성전자는 그러나 프린터 사업을 포기하기보다 투자를 강화하는 쪽으로 방향을 잡았다. 종합기술을 필요로 하는 프린터를 위한 제반기술을 상당수 확보하고 있어 궤도에 오르면 빠른 시너지 효과 창출이 가능하다고 판단한 것이다.

프린터 시장의 규모는 크지만 진입장벽이 높아 경쟁업체수가 상대적으로 적다는 점도 매력적이었다. 프린터의 진입장벽이 높은 이유는 다른 디지털기기와 달리 광학, 기계, 화학 등 다분히 아날로그적인 기술도 함께 구현해야 하기 때문이다.

복잡한 기술이 요구되니 기존 업체들의 특허장벽도 워낙 높다. 레이저 프린터의 경우 자체 엔진 기술을 확보한 업체가 삼성, 캐논, 후지제록스, 브라더, 렉스마크 등에 불과하고 잉크젯 역시 HP, 캐논, 렉스마크, 엡손, 브라더 등에 국한된다. 삼성전자는 2000년부터 프린터 사업을 강화하면서 R&D에 글로벌 업체의 매출 3~4%보다 훨씬 많은 매출의 8~10%를 쏟아 부었다. 프린팅사업부의 R&D 인력이 전체의 60%에 달할 만큼 독자기술 확보에 매진했다.

특히 철저한 선택과 집중 전략으로 프린터 시장의 절대강자인 HP가 장악한 잉크젯 시장을 피하고, 레이저 프린터 부문에 집중해 2003년 독자기술로 레이저 프린터를 개발하는 데 성공했다. 독자기술을 개발함에 따라 로열티 부담 없이 이후 제품개발에 탄력이 붙게 됐다. 화학, 전자, 반도체 등 기술이 집약된 프린터의 특성상 그룹 차원의 시너지도 이점으로 작용했다. 이후 초고속성장을 거듭했다.

시장조사기관 IDC에 따르면 올 상반기 전 세계 모노레이저 프린터(이하 A4기준) 점유율은 HP 55.9%, 삼성전자 10.0%, 브라더 7.0% 순이고 모노레이저 복합기는 삼성과 HP가 23.2%로 공동 선두를 달리고 있다. 캐논이 15.3%로 뒤를 이었다. 최근 급성장하고 있는 컬러레이저 프린터는 HP 51.2%, 삼성 16.2%, 제록스 5.9% 순이고, 컬러레이저 복합기는 HP 44.3%, 삼성 14.6%, 브라더 9.2% 순이다. HP의 독주체제 속에 삼성전자가 전 분야에서 2위권으로 도약한 형국이다.

삼성전자는 세계에서 몇 안 되는 레이저 프린터 설계기술을 보유하고, 특히 레이저 프린터의 엔진 생산으로는 캐논에 이어 세계 2위에 올라 기술력도 상당한 수준임을 증명했다.

10ppm(page per minute)부터 45ppm 이상 고속 레이저 엔진을 확보한 몇 안 되는 업체 중 하나다. 다양한 기능을 하나의 칩에서 구현할 수 있는 SoC(시스템 온 칩)기술로 세계 최소형 개인용 레이저 프린터 시대를 열었고, 사용자의 니즈와 편의를 고려한 '노 노이즈(NO-NOISTM)'라는 독자적인 엔진 설계기술을 개발했다.

기존에는 여러 개의 토너 카트리지를 원통(OPC) 드럼에 장착해 소음이 심했지만, 삼성은 4개 토너 카트리지를 OPC 드럼과 독립적으로 장착, 소음을 최소화하는 데도 성공했다. 삼성의 컬러 레이저 제품은 소음 수치를 48데시벨(dB)로 낮춰 사무공간에서 사용해도 업무에 영향을 받지 않는다. 프린터 시장은 기술도 기술이지만 디자인 경쟁도 치열하다.

삼성프린터가 고속성장할 수 있었던 것은 경쟁사들이 프린터의 기능과 가격경쟁에만 골몰할 때 혁신적인 기술력으로 디자인 차별화에 승부수를 띄운 것도 큰 역할을 했다. 특히 지난 9월 선보인 개인용 프린터 '스완'과 '로건'은 전 세계 내로라하는 디자인 어워드를 석권했다. 프린터의 딱딱한 이미지를 세련된 디자인을 통해 진화시킨 것으로 평가받는다.

물론 1위 업체 HP도 가만 있지 않는다. 14억달러를 투자해 개발한 확장형 프린팅 기술(SPT)을 활용한 '에지라인'은 잉크젯과 레이저의 장점을 결합한 신기술이다. 프린터 헤드가 움직이는 기존 문서출력과 달리 종이가 움직이는 방식으로, 문서 출력속도를 향상시키고 장당 출력비용과 출력품질도 우수하게 해주는 것으로 알려져 있다.

HP에 레이저 프린터를 OEM 방식으로 공급하는 프린터업계의 '숨은 강자' 캐논도 프린터를 처음 켰을 때 대기시간을 줄여, 첫 장 출력시간(FPOT)을 단축시키는 '순간정착기술'에서 우위를 보이고 있다.

3) 130조원, 반도체 · 디지털 TV보다 큰 시장

현재 전 세계 프린터 시장은 130조원 규모로 40조원 규모의 메모리 반도체 시장, 100조원 규모의 디지털 TV 시장보다 훨씬 크다. 유럽과 아시아 지역을 중심으로 꾸준히 성장하고 있으며, 관련 소모품 시장과 기업 대상의 토털 프린팅 솔루션 시장도 빠르게 확대되고 있다.

프린터 시장은 컬러레이저를 중심으로 올해 1350억 달러에서 내년 1410억 달러, 2009년 1460억 달러, 2010년 1500억 달러 등으로 성장할 것으로 예상된다.

앞으로 디지털 컨버전스(융합)가 가속화되면 휴대폰을 비롯해 디지털 TV, LCD 디스플레이 등 여러 방면에서 경쟁력을 갖추고 있는 회사가 더욱 유리할 것이다.

저가 제품군에서 이룬 성공을 고가 제품군으로 확장하는 데 성공한다면 세계 프린터 시장 리더로 도약하는 것도 불가능하지 않을 것이다.

02 프린터의 종류

프린터는 컴퓨터가 생성한 이미지를 종이 위에 인쇄하기 위한 컴퓨터 시스템의 주변 출력장치로 정의할 수 있다. 프린터는 이미지를 인쇄하는 방법에 따라 [표 3-1]과 같이 직렬 프린터, 라인 프린터, 페이지 프린터로 나눌 수 있다.

오늘날 가정 및 사무실 환경에서 가장 널리 사용되는 프린터로는 직렬 프린터의 일종인 잉크젯 프린터와 페이지 프린터의 일종인 레이저 프린터를 들 수 있다.

잉크젯 프린터는 오늘날 데스크톱 프린터의 주종을 이루고 있으며, 단일 사용자용으로 가장 저렴한 선택이 되고 있다. 이들은 인쇄량이 많지 않은 경우나 저가의 컬러 출력을 위하여 레이저 프린터의 중요한 대체 장비로 사용되고 있다.

레이저 프린터는 현재 단일 사용자 및 워크그룹 사용 환경에서 모두 널리 사용되고 있다. 레이저 프린터의 품질은 도트 매트릭스, 잉크젯 및 대부분의 기타 인쇄기술들보다 뛰어나며 현재 비즈니스 표준이 되고 있다.

도트 매트릭스 프린터는 잉크젯 프린터에 의해 많이 대체되었지만 아직도 멀티파트 용지(Multipart form)의 인쇄 등에 널리 쓰인다. 내구성이 강하고 소모품비가 적게 들며 열악한 환경에도 잘 견디지만 인쇄품질이 많이 떨어진다.

[표 3-1] 프린터의 분류

<table>
<tr><td rowspan="10">직렬 프린터</td><td colspan="3">커리어 메커니즘으로 종이의 폭을 따라 좌우로 움직이는 프린트헤드를 사용하여 이미지를 찍어내는 프린터</td></tr>
<tr><td rowspan="4">피럴 도트 매트리스 프린터</td><td colspan="2">기계적인 힘으로 각각의 도트를 기관(substrate)위에 선택적으로 위치시킴으로써 문자 이미지를 만들어내는 프린터</td></tr>
<tr><td>9선 프린터</td><td>9핀 프린트헤드를 가진 프린터</td></tr>
<tr><td>18선 프린터</td><td>18핀 프린트헤드를 가진 프린터</td></tr>
<tr><td>24선 프린터</td><td>24핀 프린트헤드를 가진 프린터</td></tr>
<tr><td rowspan="4">잉크젯 프린터</td><td colspan="2">노즐 어레이로부터 잉크를 분출시켜 원하는 이미지를 만들어내는 프린터</td></tr>
<tr><td>흑백 잉크젯</td><td>흑백 이미지만을 인쇄하는 잉크젯 프린터</td></tr>
<tr><td>컬러 잉크젯</td><td>프린트헤드에 있는 최소한 네 가지 기본 컬러(CMYK)를 동시에 인쇄하는 잉크젯 프린터</td></tr>
<tr><td>컬러가능 잉크젯</td><td>기본 CMY 컬러 또는 단일 흑백 카트리지를 사용하여 인쇄하는 잉크젯 프린터</td></tr>
<tr><td>피럴 열전사 프린터</td><td colspan="2">리본으로부터 기관으로 잉크를 전달하기 위해 특정점 가열을 이용하여 원하는 이미지를 한 번에 한 점씩 인쇄하는 프린터</td></tr>
<tr><td rowspan="4">라인 프린터</td><td colspan="3">한 번에 한 줄씩 인쇄하는 프린터</td></tr>
<tr><td>라인도트 매트리스 프린터</td><td colspan="2">리본을 통해 종이 위에 기계적 힘을 가하는 인쇄요소 어레이를 사용하여 한 번에 하나 또는 여러 열의 도트로 텍스트라 그래픽을 인쇄하는 프린터</td></tr>
<tr><td>라인 활자식 프린터</td><td colspan="2">기계적 압력(해머)에 의해 밴드, 활자열(Type train) 또는 드럼으로부터 문자를 종이 위에 위치시켜 한 번에 한 줄의 문자를 인쇄하는 프린터</td></tr>
<tr><td>라인 열전사 프린터</td><td colspan="2">이미지를 생성하기 위해 전기적으로 가열된 엘리먼트를 사용하여 한 번에 한 줄씩 인쇄하는 프린터 왁스 열전사 및 염료승화(Dye sublimation) 기법으로 보통 불리움</td></tr>
<tr><td rowspan="5">페이지 프린터</td><td colspan="3">한 번에 한 페이지씩 인쇄하는 프린터</td></tr>
<tr><td>레이저 프린터</td><td colspan="2">이미지를 드럼에 보내기 위해 레이저 빔이 사용되는 전자사전식 프린터. 전자적 자료원(Electronic source)으로부터 받은 이미지 페이지의 일부 또는 전체를 버퍼링한 다음 이들 이미지를 수신기관(Receivin substrate)으로 보낸다.</td></tr>
<tr><td>LED 프린터</td><td colspan="2">정밀하게 배열된 LED 어레이를 사용하여 프린트 드럼을 노출시키는 전자사전식 프린터</td></tr>
<tr><td>고체 잉크 프린터</td><td colspan="2">고체 잉크가 열에 의해 액화되어 페이지 위로 뿌려진 후 빠르게 굳어지는 잉크젯 인쇄기술. 고체 잉크젯은 종이 속에 스며들어가 이미지 품질을 저하시키지 않기 때문에 다양한 지질의 종이에 인쇄가능</td></tr>
<tr><td>기타</td><td colspan="2">이온조사 프린터, 자기기록 프린터 등이 있음</td></tr>
</table>

1) 도트 프린터

1992년경까지 프린터의 주류를 이루던 종류이다. 작은 전기식 해머를 이용하여 핀을 리본 위에 때려 리본에 묻어있는 잉크 성분이 종이에 묻는 방식으로 해머의 수에 따라 9핀, 24핀 프린터 등으로 구분하기도 하였는데, 16비트 PC의 등장 이후에는 24핀 프린터가 주류를 이루었다. 인쇄시 소음이 크고 해상도가 통상 180DPI 정도여서 개인용으로는 많이 사용되지 않았으나, 인쇄방식이 충격식이므로 여러 장의 종이에 먹지를 넣어 겹쳐 놓고 인쇄하는 것이 가능해 영수증 인쇄 등을 위해 업무용으로는 아직도 많이 사용되고 있다. 종이 외에는 유지비가 거의 들지 않는 장점이 있고, 엡손사의 LQ 시리즈가 가장 유명하며 현재 판매되는 제품들도 거의 LQ 모드를 지원하고 있다. 출력에 있어 범용성은 가장 좋은 편이다.

2) 잉크젯 프린터

잉크젯은 한 사람이 사용하는 경우 가장 적합하며, 네트워크를 통하여 2, 3명이 공유할 수 있도록 설계된 모델은 여러 사람이 함께 사용할 수도 있다. 잉크젯 프린터는 저가격화, 소형화, 그리고 지속적인 품질의 개선으로 가정 및 SOHO 시장을 지배하고 있다.

또는 사무실 환경일지라도 보안이나 프라이버시 등의 이유로 프린터의 공유가 어렵거나 옆에 놓고 사용해야 하는 경우에도 사용하기 적합하다. 잉크젯 프린터는 컬러 인쇄나 큰 용지 인쇄 등에도 선호되고 있는데, 이러한 기능의 레이저 프린터는 가격이 상당히 높기 때문이다. 어떤 잉크젯 프린터는 충분히 작고 가벼워 휴대용으로도 사용되는데 레이저 프린터는 그렇지 못하다.

잉크젯 프린터는 휴렛팩커드(HP), 엡손, 캐논의 제품을 근간으로 하여 시장을 형성하고 있으며 삼보, 삼성, LG 등이 자체 개발이나 외국 제품을 OEM으로 수입하여 판매하고 있고, 이외에도 몇몇 회사가 있으나 국내에서의 영향력은 미미한 편이며, 잉크젯 프린터는 국산화가 거의 이루어지지 못한 제품으로 판매되는 제품이 모두 수입한 것과 다름이 없다는 점이 매우 아쉽게 생각된다.

잉크젯 회사들은 각기 장점을 내세워 자사 제품의 우수성을 홍보하나 끊임없이 이어지는 발전과 신제품의 봇물 속에서 실제적인 제품 간의 차이는 동일 가격대에서라면 별로 없다고 볼 수 있습니다. 잉크젯 프린터를 선택함에 있어 다른 방식의 프린터에 비해 A/S율이 높은 것과 유지비(잉크 카트리지)가 높은 단점이 있으므로 이에 대한 점검이 꼭 필요하다.

잉크젯 프린터는 잉크를 분사하는 방식에 따라 크게 열전사방식(서멀 방식)과 압전방식(피에조 방식)으로 나뉘는데, 각 방식은 나름대로의 장・단점이 있으나, 일반적인 잉크젯 방식의 프린터에서는 비용이 적게 드는 열전사방식을 주로 사용한다.

(1) 열전사방식

열전사방식은 헤드부의 끝에서 잉크를 밀어내는 방법에 열을 이용하는 방법으로 열전사방식의 헤드부에는 전면에 열을 발생시키는 저항소자가 달려있는데, 이 저항 소자는 전기적인 신호를 받으면 순간적으로 900℃ 정도의 온도로 잉크를 달구게 되어 있다.

흔히 물이 끓기 시작할 때 물 속에서 기포가 물 밖으로 계속해서 나오는 것을 보았을 것이다. 이와 똑같은 방식으로 잉크 카트리지의 헤드부의 저항에 의해 급속히 달구어진 잉크는 기포가 발생하면서 기포의 힘으로 노즐을 통해 밀려나오게 되며, 이렇게 밀려나온 잉크 입자가 종이 표면에 떨어지면서 인쇄가 되는데, 잉크가 기포에 의해 밀려 나간 뒤 새로운 잉크가 헤드부로 공급되면서 연속적으로 잉크가 원하는 때에 출력되게 된다.

(2) 압전방식

압전방식은 잉크 카트리지 헤드부에서 잉크가 분출되는 방식에 기계적인 진동을 일으키는 압전소자를 이용하는 방법이다. 이 압전소자의 특징은 압력을 받으면 전기를 발생하고, 전기를 받으면 압력 즉, 진동을 하게 되어 있어서 이 진동을 이용하여 잉크를 분사하는 방식이다.

이상과 같은 노즐을 사용하여 헤드부가 구동되는데 열전사방식의 경우 일반적인 잉크젯 프린터에서 많이 사용되고 압전방식의 경우는 고체 잉크를 사용하는 고가의 잉크젯 프린터와 잉크 저장부와 헤드부가 분리된 프린터에서 주로 사용되며, 이러한 노즐이 잉크 카트리지에는 보통 48×2개 이상 배열되어 있다.

근래에는 이런 노즐의 수가 점점 증가해 더 나은 품질의 인쇄가 가능한 제품들이 등장하고 있다. 이 노즐의 출력부는 아주 미세한 구멍으로 약간의 배열 간격을 가지고 배치되어 있으며 각 배열 사이의 공간에는 종이를 움직이거나 카트리지를 움직이며 인쇄를 하게 되는데, 일반적으로 한글과 같은 워드 프로세서나 캐드 프로그램에서 정밀 인쇄(dpi가 높은 인쇄)용의 프린터 드라이버를 선택하면 두 배 이상의 시간이 걸리는 이유가 이것 때문이다.

다시 설명하면, 잉크 카트리지가 홀수번째 줄들을 인쇄하고 다음에 종이나 카트리지를 약간 움직여서 짝수번째 줄들을 인쇄하는 방식이라서 고밀도 인쇄가 가능한 것이다.

[표 3-2] 레이저 프린터와 비교한 잉크젯 프린터의 장 · 단점

	내 용	비 고
장점	낮은 구입비용	
	소형 경량	
	저전력소모	배터리로 동작하는 모델로 있다.
	컬러 가능	컬러 레이저는 가격이 비싸다.
	큰 종이 인쇄	큰 종이 사용이 가능하고 레이저는 가격이 비싸다.
단점	인쇄품질 미흡	레이저 프린터와의 차이가 점점 좁혀지고 있다.
	느린 인쇄속도	페이지의 일부만 인쇄하는 경우는 더 빠를 수도 있다.
	젖는 경우 잉크가 번지거나 얼룩지기 쉽다.	물에 번지지 않는 잉크가 개발되었다.
	내구성이 약하다.	소량 인쇄에 적당하다.
	소모품을 좀 더 자주 교체 필요	
	페이지당 인쇄비용이 더 높다.	가격은 인쇄밀도 및 컬러 사용여부에 따라 상당히 다르다.

근래의 프린터들은 600dpi 이상의 인쇄 출력까지도 가능하다고 하는데, 이것은 600분의 1인치 약 0.042mm마다 점 하나를 찍을 수 있다는 뜻이다. 그러나 이렇게 만들어지는 해상도는 정확한 의미를 갖지 못한다. 왜냐하면 해상도의 정의에는 서로 겹치지 않는 점을 1인치 안에 몇 개 찍을 수 있는가 하는 것이 포함되는데 이 방식의 인쇄는 점들이 서로 겹치는 경우가 많기 때문이고, 또한 잉크젯 프린터는 액체의 잉크를 분사하므로 종이에 흡수되면서 약간의 번짐이 나타나 노즐이 갖는 원래의 해상도보다는 떨어지는 품질을 보이게 되는 것이다.

잉크젯 프린터가 소용량으로 제한되는 일반적인 이유는 다음과 같다.

① 소모품 비용이 높고 자주 교체해야 한다.

② 대량 인쇄나 여러 사람이 공유하기에 너무 느리다.

③ 급송장치에서나 배송장치에서나 용지 용량이 너무 작다.

3) 레이저 프린터

레이저 프린터는 몇 년 전까지만 해도 고가의 인쇄장비로 개인이 구입하기에는 힘든 장비였으나 기술의 발전으로 계속적인 하락을 거듭하였고, 현재는 개인용의 제품도 다양하게 나와 있다.

레이저 프린터는 현재 단일 사용자 및 워크그룹 사용 환경에서 모두 널리 사용되고 있다. 레이저 프린터의 품질은 잉크젯 및 대부분의 기타 인쇄 기술들보다 뛰어나며, 현재 비즈니스 표준이 되고 있다. 기술이 안정되고 최근 가격은 서서히 내려가고 있지만 경쟁적인 개선으로 인쇄 품질뿐만 아니라 처리속도가 증가되어 왔으며, 레이저 프린터가 수행할 수 있는 서비스의 범위도 확장되고 있다. 점점 더 많은 업체들이 컬러 레이저 프린터를 제공하고 있다. 가격이 떨어지고 있기는 하지만 경쟁하는 다른 컬러 기술들보다 아직은 가격이 상당히 높은 편이다.

오늘날의 레이저 프린터에 사용하는 기계적인 인쇄과정은 1980년대 중반과 크게 차이가 없지만 회로(Circuitry)가 상당히 개선되어 복잡한 내용의 페이지도 단순 텍스트로 구성된 페이지와 거의 같은 속도로 인쇄할 수 있게 되었다.

레이저 프린터는 잉크젯에 비해 국산제품의 보급이 많은 편이다. 가격은 잉크젯의 고가 제품과 비슷한 30만원대부터 60만원대에 이르는 제품이 보편적이며, 8ppm 이상의 속도를 가진 제품이 주류를 이루고 있으며, 물론 수백만원에 이르며 24ppm 이상의 고성능 제품도 다양하게 판매되고 있다.

출력 품질에서는 거의 인쇄물의 수준에 육박하거나 고급 제품의 경우는 오히려 인쇄물을 능가하기도 하다. 하지만 흑백의 제품만 실제 사용되고 컬러 제품은 너무 높은 가격으로 인해 보급이 늦어지고 있는 단점이 있다.

[표 3-3] 레이저 프린터와 비교한 도트 매트릭스 프린터의 장 · 단점

	내 용	비 고
장점	용지 다공분할 서식의 인쇄	3, 4카피 인쇄하면 희미하고 흐려진다.
	넓은 페이지의 인쇄	어떤 모델에서는 18까지 가능. 레이저 프린터들도 점차 가능하다.
	하이라이트 색상 가능	모델에 따라 다르다.
	튼튼하다.	더러운 환경에서도 좋다.
단점	인쇄품질이 나쁘다.	차이가 점점 더 커지고 있다.
	느린 인쇄속도	페이지에 몇 줄만 인쇄하는 경우에는 더 빠를 수 있다.
	시끄러움	

4) 여러 가지 컬러 프린터

컬러 프린터로는 잉크젯 프린터를 비롯하여 고체잉크 프린터, 열전사 프린터, 염료승화 프린터, 컬러 레이저 프린터를 들 수 있다. [표 3-4]는 여러 가지 컬러 프린터 기술을 비교하고 있다.

[표 3-4] 여러 가지 컬러 프린터 기술의 비교

	잉크젯 프린터	고체잉크 프린터	열전사 프린터	염료승화 프린터	컬러레이저 프린터
해상도 (dpi)	• 600 • 600~720 • 1,440	• 600 • 300 또는 800 • 450	• 300	• 300 • 300~600	• 240 • 240~1,200 • 1,200
용지의 종류	코팅지 또는 본드	본드	코팅지	특수코팅지	본드
구입가 (US$)	100+	2,400~3,700	1,500+	7,000+ (하이브리드는 1,500+)	2,500+
소모품비 (US$/page)	0.05~1.50	0.05+	0.50~1.00	2.40+ 종이 또는 투명필름 비용	0.02~0.80
잇점	• 텍스트, 그래픽, 이미지 등의 품질이 나쁘지 않으며 계속 개선되고 있음 • 프린터와 잉크의 종류가 다양	• 포화된 색상	• 포화된 색상, OHP 용지 광택	• 사진 품질의 영상	• 선명한 글자, 굵은선 그래픽, 실물형상 • 빠른 속도 (3~4ppm 컬러 및 12~16ppm 흑백) • 동일한 프린터에서 훌륭한 품질의 컬러 및 흑백 인쇄 가능
한계	• 느림 • 색이 고르지 않음 • 번짐이나 얼룩 • 투명필름 인쇄시 바랜 색깔	• 인쇄면이 다소 튀어 나옴	• 인쇄면이 번들거리고 다소 튀어 나옴 • 소모품의 낭비성이 있음	• 텍스트와 선이 선명치 않음 • 매우 느림	• 투명 필름 인쇄시 바랜 빛깔 • 리필 소모품의 수가 불편스럽게 많음
응용	• 일반 사무실 인쇄 • 가정용	• 일반사무실 인쇄 • OHP 용지 • 인쇄전 교정	• 프리젠테이션 OHP 인쇄 • 일반 컬러인쇄	• 인쇄전 교정 • 과학관련 인쇄	• 사무실 인쇄 • 프리젠테이션 • 핸드아웃 • 온디맨드 출판

- 고체 잉크 프린터는 잉크젯과 비슷하지만 고체잉크를 사용하여 컬러의 번짐이 없고 다양한 용지에 인쇄가 가능하다.
- 열전사 프린터는 이미 상당 부분 잉크젯 프린터로 대체되었다.
- 염료승화 프린터는 픽셀의 크기를 조절할 수 있어서 미세한 표현이 가능하여 훌륭한 품질의 컬러인쇄를 하며, 스캔된 사진을 인쇄하거나 조판된 페이지의 교정쇄를 찍는데, 또는 과학 · 의료장비로부터의 출력을 위해 많이 사용된다.

03 레이저 프린터의 기술

1) LBP 처리단계

레이저 프린터의 정확한 명칭은 페이지(Page) 프린터인데 이는 인쇄할 때 한 줄씩 인쇄하는 것이 아니라 한 번에 한 페이지씩 인쇄하기 때문이며, [그림 3-2]에 LBP 처리단계를 나타내었다.

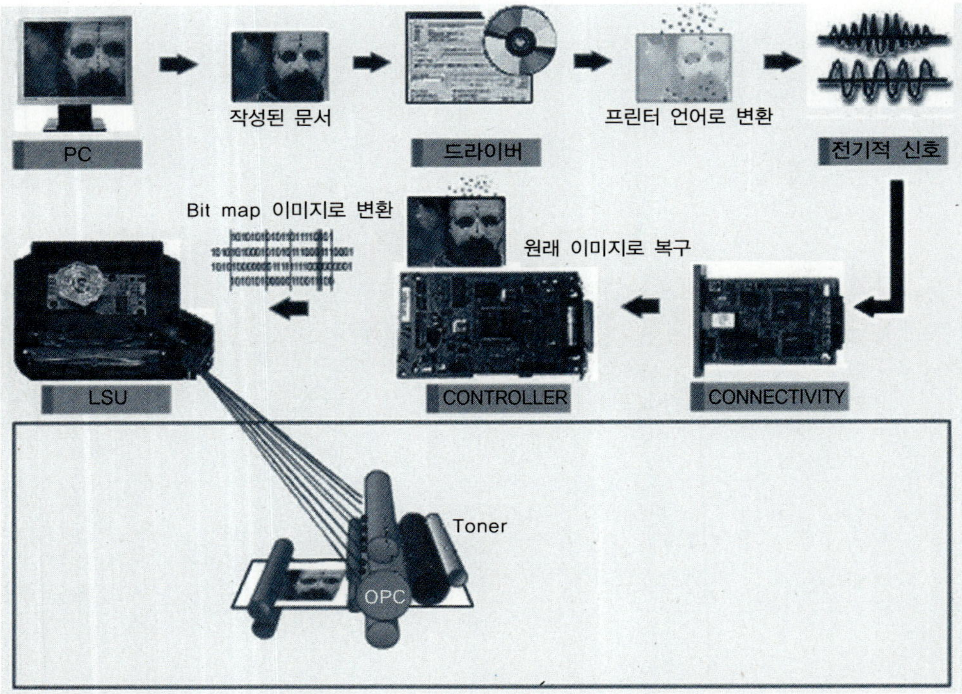

[그림 3-2] LBP의 처리단계

실제로 보급형의 프린터들은 드럼의 직경이 작아 A4 용지 1장 인쇄에 드럼을 2~3번 회전시키는 것이 보통이지만 원래의 원리는 한 번에 인쇄하는 것이다. 또 인쇄에 있어 필요한 문자의 이미지화 작업 등 실제 인쇄를 위한 정보를 생성하는 작업을 앞에서 두 프린터가 컴퓨터에 의존하는데 비해 레이저 프린터는 프린터 자체가 CPU와 메모리를 가지고 있으면서 직접 수행한다.

이것은 인쇄시 컴퓨터의 부하를 줄여줄 수 있는 장점이 되는데 근래의 보급형 레이저 프린터들은 앞의 프린터와 마찬가지로 컴퓨터에 의존하여 이미지를 생성하는 대신 가격을 낮추고 있기도 한다. 앞서 레이저 프린터의 정확한 명칭을 페이지 프린터라고 했는데, 레이저 프린터라 불리게 된 이유는 인쇄하려는 이미지를 드럼에 형성시키는 과정에서 대전된 드럼을 레이저 빔에 의해 대전상태를 바꾸는 방식을 사용하기 때문이다.

근래의 보급형 프린터들은 레이저를 사용하는 대신 어레이(Array)화된 LED를 사용하는데 이것은 레이저를 사용하는 것 보다 가격을 크게 낮출 수 있기 때문이다. 그러나 레이저를 사용하는 것보다 품질이 낮아지는 단점이 있다. 어쨌든 LED를 사용하는 보급형 프린터의 명칭이 레이저 프린터인 것은 잘못된 것이지만 이미 레이저 프린터라는 이름이 워낙 많이 사용하기 때문에 특별히 구분하지 않는다.

레이저 프린터의 인쇄원리를 간략하게 나타내면 [그림 3-3]과 같다.

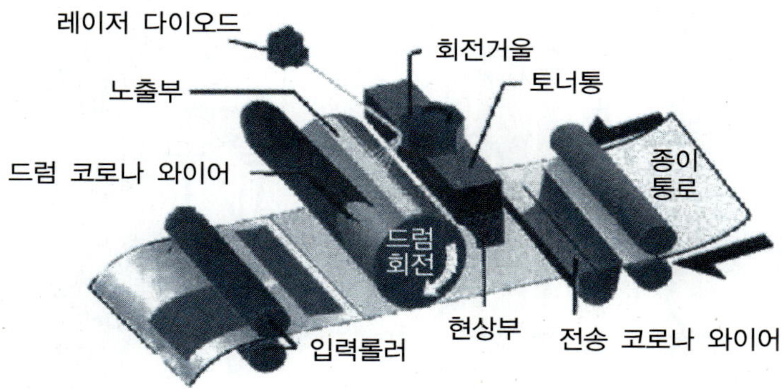

[그림 3-3] 레이저 프린터의 인쇄원리

2) LBP 동작원리

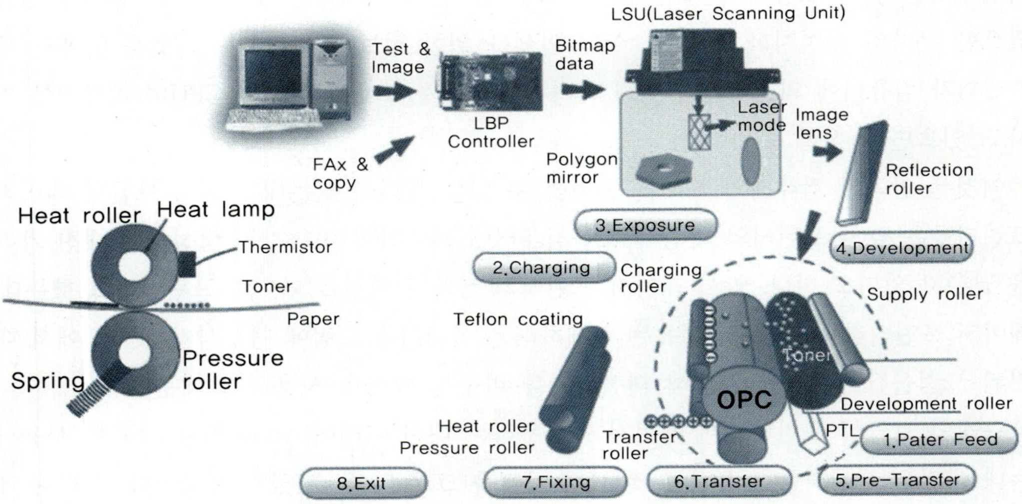

[그림 3-4] LBP의 동작과정

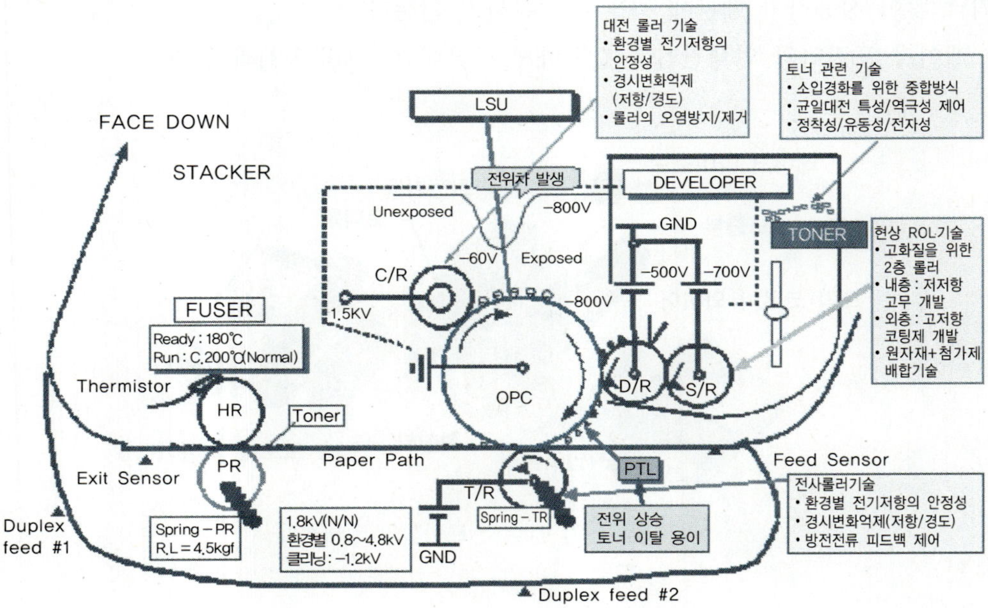

[그림 3-5] LBP의 구성

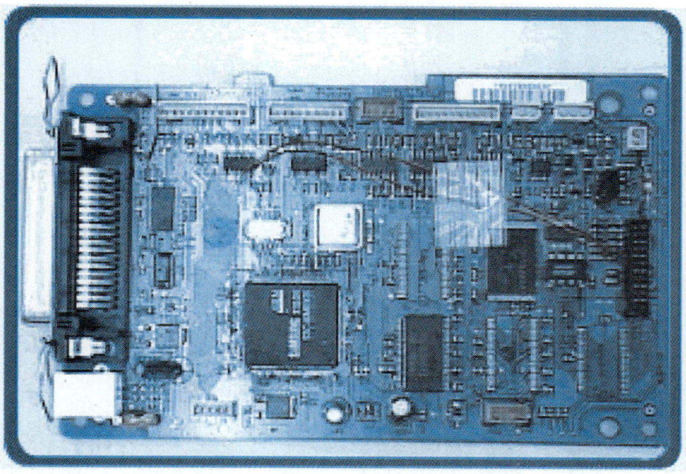

[그림 3-6] 메인 보드의 구성

(1) 메인 보드

① GDI 방식

비디오 제어 보드(Video controller board)는 호스트 컴퓨터(Host computer)로부터 바로 비트맵 이미지(Bitmap image)를 받아서 그것을 엔진 보드(Engine board)의 입·출력장치와 연계되어 출력하는 GDI(Graphic Device Interface) 방식을 사용한다. GDI는 물리적인 인쇄를 제외한 대부분의 프린트 작업을 PC에서 소프트웨어로 처리하기 때문에 프린터 컨트롤러와 메모리 등을 최소화할 수 있다.

② PCL 방식

비디오 제어 보드는 호스트 컴퓨터로부터 이미지 데이터를 받아 비트맵(Binary) 이미지로 변환하거나 혹은 호스트 컴퓨터로부터 바로 비트맵 이미지를 받아서 그것을 엔진 보드의 입·출력장치와 연계되어 데이터를 가공, 출력하여 화상을 형성한다. 컴퓨터로부터 데이터를 받고 이를 해독하여 다시 출력 데이터를 엔진 보드로 보내는 역할을 한다.

(2) 파워 보드(SMPS Board)

파워 보드(엔진 보드와 일체형)는 여기서 사용되는 SMPS(Switching Mode Power Supply)부는 엔진에 DC +5V와 DC +24V를 공급하고 비디오 제어기(Video controller)와 조작 패널에 DC +5V를 공급하는 PWM(Pulse Width Modulation) 방식의 전원공급단이다. 또한 정착기의 히트 램프(Heat lamp)에 AC전원을 공급하기도 한다.

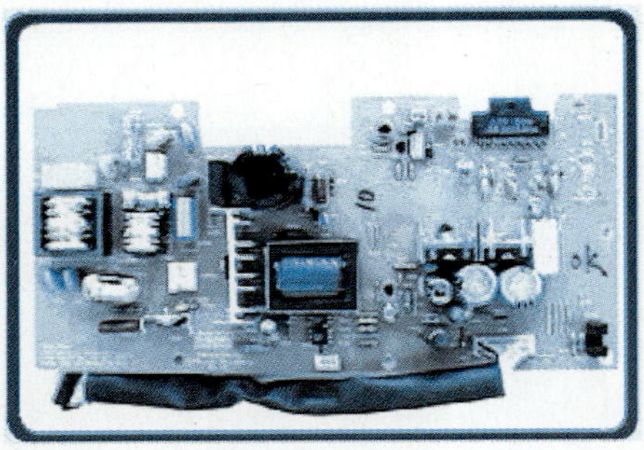

[그림 3-7] 파워 보드의 구성

(3) 엔진 보드 보급형

엔진 보드는 SMPS로부터 공급받는 전압을 이용하여 LBP을 기본 동작원리인 전자사진 프로세스(Process)를 제어하는 역할을 한다. 커버 오픈 센싱(Cover Open Sensing)부는 프레임의 좌측에 취부되어 있고, 앞 커버 오픈(Front Cover Open)시 메인 모터, LSU, 팬(Fan), 클러치(Clutch) 그리고 정착기의 +24V 전압을 차단한다. 정착온도제어, 센서 입력 신호제어, DC 팬 / 원통코일(Solenoid) 구동, 모터 구동 등의 역할을 한다.

(4) HVPS 보드

OA 기기 전자사진 현상방식의 화상형성장치에 사용되는 DC +24V / DC +5V를 정격입력으로 하는 고압전원장치로서 대전전압(MHV), 공급(Supply)전압, 현상전압(DEV), 전사전압(THV)이 출력된다.

각 고압 출력은 전자사진 프로세스(소문자처리)에서 요구되는 전압을 나타내며 현상기부로 공급하여 화상을 맺히게 하는 최적의 조건을 실현시키는 부이다.

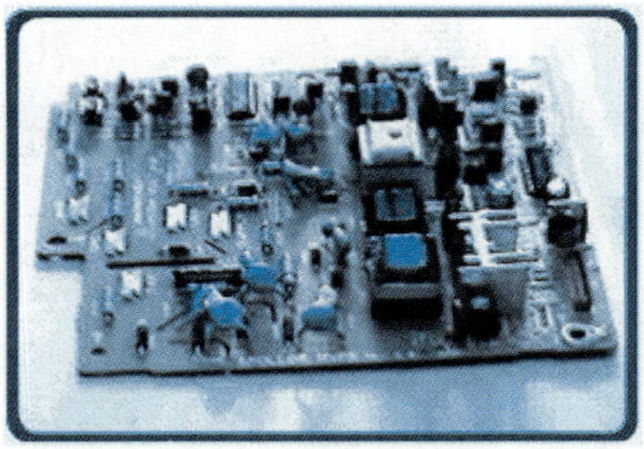

[그림 3-8] HVPS 보드의 구성

[그림 3-9] 현상기의 구성

(5) 현상기

현상기는 전자사진 프로세스를 이용하여 가시적인 상을 생성시키는 장치로써 전하 롤러(Charge roller), OPC 드럼 현상기 롤러(OPC Drum developer roller), 공급 롤러(Supply roller) 그리고 토너로 구성된다.

(6) LSU

비디오 제어기(Video controller)에 의해 제어되는 부분으로 비디오 제어기로부터 받은 비디오 데이터를 레이저 빔 제어, OPC 드럼의 노광 그리고 폴리건 미러(Polygon mirror)의 회전원리를 이용하여 OPC 드럼에 정전잠상을 형성시키는 LBP의 핵심 부품이다. OPC 드럼은 용지에 급지 속도(Feeding speed)와 동기되어 회전한다. 이때 LSU내에 레이저 빔(Laser beam)이 폴리건 미러의 끝 단에 도달할 때 /HSYNC 신호를 감지하여 용지상에 화상의 수직열을 적절히 맞추게 된다.

즉, 이 /HSYNC 신호가 감지 후기 설정된 일정시간 후에 화상 데이터를 LSU로 보내어 용지상에서 왼쪽 마진(Left margin)을 맞추게 되는 것이다. 그리고 폴리건 미러의 한 면이 스캐닝(Scanning)하는 하나의 라인에 해당한다.

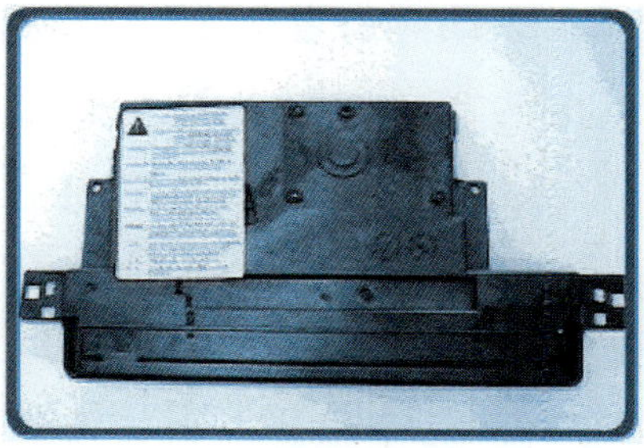

[그림 3-10] LSU의 외형

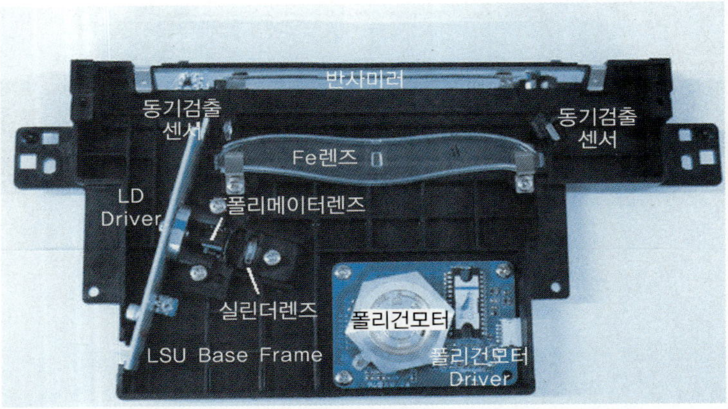

[그림 3-11] LSU의 구성

(7) 전사 롤러 / PTL

전사기는 PTL(Pre-Transfer Lamp)와 전사 롤러로 구성되며, PTL은 OPC 드럼에 빔을 주사하여 현상부의 전위를 낮추어 토너 부착력을 저하시켜서 전사효율을 좋게 하는 역할을 한다. 그리고 전사 롤러는 OPC 드럼상의 토너(화상의 구성요소)를 용지로 이동시키는(Transfer) 역할을 한다.

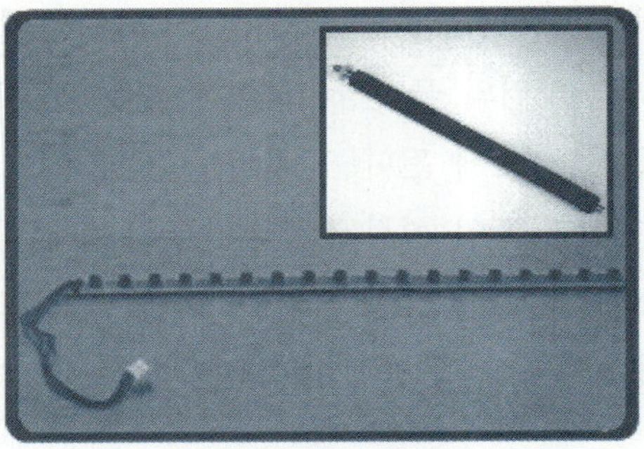

[그림 3-12] 전사 롤러 및 PTL의 외형

(8) 정착기

히트 램프(Heat lamp), 히트 롤러(Heat roller), 압력 롤러(Pressure roller), 서미스터(Thermistor) 그리고 서모스트(Thermostat)로 구성되며, 전사에 의해서 용지 위로 옮겨진 토너가루를 압력과 고온을 이용하여 용지에 고착시켜 최종적인 프린팅 작업을 마무리하게 한다.

[그림 3-13] 정착기의 외형

(9) 구동기

구동기는 바이폴라(Bi-Polar) 모터를 사용하며 2-2상 구동의 정전류 제어를 한다. 프린터 주 메커니즘(현상 유니트, 정착 유니트, 급지 유니트)을 작동시키는 장치로서 그 성능에 따라 제품의 성능(속도, 소음, 수명)이 크게 좌우된다.

[그림 3-14] 구동기의 외형

(10) Registration 롤러

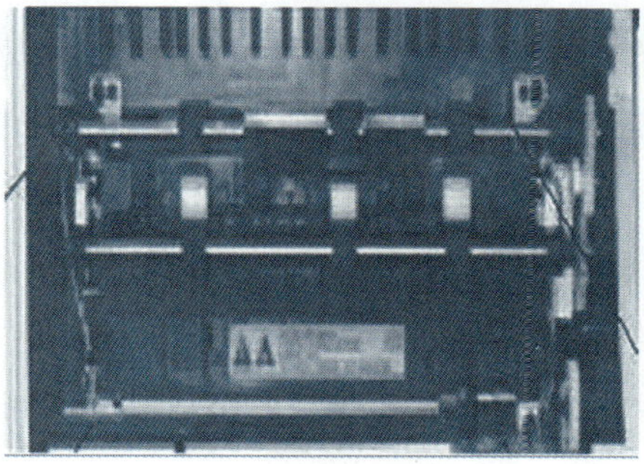

[그림 3-15] Registration 롤러의 외형

급지장치를 통과한 용지를 비디오 컨트롤러로부터 오는 화상 데이터와 동기를 맞춰 정착 유니트까지 이동시켜주는 역할을 한다.

(11) 롤러 종류

(a) 공급 롤러(Supply roller)

(b) 현상 롤러(Developement roller)

(c) 전사 롤러(Transfer roller)

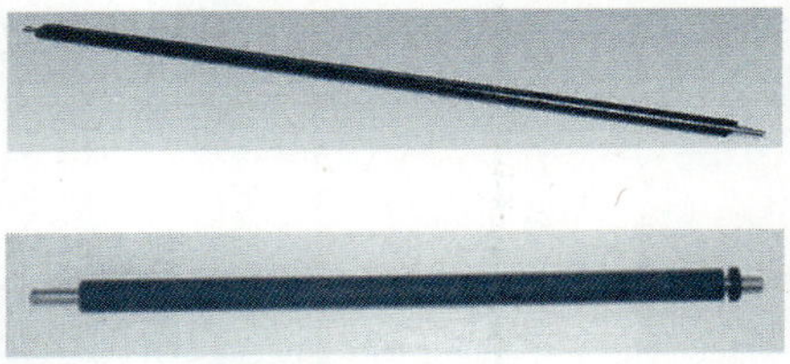

(d) 전하 롤러(Charge roller)

[그림 3-16] 롤러 종류

(12) 메인 모터, 기어 유니트

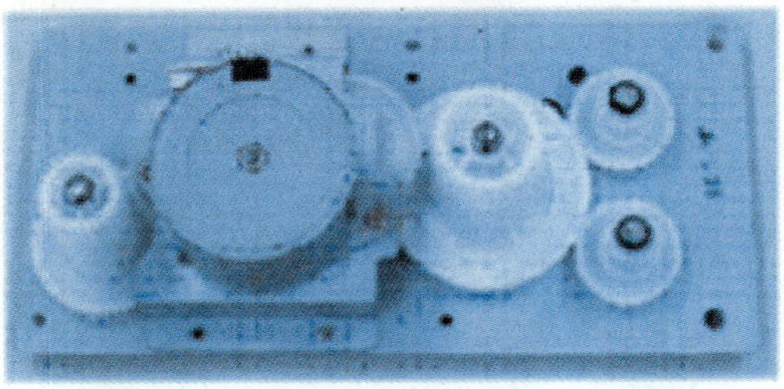

[그림 3-17] 메인 모터, 기어 유니트의 외형

(13) 압착장치(Fuser unit)

용지에 옮겨 붙는 전사된 토너를 고온(Heat 롤러) 고압의 두 롤러 사이를 통과시킴으로써 토너 입자를 용지에 녹여 압착시킨다.

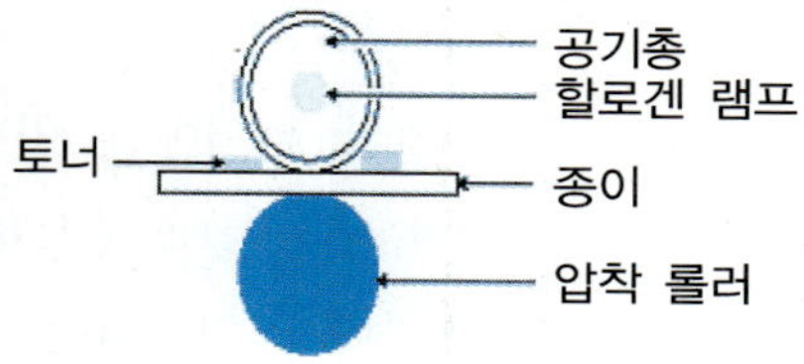

[그림 3-18] 압착장치

(14) 기 타

① 전사장치(Transfer unit)

OPC 드럼에 현상된 화상(토너)이 용지로 옮겨지도록 (+)전압을 가하는 역할을 한다(와이어 형태와 롤러 형태로 구성).

[그림 3-19] 전사장치

② 픽업 악세서리(Pick-Up Assy)

급지장치로부터 용지를 급지 센서(Feed sensor), 전사장치까지 이동시켜 준다.

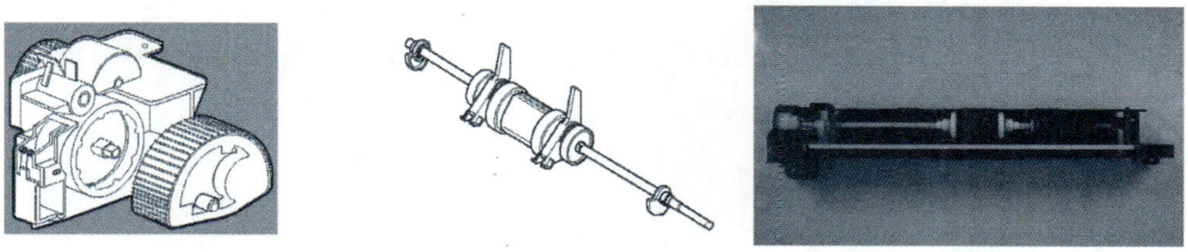

(a) 카세트(F1F0) (b) 트레이(BIN) 방식 (c) MFP 방식

[그림 3-20] 픽업 악세서리

04 프린터 소프트웨어

1) 프린트 언어(Driver)의 개요

Host(PC)에서 작성된 문서에는 일반적으로 텍스트(Text)와 그래픽 이미지(Graphics image)가 들어있으며, 문서를 프린트하기 위해서는 문서를 구성하고 있는 각 요소들에 대해 적절하게 표현하여 프린트하는 것이 필요하며, 여기에서 적절하게 표현하는 것을 "프린터 언어(Printer language)" 또는 "프린터 명령어(Printer command)"라고 하며 이를 해석하는 일을 하는 것이 번역기(Interpreter)이다.

프린터 언어의 종류는 다양하게 개발되어 왔으며, 보다 나은 출력을 얻기 위해서 계속해서 발전하고 있다. 대표적인 프린터 언어로는 과거 도트 매트릭스 언어(Dot matrix printer)에서 주로 사용하였던 IBM, Epson이 있고, InkJet 및 Laser printer에서 주로 사용하는 HP의 PCL 및 Adobe사의 Postscript와 대한민국에서 제정된 KSC5843, KSC5895, KSSM 등이 있다.

2) PCL

PCL(Printer Command Language)은 Hewlett Packard사에서 만든 프린터 언어로 거의 업계 표준으로 되다시피 한 명령어(Command) 체계이며, 거의 대부분의 Laser Printer 생산회사들이 PCL을 기본으로 탑재하여 제품을 팔고 있다.

PCL은 PCL 1부터 시작하여 PCL 5로 발전하여 왔는데, 이러한 발전은 프린팅 기술의 개발, 사용자의 욕구변화, 응용 프로그램의 향상과 발맞추어 진행되었으며, 이러한 발전은 기본적으로 보다 나은 프린트 결과를 얻기 위한 작업들로 풀이될 수 있다. 그리고 최근에는 PCL XL이 등장하였는데, 이는 기존의 PCL1 to 5에서 사용한 명령어 체계는 완전히 무시한 새로운 프린터 언어로 기존의 명령어 체계에서 가지고 있던 한계를 극복하기 위해 등장한 것으로 해석할 수 있다.

3) Post script

Post script는 미국 Adobe사에서 개발한 페이지 기술언어(PDL)이다. 매끄럽고 섬세한 고품질 글자체(Font)와 도형의 이미지를 프린터에 인쇄하거나 화면에 표시할 수 있게 한다.

1984년에 이 언어의 명세가 공표되고, 1985년에 이 언어의 번역기(Interpreter)를 내장한 레이저 프린터가 애플 컴퓨터사에서 발매되어 큰 호평을 받았으며 그 후에 많은 프린터에 탑재되어 포스트 스크립트는 업계 표준이 되고 있다.

한글이나 일본어 등의 텍스트도 기술할 수 있도록 언어 명세의 확장이 이루어졌다. 포스트 스크립트의 특징은 출력장치의 해상도에 의존하지 않고 영어와 비슷한 명령어를 사용, 페이지의 배열을 제어하고 윤곽 글자체(Outline font)를 불러내어 그 크기를 조절할 수 있는 점이다.

당초에는 페이지 프린터용으로 개발되었으나 프린터와 모니터 양쪽에서 사용될 수 있도록 기능이 확장된 디스플레이 포스트 스크립트(Display post script)도 발매되고 있다. 또 MS-DOS나 매킨토시 등의 다른 환경에서 가동하는 응용 소프트웨어 간의 파일 전송 형식으로서 밀봉형 포스트 스크립트(ESP)가 널리 이용되고 있다.

4) GDI

GDI(Graphic Device Interface)는 Microsoft사의 윈도우에서 화면에 그래픽 객체를 그리는 인터페이스이다. 즉, 선 그리기, 컬러 관리와 같은 그래픽 함수들을 구현하는 일을 담당하는 윈도우의 구성요소로 GDI는 디스플레이, 프린터, 기타 장치에 대한 그래픽 출력을 위하여 응용 프로그램이 사용할 수 있는 함수와 그에 관련된 구조를 제공한다. 이를 이용하여 직선, 곡선, 다각형, 텍스트, 비트맵 이미지를 구현할 수 있다.

프린터에서의 GDI는 프린팅 이미지를 PC에서 생성시켜 프린터에서 출력하는 차세대 기술을 말한다. GDI는 물리적인 인쇄를 제외한 대부분의 프린터 작업을 PC에서 소프트웨어로 처리하기 때문에 프린터 컨트롤러와 메모리 등을 최소화할 수 있어 프린터 생산 원가를 크게 절감시킬 수 있다. 그러나 GDI는 프린터로 방대한 데이터를 전송하기 때문

[표 3-5] 프린트 언어 종류의 특징

SPL(GDI driver)	PLC	PS
표준 없음 (다른 회사 Driver를 사용할 수 없다)	HP	Adobe
Bitmap Based (비트맵 이미지가 프린터로 전송됨)	Command Based (명령어가 프린터로 전송되고 프린터가 명령어를 처리함)	Command Based (명령어가 프린터로 전송되고 프린터가 명령어를 처리함)
높은 사양의 컴퓨터가 필요	높은 사양의 프린터가 필요	높은 사양의 프린터가 필요
저가형 프린터	고가형 프린터	초고가형 프린터

에 USB나 1394 등 차세대 인터페이스를 채용하지 않으면 심각한 병목현상이 발생하고, A3용지 등 대형 출력물이나 분당 30장 이상의 고속 출력이 필요한 고성능 프린터에는 적용하기 어려운 것으로 평가되고 있다.

예제 PCL6 User Interface Review

- CL6의 사용자 환경을 이해한다.
- Microsoft® Windows® 98, Me, NT 4.0, 2000, XP, Vist, 7 지원
- MS Office, Acrobat, Adobe application 등과 같은 모든 응용프로그램에서의 인쇄 지원 및 호환성 시험결과 문제없다.

05 폰트의 종류 및 특징

폰트에는 여러 가지 종류가 있다. 용도가 다르거나, 데이터를 어떻게 지니고 있느냐에 따라 여러 가지가 존재한다. 즉, 폰트 자체의 종류가 아니라 성질이 다른 것이 여러 개 있는 것이다. 이 여러 가지 폰트를 그 상황에 따라 분류해 보자.

1) 디지털 폰트

문자의 형태는 손으로 쓴 것이든, 활자나 사진식자의 인쇄물이라도, 아날로그 형식으로 표현되어 문자가 인쇄되는 것이었다. 그러나 컴퓨터를 사용해서 문자의 형태를 보존하여 화면에 표시하거나 인쇄하려면 문자의 형태를 0과 1의 데이터로 표현해야 한다.

0과 1로 된 디지털 데이터로 표현될 수 있다면 컴퓨터는 그것을 본체에 기억해서 보존·가공 또는 외부의 출력장치에 출력을 할 수 있게 되는 것이다.

그러므로 디지털 폰트(Digital font)는 디지털 형식으로 표현된 문자 형상 데이터의 집합이 된다. 하지만 일반적으로 "폰트(Fond)"라 함은 컴퓨터의 애플리케이션을 통해서 사용되는 것이므로 굳이 "디지털"이라는 단어를 포함하지 않아도 디지털 폰트라고 할 수 있다.

2) 스크린 폰트

스크린 폰트(Screen font)는 화면에 표시하기 위한 폰트인 동시에 서류를 작성할 때 서류 내의 폰트의 종류를 지정하기 위해 사용되는 것이다. 흔히 화면용 폰트라고 한다.

전자 출판 초기에는 이 스크린 폰트가 그대로 프린터의 출력에도 사용되었는데, 이 초기에는 "비트맵 폰트"밖에 없었기 때문에 축소, 확대를 하게 되면 형태가 일그러지게 되지만, 복잡한 연산과정을 거치지 않기 때문에 빠르게 표시되고 프린트되었다.

그러나 문제는 큰 사이즈의 문자를 표시하거나 프린트하면 심하게 일그러진 문자가 되어버리는 것이다. 그래서 ATM이나 트루타입이라고 하는 아웃라인 폰트가 개발되었고, 그 이후는 화면표시용도 아웃라인 폰트를 이용하게 되었다. 그러나 아웃라인 데이터에서 작은 문자 사이즈를 만들면 깨끗한 라인의 자형을 얻을 수 없기 때문에 아웃라인 폰트에도 비트맵 폰트가 첨부되는 경우가 많다.

3) 프린터 폰트

스크린 폰트가 컴퓨터 본체에 내장되어 있는가 하면, 프린터가 폰트를 저장하고 있는 경우도 있는데 이를 프린터 폰트(Printer font)라고 한다. 컴퓨터 본체에서 문자 코드를 프린터로 보내면, 프린터에 내장되어 있던 폰트가 문자의 형태를 프린트하는 것이다.

현재의 포스트 스크립트 프린터에는 ROM에 폰트를 내장하고 있는 경우도 있지만, 대부분이 프린터에 내장되어 있는 하드디스크에 폰트를 넣어 놓는다. 프린터는 폰트를 다운로드하여 문자를 인쇄하게 되는 것이다.

4) 비트맵 폰트

비트맵 폰트(Bitmap font)는 문자를 점의 집합으로 표현하고 있는 것이다. 이 비트맵 폰트는 복잡한 연산을 거치지 않기 때문에 빠르게 표시되어 화면표시용으로 쓰인다. 그러나 이 비트맵 폰트는 확대, 축소를 하게 되면 형태가 일그러지는 성격을 가지고 있다. 따라서 사이즈를 변하게 할 때는 그 사이즈(도트 수)별로 문자 데이터를 준비하지 않으면 안 된다.

그러므로 비트맵 스크린 폰트는 가능한 많은 사이즈를 등록해 놓아야 할 필요가 있어 데이터량이 많아지게 된다. 특히, 큰 사이즈의 비트맵 폰트를 만들면 데이터량이 비약적으로 크게 되어 버린다.

5) 아웃라인 폰트

비트맵이 점에 의한 표현이라면 아웃라인 폰트(Outline font)는 함수곡선을 가지고 문자의 외형을 나타낸다. 따라서 표시하거나 프린트할 경우는 먼저, 도트의 정보로 교환해서 해야 할 필요가 있다. 그래서 출력의 속도가 느려지게 되지만, 큰 사이즈의 문자로 화면 표시나 출력을 해도 비트맵 폰트처럼 일그러지지 않고 깨끗하고 질 좋은 문자로 출력이 된다.

그러나 작은 사이즈의 문자를 함수에서 만들어 내면, 오차로 인하여 깨끗한 문자가 되지 않을 수도 있고, 시간이 걸리는 단점이 있기 때문에 작은 사이즈의 화면표시용은 비트맵 폰트를 병용하는 경우도 있다. 이처럼 아웃라인 폰트를 화면에 표시하거나 프린트할 때 도트 이미지로 변화하는 것을 "라스터 라이즈"라고 한다. 또 라스터 라이즈를 실행하는 부분을 라스터 라이즈 프로세서(RIP)라고 한다.

아웃라인 폰트이므로 아웃라인 그대로 출력된다고 생각될지 모르지만, 현재 사용되고 있는 화면표시나 프린터는 도트 정보만을 처리하므로 어디에선가 변환이 이루어지고 있는 것이다. 현재 사용되고 있는 아웃라인 폰트는 트루타입 폰트와 포스트 스크립트 폰트가 있다.

6) 포스트 스크립트 폰트

포스트 스크립트 폰트(Post script font)는 Adobe Systems 사가 개발한 폰트 형식으로 문자의 위치, 폭, 모양 등의 아웃라인을 벡터 방식의 곡선에 의해 만들어지기 때문에 고품위의 문자를 만들어낸다.

현재의 폰트 형식의 명칭으로 "Type1형식"이라고도 한다. 이 포스트 스크립트 폰트는 기본적으로 프린터에 다운로드(인스톨)해서 사용한다. 그래서 프린터 출력은 깨끗하게 되지만, 화면 표시에 비트맵 폰트를 사용하게 되면 큰 사이즈의 문자는 형태가 일그러지게 된다. 프린터에 다운로드 해서 사용하게 되므로 포스트 스크립트를 구입해서 의미가 있는 것은 포스트 스크립트 프린터를 갖고 있는 경우에만 해당되는 것이다.

7) 트루타입 폰트

트루타입은 Apple사가 Micro Soft사와 공동으로 개발한 폰트의 형식으로, OS에 적재되어 있기 때문에 ATM(Adobe Type Manager)과 같은 별도의 프로그램을 필요로 하지 않는다. 또한 폰트 자체가 저가격이며 유니크한 디자인의 폰트가 많아 일반 유저를 위한 폰트라 할 수 있다.

트루타입 폰트(True type font)도 함수를 이용한 아웃라인 폰트이지만 트루타입은 2차의 스프라인 곡선을, 포스트 스크립트 폰트는 3차의 베지어 곡선을 사용하여 문자의 외형을 나타낸다. 화면상이나 프린터의 출력 결과를 보아서는 트루타입인가 포스트 스크립트인가를 판단하기는 어렵다.

그러나 매킨토시의 DTP에서는 트루타입 폰트를 사용할 수 없다. 왜냐하면, DTP의 최종 목적은 이미지 세타 출력이기 때문이다. 이미지 세타는 포스트 스크립트에서 움직이기 때문에, 폰트의 지정은 포스트 스크립트 폰트(Type1형식)이어야 한다. 실제로 DTP 유저가 트루타입 폰트를 사용하는 것은 아웃 라인화하여 일러스트나 화상 작성에 이용한다. 그러나 윈도우즈에서는 포스트 스크립트로 출력하는 환경이 되어 있지 않기 때문에 트루타입 폰트를 이용하여 이미지 세타 출력을 하게 된다.

8) ATM 폰트

깨끗한 아웃라인 폰트는 프린터 출력용뿐만 아니라, 디자인 작업 등에서는 인쇄이미지에 좀더 가까운 화면표시를 필요로 하였다. 그래서 등장한 것이 ATM(Adobe Type Manager)이라고 하는 소프트웨어이다. 화면상에서 포스트 스크립트 폰트를 부드러운 아웃라인으로 표시하기 위한 유틸리티인 것이다. 이 ATM은 포스트 스크립트 프린터용의 아웃라인 데이터를 컴퓨터의 본체에 두고, 화면표시용으로도 프린터용으로도 사용하는 시스템이다. 이 아웃라인 데이터는 프린터에 다운로드하는 포스트 스크립트와 기본적으로 같은 것이므로 화면과 출력결과가 같게 되는 것이다.

폰트 자체는 프린터에 다운로드하는 것과 같은 Type1이므로 “ATM 폰트”라고 하는 폰트가 있다기 보다는 컴퓨터 내에 있는 ATM이 사용하는 포스트 스크립트의 아웃라인 폰트를 “ATM 폰트”라고 하는 것이다. ATM을 이용하고 있는 경우 폰트가 다운로드된 포스트 스크립트 프린터라면 프린터측의 폰트 데이터가 쓰여진다. 그러나 포스트 스크립트 프린터가 아닌 경우나, 프린터쪽에 폰트가 있지 않은 경우에 본체내의 아웃라인 데이터에서 프린터용의 데이터가 작성되어 프린터에 보낸다. 결국, ATM은 포스트 스크립트 프린터 유저의 화면표시를 개선한다는 점과 비포스트 스크립트 프린터에서 포스트 스크립트 프린터를 사용한 것과 같은 출력결과를 얻을 수 있다는 것이다.

9) 고해상도용과 저해상도용 폰트

폰트의 패키지를 보면 "고해상도판"이라든가 "저해상도 패키지", "저해상도용"이라고 써있는 경우가 있다. 이것은 포스트 스크립트 폰트의 경우에 해당되는 말이다. 포스트 스크립트 폰트는 프린터에 다운로드해서 사용되는 것이므로, 이 프린터의 해상도에 관계한 것이다. 일반적으로 "고해상도"라고 하는 것은 이미지 세타 등의 프로용 프린터를 타깃으로 한 제품으로 1201dpi 이상의 출력 해상도를 가진 기기에서 사용한다. 또한 "저해상도"라고 하는 것은 1200dpi 이하의 레이저 프린터 등에서 사용하기 위한 제품이다. 고해상도와 저해상도의 경계는 종래에는 600dpi이었지만, 최근에는 레이저 프린터가 고성능화되어 1200dpi로 만들어진 제품도 많으므로 "저해상도"가 아니고 "중해상도"라고 하는 제품 메이커도 있다.

10) 벡터 폰트(Vector font)

문자의 모양을 윤곽선의 벡터(방향과 길이)로 기억시킨 것. 도트의 집합으로 기억시킨 폰트와는 달리 1문자에 하나의 폰트를 만들어 두면 확대축소에 의해 임의로 크기를 조정한 문자를 얻을 수 있다.

06 레이저 스캔 유니트

1) 레이저 스캔 유니트의 구성

(1) 광학방식의 비교

다음 광학 방식의 비교처럼 홀로그램(Hologram) 방식하고 폴리건 미러(Polygon mirror) 방식이 있다. 홀로그램 방식의 정의는 피사체에 레이저 광선을 비치면 입체상이 나타나는 것이다. 커브 미러란 곡선의 모양의 미러 모양이다.

홀로그램 방식에서 입체상을 나타내면 커브 미러(Curver mirror)에서 OPC 드럼에서 상을 비추기 위해서 곡선의 미러 모양으로 만들어 놓았다. 종이의 끝까지 입체상을 비추는 것을 할 수가 없기 때문에 커브 미러를 사용해서 입체상을 만드는 것이다. 폴리건 미러(Polygon mirror) 방식도 마찬가지이다. 현재 사용이 많은 LSU 방식은 폴리건 미러 방식이다.

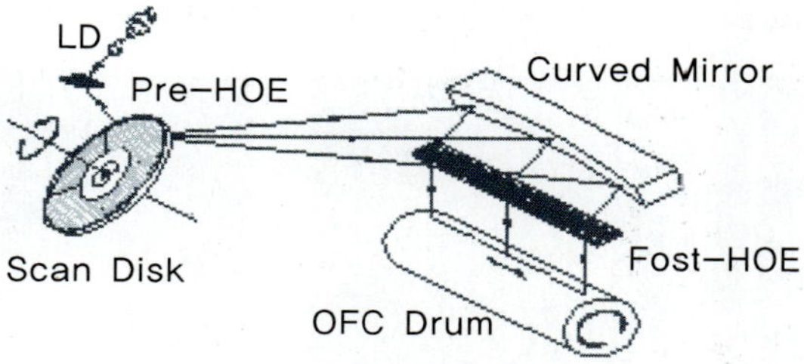

(a) 홀로그램 방식

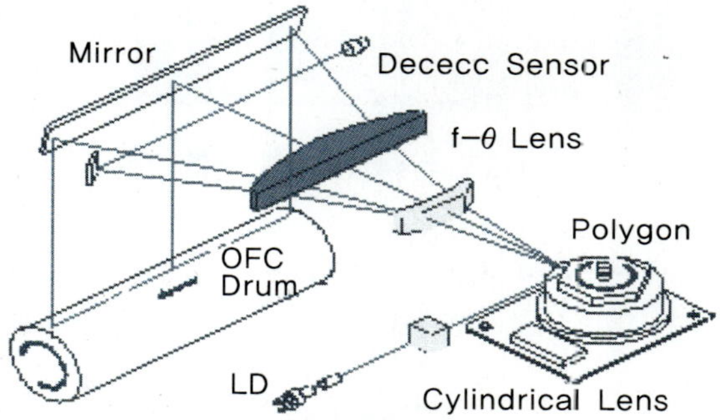

(b) 폴리건 미러 방식

[그림 3-21] 홀로그램(Hologram) 방식과 폴리건 미러(Polygon Mirror) 방식

(2) LSU

LSU는 제어 보드로부터 비트맵(Bitmap) 이미지 데이터(Image data)를 받은 후 그 디지털적인 데이터의 유무에 따라서 레이저 다이오드(Laser diode)를 on/off시켜서 그 스위칭된 레이저 빔 데이터(Laser beam data)로 OPC 드럼을 노광시킨다. 이때 형성된 전압 차이는 [그림 3-24]와 같다.

즉 레이저에 노출된 부분은 −170V로 그 상대적인 전위가 상승하여 잠전화상을 형성하게 된다. 그리고 비디오 데이터(Video data)가 없어서 레이저에 노출되지 않은 부분은 그대로 −960V를 유지하여 결과적으로 −170V로 상승된 전위부에만 화상이 형성되게 하고 −960V로 유지되는 부분은 흰색(White)이 되도록 하여 화상 데이터를 맺게 하는 기본 조건이다.

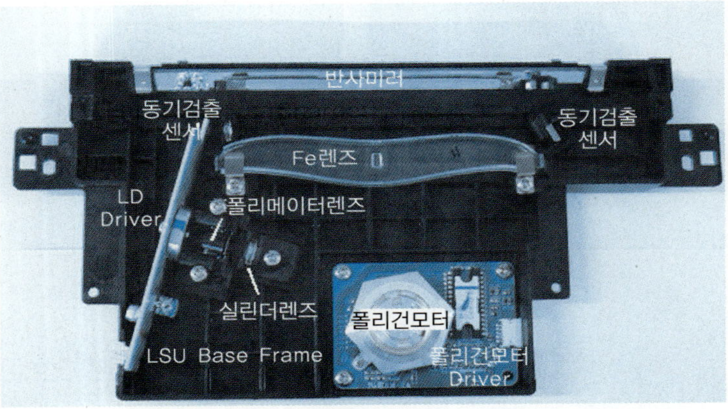

[그림 3-22] LSU의 구성

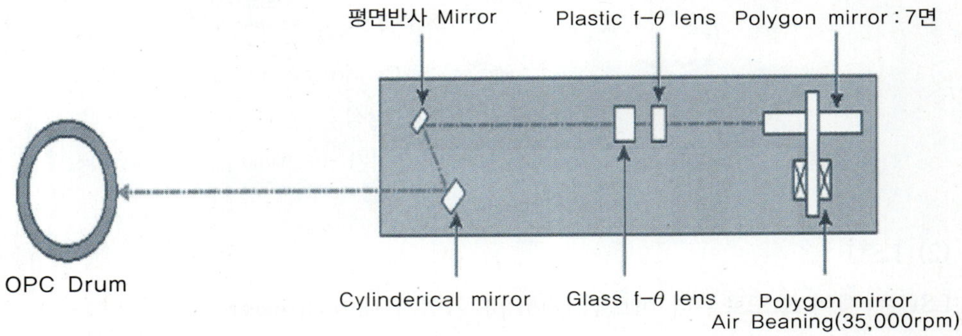

[그림 3-23] 광학방식

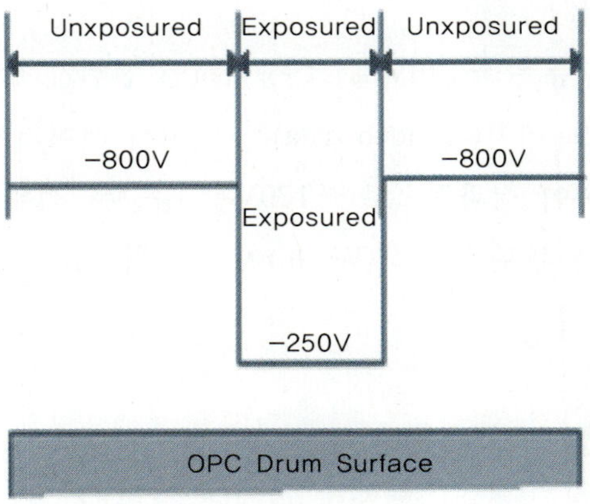

[그림 3-24] 화상 데이터의 전압조건

(3) 폴리건 모터의 분해도

폴리건 모터(Polygon motor)의 분해도이다.

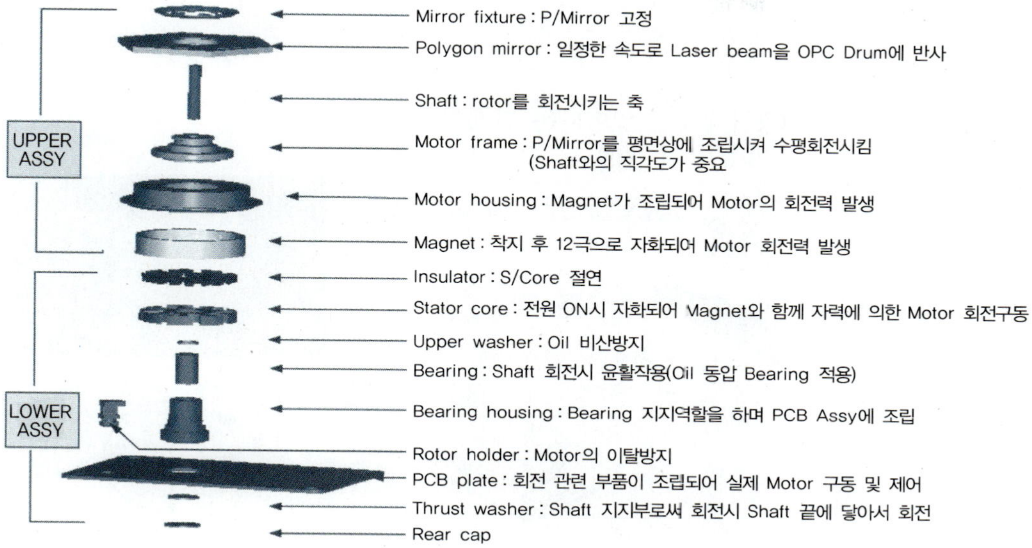

[그림 3-25] 폴리건 모터의 분해도

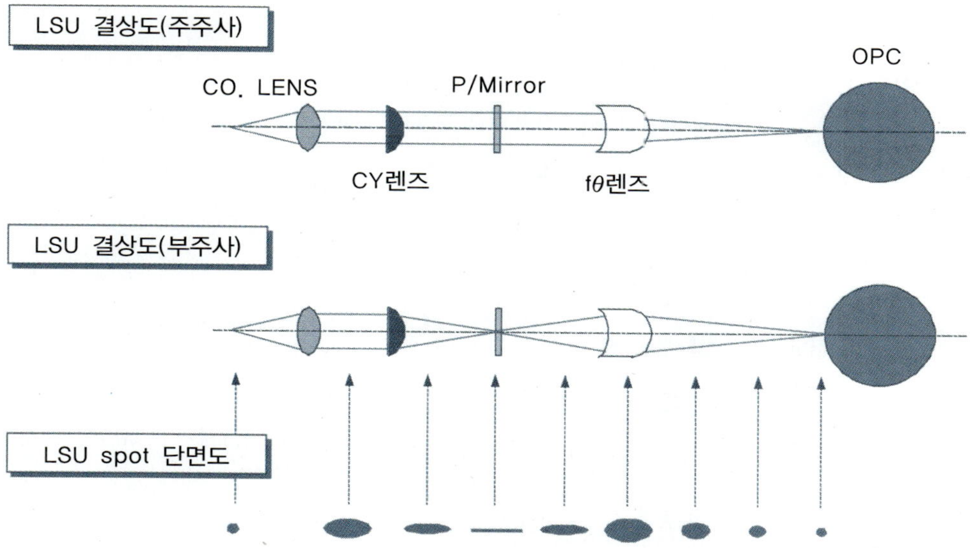

[그림 3-26] LSU 결상도

화상의 단계에서 가장 중요한 부분인데, 폴리건 모터의 회전속도에 따라 달라진다.

항상 일정한 속도로 회전을 하여야만 화상이 정확하게 OPC 드럼에 잠전화상이 맺히게 된다. 느리게 맺히게 되면 화상이 늘어지게 되고, 일정하게 회전이 안되면 잠전화상의 모양이 찌그러지게 된다.

(4) LSU 블록도

LSU 블록도이다(노광단계에서 일어나는 단계이다).

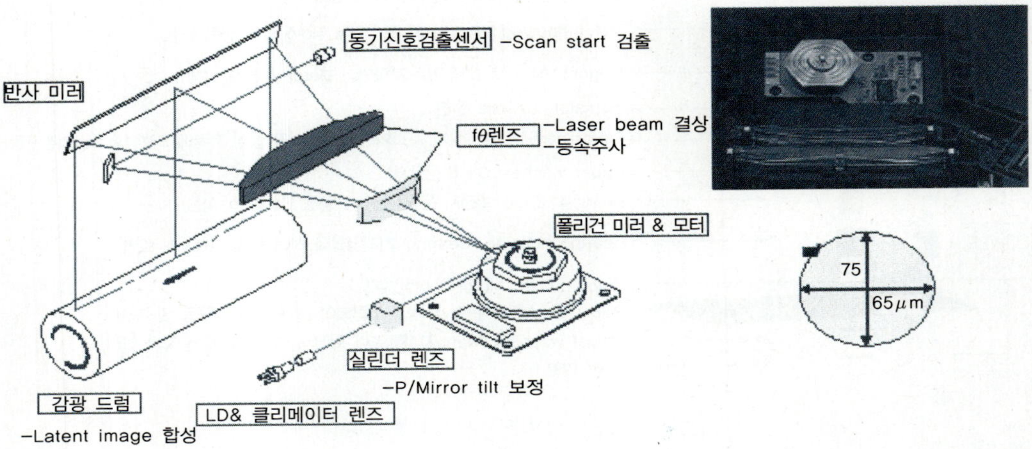

[그림 3-27] LSU 블록도

(5) LSU 주요 구성부의 기능

[표 3-6] LSU 주요 구성부의 기능

구성부	주요 부품	기 능	비 고
LD Ass'y	LD	레이저빔 방출	PN, NP 접합 Diode
	LD 구동회로	비디오 신호에 의해 LD ON/OFF control	
	(방열판)	LD 온도상승 방지	LD 파장은 온도에 의존, 고속기에 적용
CO렌즈계	CO렌즈	주주사평면에서 평행광 형성(무한계)	Compact화할 때 유한계로 구성
	CY렌즈	P/Mirror 면Tilt에 의한 Pitch error 보정	부주사평면에서 P/Mirror면으로 Focusing
	Silit	Spot size 결정	

구성부	주요 부품	기 능	비 고
P/Motor계	P/Mirror	주주사방향으로 레이저빔 scan	면조도 λ/2 이하 관리
	P/Motor	P/Mirror 회전	면분할수에 의해 RPM 좌우
	구동회로	P/Motor 정속구동	
fθ렌즈계	fθ렌즈	• OPC Drum상에 Beam 결상 • 레이저 Beam 등속주사 • P.Mirror Tilt에 의한 Pitch error 보정	P.M면과 OPC Drum면을 공역장으로 구성
결상계	반사 Mirror	광로변환	Compact화
	OPC Drum	화상에 대응하는 잠상형성	감광도에 따라 LD power 결정
기타	동기검출 센서	Video deta start point 검출	
	Cover glass	방경(防慶)역할	

2) 스캐너 유니트의 개요

화상정보 입력장치. 컴퓨터 내부에서는 도형이나 일러스트레이션은 모두 도트 패턴(Dot pattern), 즉 점집합으로 표현된다. 그래서 도형정보를 CCD(전화결합 고체 촬영소자) 카메라로 촬영하고, 그 정보를 디지털 신호로 컴퓨터에 넣는 것을 생각할 수 있다.

스캐너를 이용하여 원하는 이미지를 읽어들일 때 스캐너에서는 아주 강한 빛이 나오고 이미지를 만나면 반사된다. 이미지 중 어두운 부분은 조금 반사되고, 밝은 부분은 많은 빛을 반사하게 된다.

스캐너는 이미지로부터 반사되어 온 빛으로 된 정보는 광센서에 의해 아날로그 정보로 입력되고 증폭과정을 거쳐, A / D변환기에 의해 아날로그 신호가 디지털 신호로 변환된다. 그리고 이 디지털 신호로 변환된 데이터는 이미지 정보로서 컴퓨터에 전송, 저장되며, 그래픽 소프트웨어나 스캐너용 프로그램에 의해 원래의 이미지로 가공되어 디스플레이 모니터나 프린터에 재생된다.

그때 카메라는 비디오 카메라처럼 2차원 평면화상을 표현하지 않아도 1차원 화상을 축방향으로 스캔(Scan)함으로써 같은 효과를 얻을 수 있다. 이러한 원리를 바탕으로 장치의 소형화와 저렴한 가격을 달성시킨 것이 스캐너이다.

스캐너(Scanner)의 활용 분야는 전자출판, CAD/CAM분야, 프리젠테이션 분야, 이미지 프로세싱, 애니메이션 구현, 영상표현, 디자인 등으로써 개성을 살릴 수 있는 재창조 분야 또한 동일한 작업을 반복해야 할 때에 사용하여 시간을 절약할 수 있다. 스캐너를 이용하여 책이나 잡지 등 대량의 텍스트를 입력할 때 편리하다. 각종 멀티미디어 CD 타이틀에 들어간 사진, 그림, 애니메이션 등의 이미지들은 대부분 스캐너로 입력된 이미지 정보이다. 스캐너는 보고 즐기는 멀티미디어 분야에서는 필수불가결이다. 이처럼 스캐너의 사용으로 시각적인 면의 향상과 더불어 시간, 비용 역시 대폭 절감할 수 있다. 또한 스캐너는 광파일링 문서관리에서도 빼놓을 수 없는 장비이다.

3) 스캐너의 종류

스캐너의 종류는 크게 처리방법과 입력형태에 따라 나눈다.

(1) 처리방법에 따라 구분

① 텍스트 처리 등 단순한 용도로 쓰이는 '흑백 스캐너'

흑백 스캐너 데이터의 밝고 어두운 명암만을 읽어 이미지를 저장한다.

- 단점 : 정밀한 화상을 얻을 수 없다.
- 사용분야 : 문자인식 분야, 광파일링 시스템의 문서관리이다.

② 고해상도 읽어들이기용의 '그레이 스케일 스캐너'

그레이 스케일 스캐너 흑백사진을 입력하거나 컬러 사진에서 흑백효과를 얻을 때 흰색과 검은색 사이의 명암을 256단계로 나누어 표현. 고해상도이면서 1화소당 26만 가지의 색상을 입력·출력할 수 있는 '컬러 스캐너' 컬러 스캐너 이미지로 반사되는 빛을 적색·녹색·청색의 3패스(Pass)라는 필터를 이용하여 이미지를 분리하고, 이들을 다시 화면에 재구성하는 방식이다.

(2) 입력 형태에 따라 구분

① 핸드 스캐너(Hand scanner)

손으로 스캐너의 손잡이를 잡고 이미지 위를 지나가면 입력되는 것이다.

- 장점 : 가격이 저렴하고, 크기가 작아 휴대하기 편리하다.
- 단점 : 속도가 일정하지 않다. 떨림이 발생할 수 있어서 이미지를 정확하게 입력할 수 없다. 105mm 이하의 이미지만을 입력할 수 있다.

② 평반형 스캐너(Flatbed scanner)

복사기처럼 평면 위에 이미지를 올려놓으면 빛이 나와 그것을 읽어들이는 방식이다.

장점은 비교적 정교한 화상을 얻을 수 있으며 국내에서 가장 많이 사용되고 있는 스캐너이다.

③ 종이 급전 스캐너(Sheet-feed scanner)

평반형 스캐너(Flatbed scanner)는 팩시밀리처럼 한 장씩 이미지가 직접 움직인다.

- 장점 : 연속 스캔이 가능하도록 자동급지장치가 부착되어 있기 때문에 여러 장의 문서나 그림을 읽어들일 때 사용한다.
- 단점 : 정교한 이미지의 입력에는 부적당 이미지 자체를 손상시킬 수 있다.

④ 오버 헤드 스캐너(Over-head scanner)

카메라형 스캐너라고도 한다. 이미지나 물체를 평면 위에 올려놓고 위에서 레이저 등의 빛을 비추면서 CCD(Charge Coupled Device) 카메라로 이미지를 받아들인다.

- 장점 : 해상도가 높은 이미지를 얻을 수 있고 3차원 굴체를 읽어들일 수 있다.
- 단점 : 가격이 상당히 비싸다.
- 사용분야 : 주로 금형이나 CAD / CAM분야에서 사용한다.

⑤ 필름 스캐너(Film scanner)

주로 35mm 슬라이드나 네가티브 필름, X-선 필름을 고해상도로 A4 크기까지 읽어들이는 데 사용한다.

- 사용분야 : 전자출판, 사진 이미지 재구성, 프리젠테이션 제작, 그래픽 합성

⑥ 드럼 스캐너(Drum scanner)

이미지 정보를 드럼에 고정시킨 다음, 드럼을 고속으로 회전시켜 그 편차를 계산해 이미지를 얻는 것이다.

- 장점 : 평반형 스캐너보다 정교한 이미지를 얻을 수 있다.
- 단점 : 가격이 비싸다.
- 사용분야 : 대형 출판사나 인쇄용 제판소 등에서 사용한다.

07 현상기

1) 현상기의 개요

현상기(Developer)는 전자 사진 프로세서를 이용하여 가시적인 상을 생성시키는 장치로서, 전하 롤러(Charge roller), OPC 드럼, 현상기 롤러(Developer roller), 공급 롤러(Supply roller) 그리고 토너(Toner)로 구성된다.

2) 현상기 구조 및 각 장치별 기능

(1) 드 럼

드럼은 유기체 광전도 물질(Organic photoconductive substance)의 얇은 필름이 입혀진 원통형 베이스로 만들어져 있다.

광전도체가 빛에 노출되지 않았을 때 광전도체는 절연되고(전기저항이 높음), 빛에 노출되었을 때는 전도된다(전기저항이 낮음). 이것을 광전도체(Photoconductor)라 한다.

(2) 메인 전하기(Main charger)

이것은 U-형태 부분(U-shaped section)의 금속 피뢰침, 피뢰침 양끝의 절연 블록, 양끝에 첨부된 전하기 와이어(Charger wire)로 구성되어 있다. 고전압이 전하기 와이어에 적용되면 와이어의 주변에 있는 공기가 충전된다.

이온화된 공기는 충전되기 위해 드럼으로 흐른다. 이 현상을 "메인 전하기(Main charger)"라 한다. 코로나 방전에 의한 음충전은 어두운 드럼 표면에 고르게 적용된다. 메인 전하기는 와이어를 청소하기 위해 와이어 청소기(Wire cleaner)에 장착되어 있다.

(3) 크리너(Cleaner)

① 청소 날(Cleaning blade)

압력 스프링에 의해 일정한 힘으로 드럼 표면을 눌러 드럼 표면에 남아있는 토너의 찌꺼기를 긁어낸다.

② 복구 날(Recovery blade)

청소 날에 의해 긁힌 잔여 토너를 모은다.

③ 토너 복구 나선장치(Toner recovery auger)

잔여 토너를 토너 백(Toner bag)으로 운반한다.

(4) 전사(Transfer) / 분리 전하(Separation charger)

① 전사 가이드(Transfer guide)

용지를 급지부에서 전송부까지 안내하는 역할이다. 양(+)바이어스 전압은 높은 습도와 같은 나쁜 조건에서의 전송을 방지하는 가이드에 적용한다.

② 전사 전하기(Transfer charger)

토너 충전 극성(Charger polarity)에 적합하지 않은 양 전하(Positive charger)를 용지의 뒤에 적용한다. 토너 이미지는 코로나 방전의 실행에 의해 용지에 정전기로 전송된다.

③ 분리 전하기(Separation charger)

전송 후 코로나 방전은 드럼 표면에 붙어있는 용지를 분리하기 위해 용지 뒤에 바이폴라 전하기(Bipolar charger, AC)를 적용한다.

(5) 서브분리 팬(Sub-separation fan)

용지의 뒤에서 공기를 흡입하여 드럼 표면에 용지를 분리하는 것을 돕는다.

(6) 대전 램프(Discharge lamp)

드럼 표면에서 정전기를 제거 / 감소시키기 위해 방전이 진행된다. Photosensitive layer의 전기저항은 빛방사에 의해 감소하고 드럼 표면의 잔여 전하는 자연스럽게 제거되고 드럼 표면의 전기전위는 일정한 양이 드럼에 충전되기 전에 설정된다.

(7) 토너 백(Toner bag)

드럼 표면에서 긁혀진 잔여 토너는 청소 날에 의해 Bag 안으로 배치된다.

(8) 토너 백 완충감지 센서(Toner bag full detection sensor)

토너 백에 사용된 토너가 가득 차면 클리너의 토너 복구 나선장치(Toner recovery auger)가 토너에 의해 뒤로 밀리고 이 센서의 빛 방사를 막아 토너 백이 가득 차 있음을 알린다.

3) 감광체 OPC(Organic Photo-Conductor) 드럼

-보통 적층형 감광체를 사용하며 구성은
1) CTL(Charge Transport Layer) : 전하 이동층
2) CGL(Charge Generation Layer) : 전하 생성층
3) BLOCKING LAYER(ALUMITE) : 전하 보관층
4) ALUMINUM SUBSTRATE로 구성

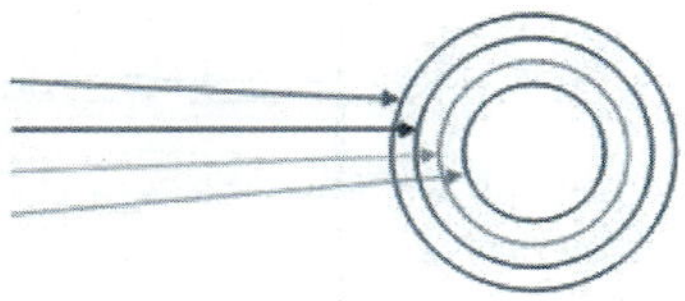

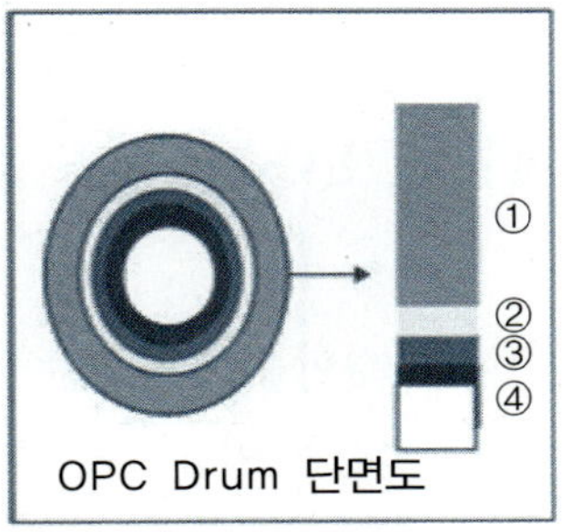

OPC Drum은 알루미늄 소관의 3개의 층을 형성시킨다. 각 층이 자신의 특성으로 제 기능을 다할 때만 하나의 완전한 OPC 드럼으로 탄생하는 것이다.

① AL Tube 코팅층을 지지하는 층으로서 전도성 물질임
② Alumite 전하의 이동을 억저하는 기능(Block layer) 절연층 (Al203)3~7μm
③ CGL(Charge Generation layer) 전하 생성층 1μm 이하 Charge Generation Layer+Binder Resin(수지)
④ CTL(Charge Transport layer) 전하 수송층 16~30μm Charge Transport Layer+Binder Resin(수지)

[그림 3-28] 감광체 OPC 드럼

감광체란 빛을 받으면 도체가 되고 빛을 받지 않으면 부도체가 되는 성질을 이용하여 레이저 프린터, PPC 등의 전자사진 기술을 이용하는 기기에서 중심적인 역할을 하는 부분이다.

4) 현상부

(1) 토너 카트리지/토너 카트리지 감지 스위치

- 토너 모터는 토너를 현상부에 공급하기 위해 카트리지를 구동한다.
- 토너 카트리지 감지 스위치(Toner cartridge detection switch)는 토너 카트리지(Toner cartridge)가 설치되어 있는지를 감지한다.

(2) 토너 카트리지의 구동부

토너 모터는 토너 카트리지를 구동하기 위해 회전한다.

(3) 현상 유니트(Developer unit)

① 현상물질(Developer material)

- 커리어(Carrier)와 토너의 혼합으로 만들어져 있다.
- 커리어는 전기전도 아철산염(size : 30 ~ 100μm)이다. 토너는 송진입자(size : 5 ~20μm)이다.

② 믹서(Mixers) −1/ −2

마찰은 현상물질의 섞임에 의해 발생된다. 캐리어가 양전하로 충전되고 토너는 음전하로 충전되면 마찰에 의한 정전기에 의해 이미지가 드럼 표면에 생성된다.

③ 현상 슬리브(Developer sleeve)(마그넥틱 롤러(Magnetic roller))

내부에 자석이 내장된 알루미늄 롤러이다. 자석은 현상물질을 당기고 마그네틱 브러시를 형성한다. 자석은 고정되어 있고 주위의 슬리브(Sleeve)통은 회전한다. 이 회전은 현상 슬리브통의 브러시를 드럼 표면위를 지나게 하여 현상(Development)을 실행한다.

④ 덧칠을 펴는 나이프

현상 슬리브(Developer sleeve)통에 의해 전송되는 현상물질의 양을 제어하여 현상물질의 마그네틱 브러시(Magnetic brush)가 드럼 표면에 알맞게 닿게 한다.

⑤ 자동 토너 센서(Auto − toner sensor)

현상물질인 Toner와 Carrier는 정상 이미지를 출력하기 위해 특정한 비율로 맞춰져야 한다. 자동 토너 센서는 마그네틱 브러시 회로(Magnetic brush circuit)를 이용하여 현상물질인 토너의 함유비율을 감지한다. 토너의 수가 적어질(Short) 때 토너 모터가 토너 카트리지에서 토너를 공급하기 위해 구동한다.

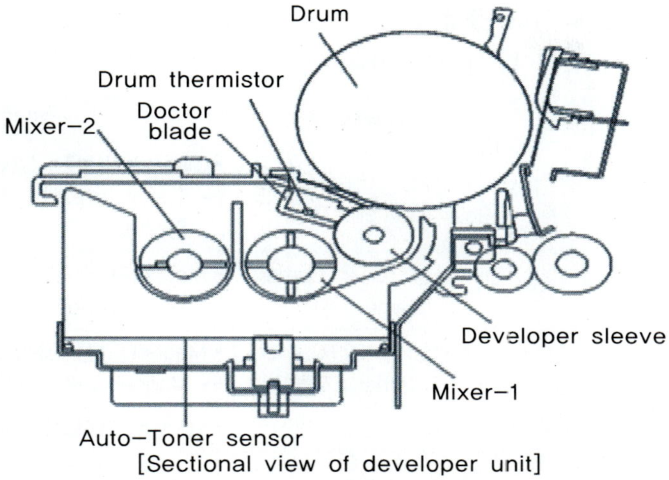

[그림 3-29] 자동 토너 센서의 구성

5) 현상방식의 구분 및 특성 분석

(1) 현상 시스템의 기능 정의

전하주입 또는 마찰 대전 등의 방법을 사용하여 토너가 일정 기준치의 균일한 대전량(q/m)을 갖도록 하고, 규제장치에 의해 현상 롤러의 표면에 일정량의 균일한 층두께(M/A)로 토너를 도포시키는 장치로서, 현상 롤러상에 도포된 전계(현상 롤러 표면의 Potenial, OPC 드럼 표면의 Potential, 토너 대전량 : q/m)의 상호작용에 의해 토너를 OPC 드럼상의 잠상부(Latent image)에 현상시키는 장치이다.

(2) 현상방식의 분류(전계의 작용방향)

[표 3-7] 현상방식의 분류

구분	기본현상원리	비 고
정전현상 방식	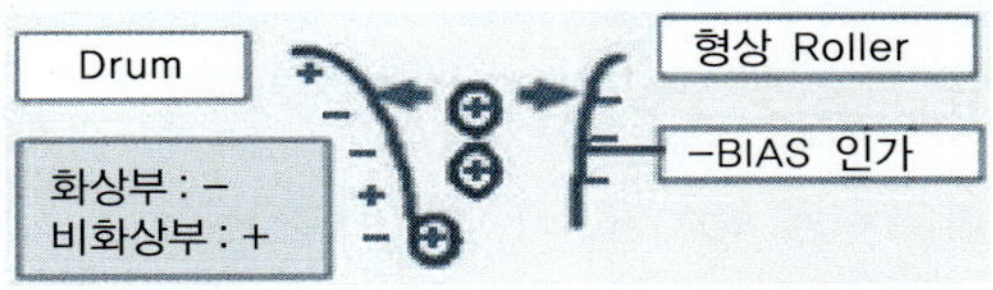	• 상호 전계의 인력을 이용, Drum에 Toner를 화상부에 현상 → 복사기 등에서 활용
반전현상 방식	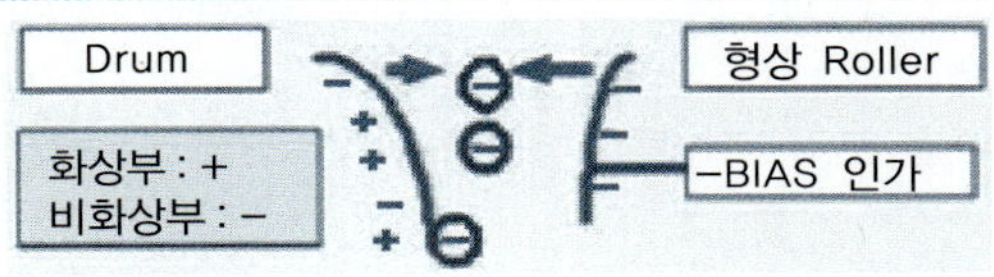	• 상호 전계의 반발력을 이용, Drum에 Toner를 화상부에 현상 → 프린터 등에서 활용

(3) 현상제의 성분에 의한 분류

[표 3-8] 현상제의 성분에 의한 분류

구분	상세분류	현상제의 구성	비 고
2성분계 현상법	2성분 → Color화	비자성 Toner+Carrier (Carrier : 자성)	• Magnet 비화전, Sleeve만 회전 → Toner 농도제어 장치(Toner / Carrier 중량비)
	산 2 성분(1.5 성분)	자성 Toner+Carrier (Carrier : 자성)	• Magnet와 Sleeve 동시 회전 → 2성분 Toner 농도제어 장치 제거
	산 1.5 성분	자성 Toner+Carrier (Carrier : 자성)	• Magnet 고정, Sleeve 회전 → Magnet 고속회전에 따른 비용 절감
1성분계 현상법	자성 1 성분(JUMPING)	자성 Toner Only	• Magnet 고정, Sleeve만 회전
	비자성 1 성분 →	비자성 Toner Only	• 반도전성 고무 Roller → Magnet계 제거

[표 3-9] 현상제의 접촉현에 의한 분류

구분	소분류	내용	비고
비접촉 현상	자성(Jumping)	Toner층과 Drum의 Gap 유지	Canon(Color 적용 불가)
	비자성(Jumping)	Toner층과 Drum의 Gap 유지	Canon(Color 적용 가능)
	자기 BPUSH	현상 Roller와 Drum Gap 유지 Toner층과 Drum의 Gap 유지	2 성분(당사 SF-5500) 1.5 성분(당사 SF-6000)
접촉 현상	비자성 1 성분	Drum과 현상 Roller의 접촉 (NIP=1~3mm)	LEXMARK OKI / BROTHER 당사(DOLPHIN / APOLLO 계열)

(4) 현상기 구조에 따른 분류

[표 3-10] 현상기 구조에 따른 분류

구분	내용	비고
일체형	• Drum Unit(CR+CL+폐Toner Box) 및 현상 Unit의 일체화로 구성(1회 사용) → 수명은 Drum Unit내의 폐Toner용 확보 공간에 의하여 결정됨	Jumping 방식 (CANON) 비자성 1성분 (LEXMARK)
분할형	• Drum Unit(CR+CL+폐Toner Box)와 현상 Unit를 분리가능토록 구성 → 현상부 중 Toner 공급부를 분리 가능토록 하여 토너만 신규 공급시키어 재사용	2성분 현상법 1.5 성분 비자성 1성분 (BROTHER)

(5) 광원 및 클리닝 방식에 따른 분류

[표 3-11] 광원 및 클리닝 방식에 따른 분류

구분	내 용	비 고
광원	• Laser Diode 사용(파장 : 780nm)	CANON / 당사
	• Led Array 사용(파장 : 760nm)	OKI
클리닝	• 기계식(BLADE 사용)	CANON / 당사
	• 정전 회수식(전계 사용)	OKI / 당사 / BROTHER

(6) 광원 및 클리닝 방식에 따른 장 · 단점

[표 3-12] 광원 및 클리닝 방식에 따른 장 · 단점

구분	장 점	단 점
신 1.5 성분 현상법	• 신2성분을 개량한 것으로 → Magnet의 고속 회전을 불필요 → 기구 구조가 간단 / 소형화 가능 → 재료비 절감 가능	• 기구 정밀도 의존도가 큼 → Magnet&기구형상으로 토너 농도를 유지시킴. • 기술적 완성도가 낮음 → 토너농도의 축방향 불균일 발생이 용이, 화상이 없어 문자 대책이 어려움(극히 일부회사 상품화 중) • 자성 토너 사용으로 정착성 떨어짐 • Color 대응이 불가 • 고속기 대응이 어려움
비자성 1성분 (접촉)	• 화상품질이 우수 → 비산 / Blur 적고 → Dot 재현성 우수 • Color 대응이 가능 • 구조 간단 소형화 가능 → Magnet계 및 Carrier 등 불필요 재료비 절감 가능	• 기술적 난이도 높음 → Toner의 대전 Mechanism → Toner층의 박층화 유지 → Roller의 전기적 / 물리적 / 화학적 특징의 최적화 / 관리(환경 대응) → 기구적 정밀도 요구 → Toner의 내구성 확보 • 고속기 대응이 어려움
비자성 1성분 (비접촉)	• 화상품질 우수 / Color 가능 → 비산 / Blur 적어 화질 선명 → Dot 재현성 우수(1200 DPI) → 해상도 / GRAY SCALE 우수 • 구조 간단 소형화 가능 → Magnet계 및 Carrier 등 불필요 재료비 절감 가능	• 기술적 난이도 높음 → Toner의 대전 Mechanism → Toner층의 박층화 유지 → Roller의 내구성 확보 난이 • HVPS 부 DC+AC 중첩 기술 → AC Peak to Peak 전압 → Frequency / Duty Ratio 등

6) 토너의 종류별 특성 분석

토너(Toner)란 전자사진기술을 이용한 제품, 복사기 및 프린터 등에서 용지상에 화상을 형성시키기 위한 잉크와 같은 매개체로써 존재한다. 이는 유기 및 무기질의 혼합/화합물로써 구성되어지며, 각 구성재료의 성질 및 제조방법에 따라 그 특성이 결정되어진다.

[표 3-13] 토너의 종류별 장 · 단점

구분		장 점	단 점
제조	중합 토너	• 입경 조절 용이 및 입도분포 좁다. (소입경화 가능) • 안정성이 높다. (용액상의 분산으로 균일성 우수) • 유동성이 양호하다. • Capsule화를 통한 저온정착화 • 화질 및 전사 특성이 우수	• 기계적인 Cleaning성이 취약하다(구형). 단, 형상을 변형시켜 Cleaning성 보완 • 냄새 문제 발생 용이 (중합 후 잔존 MONOMER) • LOT별 품질편차 발생 용이 (원료물성 편차 / 제조공정 편차에 따른 중합도 편차)
	분쇄 토너	• 양산성 우수 (Lot 편차 문제 미발생) • 가격이 저렴(300Yen 차 / kg) • 기술적 안정성 우수 • Black Toner의 경우 상당기간 시장에서 경쟁력을 확보할 것임	• 화질의 상대적 저하 (Half Tone의 경우 열세임) • 입경의 최소화시, 수율저하 초래 (현재 6Micron을 한계로 봄) • 형상의 구형화가 어려움
재질	폴리 스틸렌	• Resin 가격이 저렴 • 원료 공급이 용이 • 분쇄성이 우수	• 내구성이 약함 • 잔존 MONOMER 감소에 어려움
	폴리 에스테르	• 내구성 우수 • 잔존 MONOMER Free • 정착성 우수	• 분쇄성이 난이 • 환경 호르몬(Vis Phenol A) 대책 필요 • 특정업체에서 공급(점진적 공급선 확대)

08 정착기 유니트

1) 정착의 개념

사진학에서의 정착(Fixing)은 촬영한 사진 필름 또는 사진제판용 PS판 따위를 현상한 뒤에 감광되지 않은 부분에 남아 있는 할로겐(Halogen, 化銀) 등을 그 감광막에서 제거하여 현상을 정지시키고 현상된 화상(畵像)을 안정화시키는 것이다.

DMFP에서의 정착은 정전잠상(靜電潛像)에 부착한 토너상(Toner image)을 영구적인 영상으로 고정시키는 것이다. 또는 용지에 옮겨 붙은(전사된) 토너를 고온 롤러(Heat roller) 고압롤러(Pressure roller)의 두 롤러 사이를 통과시킴으로써 토너 입자를 용지에 녹여 압착시킨다.

2) 정착기의 개념

전사단계에서 종이위로 이동한 토너(Toner)입자를 고온고압을 가하여 토너를 용지에 반영구적으로 고정시킨다.

3) 정착기(Fuser unit)의 역할

인쇄용지 표면에 나타나게 된 토너 화상은 전기적으로 매우 낮은 상태여서 쉽게 흩어질 수 있다. 그래서 인쇄용지에 열을 가하거나(약 166℃), 압력을 가하면 (2.5kg) 토너는 인쇄용지에 흡착한다. 고온 롤러는 롤러 안의 램프열을 인쇄용지로 전이시킨다(히트 롤러 표면은 테플론 코팅이 되어 열에 녹은 토너가 그 표면에 남지 않음). 히트 롤러 아래의 고압 롤러는 실리콘 합성수지로 만들어진다.

서미스터(Thermister)는 히트 롤러의 표면 온도를 감지하고 그 정보를 피드백(Feedback)하여 인쇄중에는 166℃, 인쇄대기 중에는 145℃를 유지하는지 점검하여 알리는 역할을 한다. 서미스터는 히트 롤러가 과열되었을 때 히트 롤러 전원을 차단시켜 과열되는 것을 막는 역할을 한다.

4) 정착기(Fuser Unit)의 기능

(1) IH 코일(IH : 열을 포함)

정착 롤러의 IH 코일은 롤러에 열을 유도한다. 코일은 고정되어 있고 정착 롤러가 회전할 때 이동하지 않는다.

(2) 정착 롤러(Fuser roller)

정착 롤러는 철(Iron)과 IH 코일의 열유도(induction-heated)로 만들어진다. 정착 롤러는 아래에 설명되는 압축 롤러와 접촉하며, 정착은 용지가 두 개의 롤러 사이를 통과하면서 실행된다. 이 때 용지 토너 이미지는 정착 롤러를 향한다.

열전도가 압력 롤러의 압력에 의해 향상되는 동안 토너는 정착 롤러의 열에 의해 녹고 용지 조직에 흡수된다. 정착 롤러의 표면은 토너가 롤러에 들러붙는 것을 방지하고 정착 롤러와 토너를 분리하는 것을 돕기 위해 분말 플라스틱에 싸여 있다.

(3) 압축 롤러(Pressure roller)

고응집 실리콘 스폰지(Highly cohesive sponge)로 만들어져 있고 스프링에 의해 정착 롤러와는 반대편에 압력을 가한다.

(4) 분리 핑거(Separation finger)

정착 / 압축 롤러의 분리 핑거는 정착 / 압축 롤러에 붙어 있는 용지를 분리시킨다.

(5) 제거 롤러(Cleaning roller)

급속 청소 롤러는 압축 롤러에 토너나 용지 찌꺼기가 붙는 것을 제거하기 위해 설치되어 있다.

(6) 배출 센서(Exit sensor)

센서는 정착부의 배출 롤러(Exit roller)에 용지의 선단이나 끝 단이 도착하는 것을 감지한다. 또한 정착부 용지방전 지역(Fuser unit paper discharge area)에서의 용지막힘 현상과 양면 복사를 위한 용지 끝단의 뒤집힘을 감지한다.

(7) 정착 롤러 중앙 서미스터(Fuser roller center thermistor)

서미스터(Thermistor)는 최저제한 온도(정착이 잘 안됨)보다는 높고 최고 제한온도(토너를 Offset) 보다는 낮은 일정한 온도범위(약 180℃)를 유지하기 위해 정착 롤러의 온도를 감지한다. 그러므로 서미스터는 정착 롤러의 온도를 제어하여 온도가 설정온도 보다 낮을 때 IH 코일을 들어오게 하고 높을 때 끈다.

(8) 정착기 롤러 측면 서미스터(Fuser roller side thermistor)

정착 롤러의 온도 분포는 프린트 조건에 의해 세로의 중앙과 끝이 현저히 다르다. 측면 서미스터(Side thermistor)는 끝부분의 온도를 측정한다. 중앙 및 측면 서미스터(Center/Side thermistor)는 값들을 감지하여 IH 코일로의 전원 공급을 중단하는 온도를 제어한다.

(9) 서모스트(Thermostat)

서미스터(Thermistor) 고장으로 인해 정착 롤러가 비정상적으로 뜨거워지는 경우 서모스트는 IH 코일로의 전원공급을 중단한다. 이 기기의 서모스트는 비정상적 실행을 방지한다. 서모스트가 비정상적 실행을 감지할 때 서모스트는 정착부의 다른 손상입은 부품들과 함께 교체한다.

09 프린터 시장동향

삼성전자는 시장조사기관 IDC를 인용, 최근 국내 전체 프린터 시장에서 금액기준 25.9% 점유율로 1위를 달성했다. 지난해 하반기 24.9%의 시장점유율로 반기 기준 첫 1위를 차지한 이래 1%포인트의 점유율 상승을 기록하며 선두 지위를 굳힌 것이다. 회사 측은 이같은 점유율 확대에 대해 주력 제품인 레이저 프린터 시장에서 수량·금액기준 점유율에서 모두 압도적인 1위를 유지하며 꾸준한 성장을 보인 데 따른 것이라고 설명했다.

IDC에 따르면 상반기 국내 프린터 시장은 금액기준으로 레이저 제품군과 잉크젯 제품군의 비중이 각각 75.8%, 24.2%로, 레이저 제품군이 잉크젯 제품군의 3배 이상인 것으로 나타났다.

삼성전자는 국내 전체 레이저 프린터 시장에서 수량기준으로 2007년 상반기 40.2%, 2008년 상반기 49.7%, 2009년 상반기 58.2% 등을 기록했으며, 같은 기간 금액기준으로도 각각 19.0%, 22.2%, 30.5% 등으로 매년 점유율을 확대하고 있다.

레이저 제품군 각각의 시장에서도 확실한 우위를 점했다. 올 상반기 삼성전자는 수량기준 국내 모노레이저 프린터 59.5%, 모노레이저 복합기 39.8%, 컬러레이저 프린터 61.2%, 컬러레이저 복합기 82.8%를 차지, '국내 레이저 프린터 시장 지존'으로서 입지를 강화했다.

특히, 기업용 프린팅 시장에서의 성장이 두드러졌다. 기업용 시장의 대표 제품이라 할 수 있는 A4 중고속 모노레이저 복합기 시장에서 지난해 상반기 60.4%였던 점유율이 올 상반기에는 77.8%까지 치솟았다.

같은 기간 A4 중고속 컬러레이저 프린터 시장점유율도 30.6%에서 44.6%로 크게 성장했다. 국내 A4 시장에서 검증받은 뛰어난 제품 신뢰성과 서비스 역량을 바탕으로 A3 복사기 시장에서도 고속 성장해 '국내 OA 4강 체제'를 구축했다.

삼성전자는 국내 A3 복사기 시장에서 2007년 상반기 4.8%, 2008년 상반기 7.8%, 2009년 상반기 13.6%로 매년 2배 가까운 성장을 거듭하고 있다. 기업용 프린팅 시장에서 성장이 두드러진 것은 B2B 시장 집중공략이 주효했기 때문인 것으로 회사측은 파악하고 있다.

삼성전자는 올 상반기 대형 관공서 및 금융권 등 B2B 시장에 6만 여대 이상의 기업용 프린터 공급계약 성과를 올렸다. 삼성전자는 제품뿐만 아니라 장당 과금 솔루션인 카운

CHAPTER 03

쓰루(CounThruTM)를 앞세운 통합 출력관리서비스(MPS : Managed Print Service)를 제공함으로써, 최근 출력 비용 최적화가 이슈인 대형 기업고객들을 사로잡았다.

삼성전자 디지털 프린팅 사업부는 "삼성 프린터의 호실적은 비용절감형 프린팅 제품과 솔루션을 선보여 기업고객의 요구에 맞춘 결과로, 고객들은 신뢰가 가는 1등 브랜드를 선택하는 가치 중심의 구매 경향을 보인다"며, "앞으로도 국내 시장에서의 리더십을 공고히 하기 위해 기업고객의 요구에 맞춘 다양한 제품과 솔루션 제공을 위해 노력할 것"이라고 밝혔다.

삼성 프린터가 글로벌 경기침체에도 불구, 1분기 세계시장에서 레이저 복합기 제품군을 중심으로 꾸준히 성장세를 이어 나가고 있는 것으로 나타났다. 시장조사기관인 IDC에 따르면 삼성전자는 1분기 유럽 A4 컬러레이저 복합기 시장에서 시장점유율 32.8%(수량기준)로 1년만에 1위 자리를 탈환했다.

CIS지역에서는 A4 컬러레이저 복합기 시장에서 59.5%의 시장점유율(수량기준)로 최근 2분기(44.0%)에 이어 연속 정상을 차지했으며, 모노레이저 복합기 시장에서도 41%의 점유율(수량기준)로 1위를 차지했다.

또한 중동아프리카 모노레이저 복합기 시장에서 삼성전자는 25.8% 점유율(수량기준)로 지난 2005년부터 2008년 4년 연속 1위를 차지한 데 이어 최근 1위를 지켜나가는 쾌거를 이루었다.

특히 한국에서는 수량기준으로 모노레이저 프린터(59.0%), 모노레이저 복합기(48.3%), 컬러레이저 프린터(69.2%), 컬러레이저 복합기(90.9%) 등 A4 레이저 제품군 모두가 압도적인 1위를 차지하였을 뿐만 아니라, 잉크젯, A3 복사기를 포함한 전체 프린터 시장에서 금액기준으로 1위(26%)를 차지해 명실공히 국내 프린팅 시장을 주도하고 있다.

삼성 프린터가 이처럼 세계시장과 한국에서 성장세를 이어 나갈 수 있었던 배경에는 '선택과 집중' 전략이 주효하게 작용했기 때문이다.

삼성전자는 프린터 사업 중에서도 독자적으로 엔진 및 기술을 확보하고 있는 레이저 제품개발에 집중해 왔고, 그 중 특히 시장성장 가능성이 큰 복합기 시장에 주력하여 다양한 제품을 선보여 왔다. 또한 최근에는 기업용 중・고속기 제품 라인업을 다양화하고 솔루션 개발에 박차를 가하는 등 기업용(B2B) 시장을 집중 공략하기 위한 채비도 갖춰 왔다.

삼성전자 디지털 프린팅 사업부 박용환 전무는 "1분기의 좋은 성과는 요즘과 같이 경제적으로 어려운 시기에 비용절감형 프린팅 제품과 솔루션을 선보여 기업고객의 요구에 맞춘 결과"라며, "지속적으로 기업고객의 다양한 문서 환경에 알맞은 제품과 솔루션을 제

[표 3-14] 삼성전자 프린터 글로벌 시장점유율(A4 기준, 단위 : %)

구 분	2007년	2008년	2009년 1분기
모노레이저 복합기	19	21	21
컬러레이저 프린터	17	19	20
컬러레이저 복합기	21	30	32
레이저 제품군 전체	13	16	17

공하기 위해 최선을 다할 계획"이라고 밝혔다.

삼성전자의 차세대 주력산업 중 하나인 프린터가 꾸준한 성장세를 이어가고 있다. 올 1·4분기에 전 세계 컬러레이저 복합기 10대 중 3대는 삼성제품으로 채워진 것으로 나타났다. 시장조사기관인 IDC 등에 따르면 글로벌 프린터 시장에서 HP가 1위를 유지하는 가운데 삼성전자가 주요 제품군에서 2위를 차지하며 점유율을 늘려나가고 있다. 특히 일부 제품에서는 1위인 HP를 바짝 뒤쫓고 있다.

삼성 프린터 제품 중 가장 빠르게 시장점유율을 늘려나가는 제품은 A4 컬러레이저 복합기 점유율이 지난 2007년 12%에서 2008년 30%로 상승했고 최근에는 32%까지 올라갔다. 전세계에서 판매되는 컬러레이저 복합기 10대 중 3.2대가 삼성 제품인 셈이다. 특히 컬러레이저 복합기의 경우 유럽시장에서는 32.8%의 점유율을 기록하며 1위로 올라서기도 했다. 다른 제품들도 시장을 넓혀가고 있다.

컬러레이저 프린터는 점유율이 2007년 17%에서 20%로 3%포인트 급등했다. 또 모노레이저 복합기도 2007년 19%에서 21% 등으로 상승했다. 컬러레이저 복합기 점유율 상승에 힘입어 레이저 제품군 전체 글로벌 시장점유율도 2007년 13%에서 2009년 1·4분기 17%로 4%포인트 상승했다.

프린터는 삼성전자가 반도체의 뒤를 이어 차세대 먹거리로 육성하는 종목이다. 전자는 프린터를 휴대폰·TV와 더불어 삼성전자의 3대 상품으로 부상시키는 프로젝트를 진행하고 있다. 회사의 한 관계자는 "프린터 육성을 위해 선택과 집중전략을 사용하고 있다"며 "프린터 사업 중에서도 독자적으로 기술을 확보한 레이저 제품개발에 집중하고 있다"고 전했다. 삼성전자는 가전 전시회인 IFA에서도 프린터 신제품을 선보일 예정이다.

04장

팩시밀리의 구성 및 기술

01 팩시밀리의 개념

팩시밀리(Facsimile)는 라틴어의 Facere와 Similis의 합성어로 영어의 Make Similar, 즉 "똑같은 것을 만든다", "비슷한 것을 베껴낸다"는 의미로써 우리말로써는 "모사 전송기"라 한다.

팩시밀리는 정지 영상을 전기적인 신호로 변환하여 통신 채널, 즉 일반 전화회선(PSTN) 또는 전용회선(Hot-Line) 등을 원거리지점으로 보내어 그곳에서 원본과 동일한 화상을 신속하고 정확하게 송·수신하는 통신기기를 통하여 전송하는 장치이다. 즉, 문자, 도표, 사진 따위의 정지 화면을 화소(畫素)로 분해하여 전기신호로 바꾸어 전송하고, 수신지점에서 원화(原畫)와 같은 수신기록을 얻는 통신방법이다. 또는 그런 기계장치, 넓은 의미로는 모사전송과 사진전송을 통틀어 이르고, 좁은 의미로는 모사전송만을 이른다.

원래 전송된 영상의 복제품은 복사기의 원리와 유사하게 수신부에서 열전사 또는 정전기식 기록장치에 의해 재생시킨다. 통신 채널로는 주로 전화선이 이용된다. 팩시밀리는 전화나 전신보다도 오래된 사무자동화 기술이다.

팩시밀리 송신기는 1842년에 만들어졌으나 100여 년간 별로 사용되지 않았다. 1970년대 초 아날로그 방식의 팩시밀리가 상용화되었으며, 1970년대 말부터는 디지털 방식의 팩시밀리의 개발로 급속히 보급되기 시작했고 수신된 영상의 질이 복사기의 수준과 거의 같아졌다.

현재 G3(300dpi:dot per inch)급 팩시밀리가 주종을 이루고 있으며, 일본에서는 G4(400dpi)급 팩시밀리도 출시되고 있다. 팩시밀리는 크게 주사기(Scanner)와 기록장치(Recorder)로 구성되어 있다.

주사기에는 전자식 카메라와 유사하게 원래의 영상을 감지하여 전기적인 신호로 변환하는 영상감지소자가 있으며, 주로 선형의 전하결합소자(CCD : Charge Coupled Device) 또는 배열형 광다이오드가 사용된다.

기록장치는 수신된 전기적인 신호로부터 원래의 영상을 재생하고 인쇄하는 역할을 한다. 주로 열전사방식 프린터가 사용되며, 종이도 감열지가 사용된다. 1993년에는 한국에도 보통용지를 사용하는 팩시밀리가 상품화되었다. 팩스 모뎀(Fax modem)은 모뎀과 팩시밀리 어댑터를 일체화시킨 장치이다.

모뎀과 팩시밀리 어댑터를 일체화시킨 장치로 컴퓨터에서 작성된 문서를 그대로 FAX로 전송하기 위해 필요한 모뎀이다. 이러한 장치를 팩시밀리 모뎀(Facsmilie Modem)이라고 하며 간단히 줄여서 팩스 모뎀이라고 하기도 한다. 팩시밀리 어댑터는 컴퓨터와 팩시밀리를 연결하는 확장 기판을 말하며, 이것에 의해 컴퓨터로부터 직접 상대방의 팩시밀리에 화상정보 등의 정보를 전송하거나 팩시밀리로 수신한 화상정보를 그대로 컴퓨터에 입력할 수 있다.

대부분의 팩시밀리는 모뎀을 통해 통신회선과 접속되므로 일반적으로 팩시밀리 어댑터는 모뎀 기판과 일치되는 경우가 많으며, 최근에는 통신을 위한 대부분의 모뎀이 FAX 모뎀을 겸하고 있다. 또한 최근의 개인 컴퓨터는 대부분 팩스 모뎀 기판을 내장하고 있다. 그러므로 고가의 팩시밀리 장비를 구입할 필요 없이 개인 PC를 통하여 팩시밀리 기능을 이용함으로써 기능 및 가격 면에서 큰 부담을 덜 수 있게 되었다. 이와 같은 팩스 모뎀을 이용한 팩스 정보 서비스를 지원하기 위한 소프트웨어도 많이 개발되어 있다.

모사전송(模寫電送, Facsimile telegraphy)은 주로 흑과 백의 도면을 전기신호로 바꾸어서 전송하고 재생하는 것이다. 좁은 뜻의 팩시밀리가 이것에 해당한다. 우선 송신측에서는 송신원화(送信原畵)를 회전원통에 감고, 축을 회전 또는 이동시켜서 스포트라이트로 원화를 주사(走査)한다. 원화의 농담(濃淡)은 그에 따른 반사광의 명암(明暗)으로 변하고, 다시 광전관(光電管) 등을 사용하여 전기신호의 강약으로 바꾼다. 이 밖의 주사법으로는 여러 가지 기계적인 방법과 텔레비전과 같은 전자적인 방법이 있다.

전기신호는 필요에 따라 변조되어 수신측에 전송된다. 수신측에서는 송신측과 동기(同期)된 주사기구를 사용하여, 전기신호의 강약에 따라 직접 전기적인 수단에 의하여 기록지 위에 원화를 재생한다. 또 원화를 재생할 때는 광학기계를 사용하여 감광지 위에 기록하는 방법도 있으나 이것은 사진을 전송할 때의 사진기록에 사용된다.

모사기록에는 방전현상을 이용한 방전파괴기록방식, 전해반응(電解反應)을 이용한 전해기록방식, 전자석에 의해 기록봉을 움직이고 카본지를 사용하여 종이에 기록하는 전자기(電磁氣) 프린터 기록방식, 전기신호에 따른 정전하(靜電荷)의 하전(荷電)을 종이에 주고 여기에 작은 분말을 부착시켜 현상・기록하는 전자기록방식(電子記錄方式) 등이 있다.

일반 사무연락용을 비롯하여 경찰이나 철도 등의 지령용, 모사전보에 의한 전보업무의 간소화(직접 모사기록지를 배달한다) 등 용도가 많다. 이 밖에 기상도(氣象圖)・모사 단파방송용・뉴스 서비스용・신문원고용 등이 있다. 또 전자기록방식은 복사기에도 응용되고 있다. 또한 고속도 팩시밀리에서는 컴퓨터의 출력장치나 가정용으로서 전파로 신문을 배달하는 장치 등이 개발되고 있다.

02 팩시밀리의 발전과정

복사기의 원리를 이용한 팩시밀리 기술은 전화나 전신보다도 오래된 사무자동화 기계이다. 1843년 영국의 배인(Alexander Bain)이 최초의 원리가 발명되고 이어 1848년 Fredric Bakewell(영국)에 의해 개량형 팩시밀리가 개발되었다. 이후 1876년 Alexander Grambell(영국)이 전화원리를 발명하여 통신매체의 기본 토양을 마련하였고, 1907년에는 Korn(독일)에 의해 최초의 그림을 전송하는 시스템이 개발되어 실용화되었다.

1925년 미국의 AT&T(벨 연구소)가 유선 사진전송 시험에 성공한 이래 텔렉스(TELEX) 장비의 저변화로 서구사회에서는 큰 인기를 얻지 못하다가 1970년 동양의 한자문화권에 대한 통신장비로 일본에서 실용화되었다.

1970년대 초 아날로그 방식의 팩시밀리가 상용화되었으며 1970년대 말부터는 디지털 방식의 팩시밀리가 개발로 급속히 보급되기 시작했고 수신된 영상의 질이 복사기의 수준과 거의 같아졌다.

팩시밀리는 크게 주사기(Scanner)와 기록장치(Recorder)로 구성되어 있다. 여러 제품들 사이에 원할한 문서전송을 위해 국제규격이 정해져 있다.

G3(3000dpi : 인쇄시 정밀도 단위로 숫자가 클수록 정밀하게 인쇄됨)까지는 전화망을 이용하고 G4(4000dpi)디지털 통신망을 이용하며, G3는 A4 한 장을 전송하는데 1분, G4는 4초로 규정하고 있다.

[표 4-1] 팩시밀리의 규격(CCITT 규격)

항목	G1(저속기)	G2(중속기)	G3(고속기)	G4(초고속기)
규격 재정년도	1968년	1976년	1980년	1984년
영상신호처리	Analog	Analog	Digital	Digital
전송속도 (A4 영문 600자 기준)	6분	3분	1분	수초대
변조방식(Modem)	FM	AM-FM-VSB	PSK, QAM	-
압축방식(COD I IIG)	-	-	MH, HR, HHR	MMR
주사밀도(부주사)	3.85Line/mm	3.85Line/mm	3.85,7.7Line/mm	200~400dpi
접촉회선	일반회선	일반회선	일반회선	ISDN/CSDN/PSDN
해상도(주주사)	8dot/mm	8dot/mm	8dot/mm	400dpi(16dot/mm)
전송속도	180Line/mm	360Line/mm	2400~9600bps	48,56,64kbps
비고	단종	단종	현재보급	향후보급

03 팩시밀리의 기본원리

광전변환, 전송, 기록변환 및 송・수신 주사로 이루어진다. 공간적으로 2차원으로 분포해 있는 화면정보를 화소마다 전기신호로 변환, 화상을 구성하는 각 화소를 순차처리 해 가는 것을 주사라고 하는데, 화면전체를 텔레비전의 주사와 마찬가지로 대상화면의 좌측에서 우측으로, 또 위로부터 아래로 이동 주사하는데 전자를 주주사, 후자를 부주사라고 한다.

주사와 광전변환에 의해 시간적으로 변화하는 전기신호로 된 화상신호는 변조에 의해 전송로에 실어 보낼 수 있는 신호로 변환되 수신측에 전송된다. 수신측에서는 송신측과 역순의 과정으로 화상신호를 기록 변환해 수신화상을 생성, 재현한다.

컬러 자연화도 전송할 수 있는 컬러팩시밀리는 컬러텔레비전의 화상계와 수상계가 갖는 원리와 같은 원리로 컬러 신호 압축기술을 이용해 선명한 컬러 사진을 전송한다.

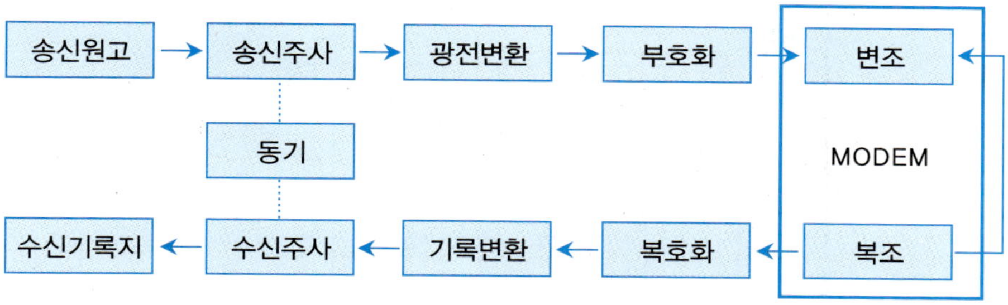

[그림 4-1] 팩시밀리의 기본과정

1) 송신주사 단계

(1) 송신주사의 개념

송신주사는 송신원고를 화소(Picture)로 분해하는 것으로, 송신원고라는 위치에너지를 광소자에 의해 빛에너지로 변환시킨다고 할 수 있다.

① 주사선 밀도

주사선 밀도는 주사할 때 분해의 정도를 표시하는 척도로 주주사는 좌에서 우로, 부주사는 상에서 하로 진행되며 주사선 밀도의 단위는 dot/mm를 사용한다. 이는 1mm당 몇 개의 DOT(화소)로 분해하는 것으로 그 정도에 따라 선명도가 결정되며, 역으로 전송시간이 길어져 화질과 속도를 결정하는 요소로 작용한다.

주사선 밀도는 다음과 같다(62, 63 공히 주주사선 밀도는 8dot/mm이다).

- 62 FAX : 주주사선 밀도 8dot/mm(200dpi),
  부주사선 밀도 3.85dot/mm(100dpi-Normal)
- 63 FAX : 주주사선 밀도 8dot/mm(200dpi),
  부주사선 밀도 3.85dot/mm(100dpi-Normal),
  7.7dot/mm(200dpi-Fine mode),
  Option으로 15.4dot/mm(400dpi-Super Fine mode)
  3종류가 사용된다.

CHAPTER 04

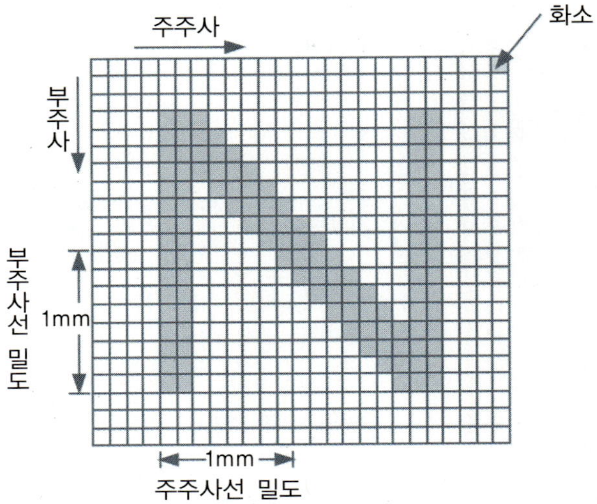

[그림 4-2] 주사밀도의 구성

② 주사방법

원통주사(Drum 주사)는 드럼에 원고를 감아 이 원통을 회전시키면서 여기에 광을 비추어 그 반사경을 렌즈를 통해 집약시켜 광전변환 소자에 전달해 주사하는 방법이다.

[그림 4-3]처럼 원통을 회전시켜 주주사를, 광학대를 이용하여 부주사를 송신측에서 행하고, 수신측에서는 원통에 기록지를 감아 이것을 회전시키고 기록침을 이동시켜 기록을 행한다. 때문에 이 방법은 신문지면 전송용 등에 주로 사용된다.

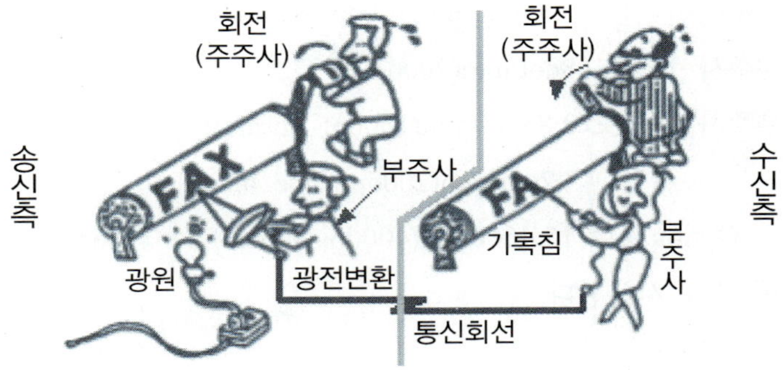

[그림 4-3] 원통주사방법

(2) 평면주사(CCD Image sensor 고체주사)의 개념

광원부를 고정시키고 원고를 이동시켜 라인과 라인으로 주사하는 방법으로 기계식 평면주사와 전자식 평면주사 방법이 있다.

기계식 평면주사는 독취헤드, 기록헤드를 이동시켜 주사를 행하는 방식이고 전사식 평면 주사는 주사선을 전자적으로 행하는 방식이다. 특히, 송신측은 독취소자라고 해서 1 Line(A4-1728dot)의 독취소자를 배열한 CCD(Charge Coupled - Device) 또는 MOS형 이미지 센서(Image sensor)를 사용한다.

2) 광전변환 단계

광전변환이란 원고에 램프(Lamp)나 발광 다이오드(Diode) 등으로 광을 조사하고 원고의 농도에 따라 반사광을 집광렌즈(Lens)를 통하여 광전변환소자(CCD)에 의해서 전기신호로 변환한다. 즉, 송신주사에 의한 빛에너지를 광전변환에 의해 전기에너지로 변환시킨다고 볼 수 있다. 이 광전변환에는 CCD 방식과 CIS(Contact Image Sensor) 방식의 2가지가 있다.

(1) CCD(Charge Coupled Device)

1 Line분의 광원(형광등 또는 LED Array)에 의해 독취된 화소를 거울, 렌즈를 통해 집약시켜 1 Line분 수 천개의 독취소자를 CCD라는 디바이스(Device)를 통해 전기적인 신호로 바꾸어주는 방식으로 부품비는 저렴하나, 원고로부터 CCD까지의 공로장을 확보해야하므로 기구가 커지고, 광학계의 설계공수, 제조공수(조정공수 포함)가 많이 드는 단점이 있다.

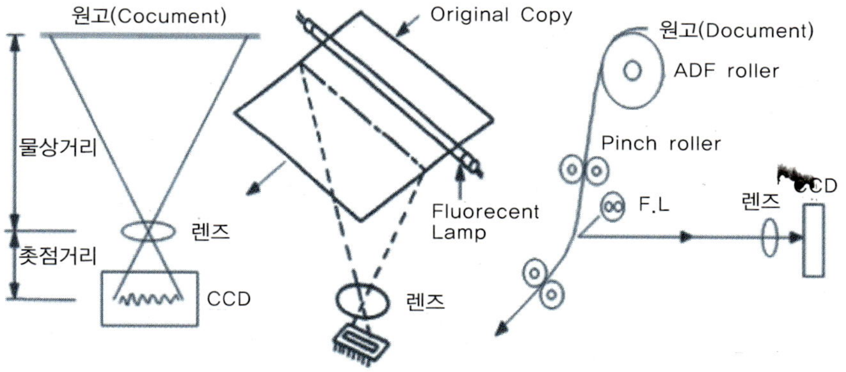

[그림 4-4] CCD 광전변환방식

1980년대 주종을 이룬 송신주사/광전변환 방법으로 광원도 형광등에 의존하는 방식에서 부품비, 제조공수가 적게 드는 LED Array 방식으로 바뀌어지고 있으나, LED는 자기 발광색을 읽어들이지 못하는 단점이 있다.

(2) CIS(Contact Image Sensor)밀착 센서 방식

광원(보통 LED Array)과 독취 센서를 일체화하고, 이를 원고에 밀착시켜 원고를 독취하는 방식으로 장치가 소형화되고, 설계공수, 제조공수의 절감은 있으나 부품비가 비싸다는 단점은 있으나 점차 사용이 늘어나면서 1990년대 광전변환 방식으로 주종을 이룬다.

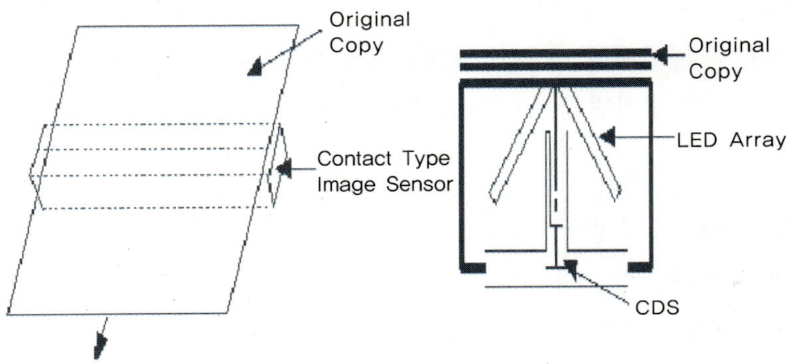

[그림 4-5] CIS 밀착 센서 방식

3) 부호화 단계

아날로그 팩스(Analog Fax)는 각 화소의 흑과 백을 1개씩 충실하게 보내기 때문에 시간이 걸린다. 그래서 현재의 Fax는 송신시간을 단축하기 위해 읽어낸 그림정보를, 부호화하여 보내고 있다. 아날로그(Analog) Fax인 G1, G2 FAX에서는 사용하지 않는 방법으로 G3 Fax에서 광전변환에 의해서 전기적인 신호로 바뀐 화소를 마이크로프로세서(Micro Processor ; CPU, MPU 등)가 데이터를 처리할 수 있도록 데이터 압축을 하여 코드화를 행하는 과정이다.

1 Line 내에는 무수한 흑/백의 화소가 존재하는데, 이를 RUN Length(흑/백화소의 갯수를 헤아림)해 코드화하여 이 정보를 CPU에 알려주어 처리하게 된다. 그 방법으로 1차원부호화 방식 MH(Modified Huffman), 2차원 부호화 방식 MR (Modified Read), MMR(Modified Modified Read) 방식 등이 있다.

(1) 압축과 재생

- 압축 : 읽은 그림정보를 부호화하는 것이다.
- 재생 : 부호화하여 보내온 것을 원래의 그림정보로 환원하는 것이다.

(2) 부호화

Fax 신호를 전송하는 경우 A4판 1매의 원고정보량은 1728bit×297mm×7.7 Line/mm = 3,951,763 ≒ 4백만비트가 된다. 이것을 9,600BPS(Bit Per Second)를 전송하면 417초(약 7분)가 걸리게 된다. 이것을 10초 이내로 줄이는 것이 부호화이다.

(3) MH(Modified huffman) 방식

1 Line상에서 연속적으로 발생하는 흑과 백의 Run length를 Code화하여 전송(주주사 방향의 부호화)한다.

(4) MR(Modified read) 방식

첫 번째 주사선의 정보와 비교하여 차이점만 전송(부주사선 방향의 부호화)한다.

(5) EFC 방식

SR의 독자적인 방식으로 수신주사에 필요한 시간 여유를 고려하여 부호화한다.

4) 변조와 복조 단계

(1) 변조와 복조

① 변 조

디지털(Digtal)로 코드화된 각 화소의 정보를 아날로그(Analog) 통신회선을 통해 전송할 수 있도록 변환하는 것이다. 즉 신호에 따라서 변화시키는 것을 변조라 한다.

② 동 기

송수신시, 변・복조시, 송수신 측의 타이밍을 일치시켜야 정상적인 화질의 원고를 프린트해 볼 수 있는데 이를 동기라 한다.

③ 복 조

변조되어서 보내온 신호로부터 원래의 신호로 바꾸는 것을 복조라 한다.

④ 통신속도

1초간에 몇 비트의 정보량이 보내지는가를 말하고 단위는 BPS(Bit Per Secend)이다. (G3 Fax는 보통 9,600/7,200/4,800/2,400BPS 4종류가 쓰인다.)

⑤ 변조속도

1초간에 변조할 수 있는 양을 나타내고, 단위는 Baud이다.

⑥ 복호화

부호화와는 반대로 Modem에 의해 복조된 신호를 기록할 수 있도록 화신호의 흑/백 RUN Length를 행하는 과정으로 G3 Fax에서만 적용되는 기술이다.

(2) MODEM(변복조장치)

모뎀이란 변조(Modulation)와 복조(Demodulation)에서 MO+DEM이 합쳐진 것이다.

5) 기록변환 단계

기록변환이란 복화화/복조(G1, G2FAX)된 그림신호를 기록시에 필요한 신호로 변환시켜주는 과정이다. 예를 들어 감열방식의 경우 전기에너지를 열에너지로 전환시켜준다.

(1) Ink-Jet 기록

잉크 분사식 기록은 신호에 따라서 잉크 입자를 노즐(Nozzle)에서 분출시켜 마주 보이게 놓은 보통 종이 위에 하드카피(Head Copy)를 얻는 방식이다.

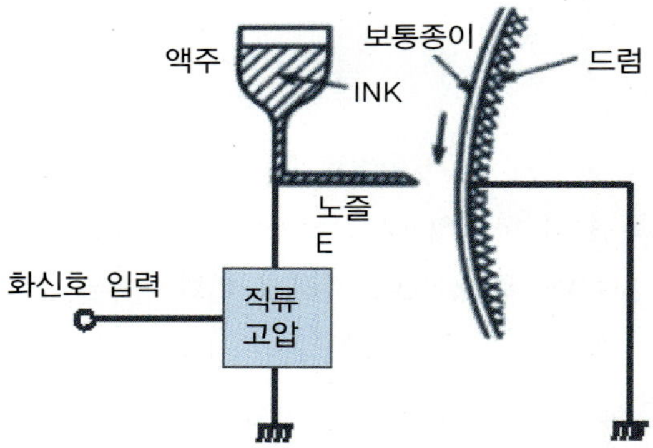

[그림 4-6] 잉크 분사방법

잉크 분사를 만드는 방법은 잉크 미소 액적(液滴)의 형성방법, 하전(荷電)방법, 진로 제어방법에 따라 대전제어형, 전계제어형, 잉크 미스트(Ink Mist)형, 온디멘드(On-Demand)형 등 4종류가 있다.

➡ 잉크 분사방식에 따른 분류

① 열전사(Thermal) 분사방식 : 삼성, 미국 휴렛팩커드(HP)

헤드와 잉크카트리지는 일체형으로 되어 있으며 인쇄시 항상 뜨거운 열을 받기 때문에 부품 수명이 제한적이라는 단점이 있다. 전기신호에 의해 잉크 카트리지에 있는 가열판이 약 350°C~400°C로 가열되면 여러 개의 미세한 노즐에 공급되는 잉크 방울의 기포가 팽창되고 수축되어 터지면서 잉크가 분사된다.

② 버블(Bubble) 방식 : 일본 캐논(CANON)

기본적인 원리 및 특징은 열전사 분사방식과 동일하다.

③ 압전(Piezo electric)방식 : 일본 엡슨(EPSON)

물체에 전기를 가하면 압력이 생기는 압전현상을 이용하여 노즐에서 잉크를 밀어내는 방식이다. 이 방식은 열전사 분사방식이나 버블식처럼 뜨거운 열을 받지 않아도 되므로 제품수명이 반 영구적이다. 그러나, 고도의 압전 기술이 요구되기 때문에 부품가격이 비싸다는 단점이 있다.

④ 마하(MACH) 방식 : 일본 엡슨(EPSON)

기본원리 및 특징은 압전방식과 동일하지만 압전방식을 약간 발전시킨 방식이다. 마하 방식은 잉크가 응집된 원형으로 분사되기 때문에 잉크 번짐현상이 거의 없다는 장점을 가지고 있으나, 인쇄 시 소음이 약간 발생하는 단점이 있다. 또한 헤드와 잉크카트리지가 분리되어 있다.

CHAPTER 04

(2) 열전사 기록방식

감열기록과 TPH에 흑신호만 전류를 인가시켜 TPH(Thermal Print Head)의 헤드(Head)를 감열시키는 방식은 동일하나 이 열을 토너 카트리지라는 매개체(일종의 먹지)에 전사해 보통용지에 기록을 행하는 방식이다.

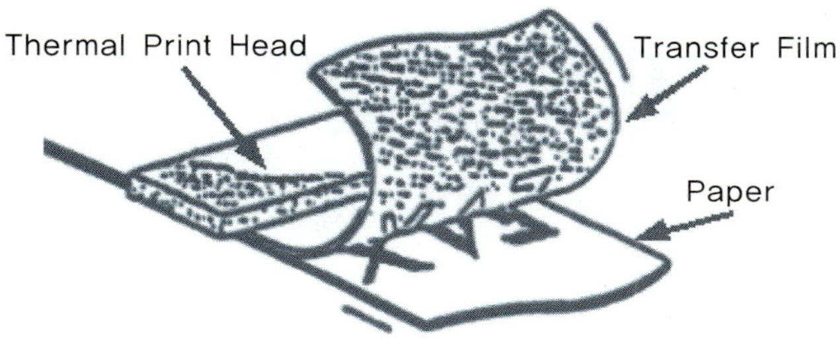

[그림 4-7] 열전사 기록방식

(3) 감열기록

감열기록지와 TPH(Thermal Printer Head)에 의해 기록을 행하는 방식이다. 이 TPH 종이위에 발색층이 도포된 감열기록지를 밀착시키고, TPH에 흑신호만 전류를 인가시켜 TPH를 감열시키면, 이 열에 의해서 감열지가 화학변화를 일으켜 발색하여 기록을 행하게 된다.

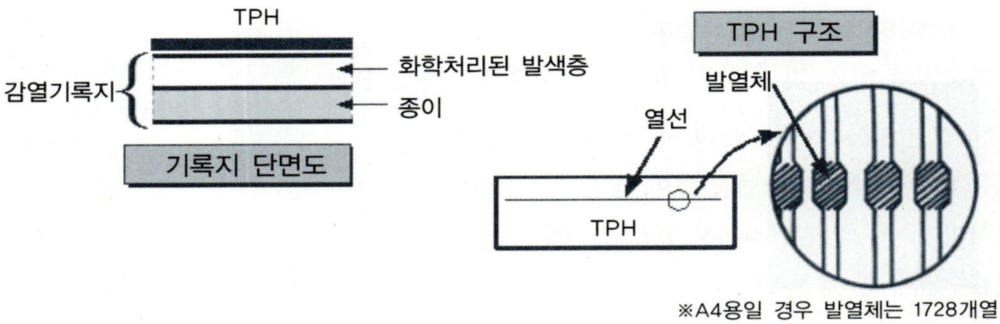

[그림 4-8] 감열기록방식

(4) 전자사진 기록(전자사진 프로세서)

산화아연이나 셀렌, OPC와 같은 광 반도체를 사용하여 대전시킨 광도전층을, 신호에 대응시킨 광 패턴으로 노광시켜 정전잠상을 형성시킨 다음, 토너로 현상시키고 전사 및 정착과정을 거쳐 기록을 얻는 방법이다.

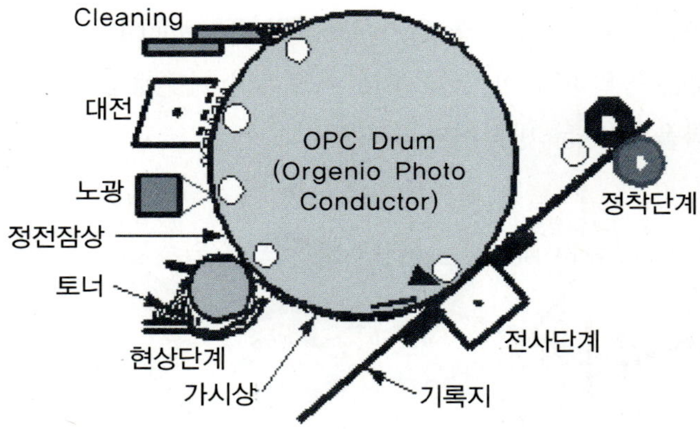

[그림 4-9] 전자사진 기록방식

04 팩시밀리의 기본신호

1) 팩시밀리의 작동원리

(1) 빛의 포착

빛의 광자와 CCD외층의 실리콘 원자의 충돌로 발생한 음전하인 전자는 절연 뒤의 양전하에 끌어당겨져서 개별 픽셀에 모아진다. 픽셀 내 전자수는 충돌한 빛의 양에 비례한다.

(2) 전하의 이동

광원공급이 차단되면 전자는 더 이상 발생하지 않게 되고 전극의 양전하 아래로 움직이며 전도층에 모아진 전자를 아래로 같이 끌어당겨 판독 열로 보낸다.

(3) 판독 및 출력

위 픽셀의 양전하가 중성으로 돌아가면 픽셀에 모아진 전자가 아래 열로 이동한다. 판독 열로 이동한 전자는 양전하가 오른 쪽으로 이동함에 따라 옆으로 이동해 전하를 출력한다.

2) 팩시밀리 신호 시퀀스

(1) 신호 시퀀스

권고된 시스템은 호환성을 증명하고 운용을 확실히 하기 위하여 두 장치간 신호의 교환을 행한다. 이것을 행하기 위하여 착신국은 톤(가장 단순한 형태의 경우) 또는 2진 부호로 기능을 식별한다. 발신국은 톤 또는 2진 부호에 따라 이에 응답한다. 이때 송신기는 페이즈 B를 계속한다. 메시지의 송신 후 송신기는 메시지 종료신호를 송출하고, 수신기는 수신을 확인해야 한다. 복수 문서는 이 절차를 걸쳐 반복함으로써 전송될 수 있다. 발신국이 송신할 경우 신호의 흐름은 [표 4-2]에 나타나 있다.

[표 4-2] 발신국이 송신하는 경우[OCITT-41440]

구 분	발신국	방 향	착신국
페이즈 A		←	착신국의 식별
페이즈 B	 명령 정보 위상 / 트레이닝 	← → → ←	기능의 식별 수신 확인
페이즈 C	메시지	→	
페이즈 D	메시지 종료 	→ ←	 메시지 확인

발신국이 문서를 수신하는 경우의 상태를 [표 4-3]과 같이 나타내었다. 간단한 톤 시스템은 이 기능을 갖추고 있지 않다.

[표 4-3] 발신국이 수신하는 경우[OCITT-41450]

구분	발신국	방 향	착신국
페이즈 A		←	착신국의 식별
페이즈 B	 송신 명령(DTC) 수신확인(CFR)	← → ← ← →	기능의 식별(DIS) 수신명령(DCS) 위상 / 트레이닝
페이즈 C		←	메시지
페이즈 D	 메시지 확인(MCF)	← →	메시지 종료(EOM)

(2) 톤 신호기능 및 포맷

[표 4-4] 톤 신호기능 및 포맷(1)

약호	신호명	신호포맷	기 능
CNG	Calling Tone, autodial	1100Hz, 0.5sec ON 3sec OFF	호출음
CED	Comunicating Equipment Device, Ready Tone	2100Hz	착신국 식별
NSF	Non-Standard Facility	0000 0100	비표준 장치의 기능을 표시
CSI	Called Station(Subscriber) Identification	0000 0100	피호국 식별, 피호국의 번호 또는 전화번호 등으로 피호국 확인을 위해 사용
DIS	Digital Identification Signal	0000 0001	다지털 식별신호, 수신측 장비의 기능을 표시
NSS	Non-Standard Set-Up	x100 0100	비표준 설정
NSC	Non-Standard Facility Command	1000 0100	비표준 장치명령. NSF신호로 표시된 기능에 응답한다.

[표 4-5] 톤 신호기능 및 포맷(2)

약호	신호명	신호포맷	기 능
TSI	Transmitting Station Identification	x100 0100	송신국 식별, 송신국의 식별을 위해 사용
DCS	Digital Command Signal	x100 0001	디지털 식별신호. DIS신호로 표시된 기능에 응답하고, 기능을 설정한다.
DTC	Digital Transmit Command Request For Polling	0000 0001	디지털 송신명령. DIS 신호로 표시된 기능에 응답한다.
TCF	Training Check	"0"의 Data를 1.5sec 동안 송출	Training Check 및 그 전송속도로 회선품질이 충분한가 아닌가를 확인한다.
CFR	Confirmation To Receive	x100 0001, 1850 또는 1650Hz(3sec 동안)	수신준비 확인. 메시지 송출을 개시하여도 좋다는 것을 표시
FTT	Failure To Train	x010 0010	Training 실패. 재Training을 요구한다.
EOM	End of Message	x111 0001, 1100Hz	메시지 완료. 원고 1page의 종류 및 phase B로 돌아가는 것을 표시

[표 4-6] 톤 신호기능 및 포맷(3)

약호	신호명	신호포맷	기 능
MPS	Multi Page Signal	x111 0010	원고 1Page의 종료 및 다음 Page가 있다는 것을 표시
EOP	End Of Procedure	x111 0100	수순완료. 1Page의 종료 및 다음 Page가 없다는 것을 표시
PRI-Q	Response To Voice Request Command(PIP, PIN)		
PRI-EOM	Procedure Interrupt EOM(V-Req)	x111 1001	수순중단 EOM. EOM과 같은 명령이지만 Operator개재 필요
PRI-MPS	Procedure Interrupt MPS(V-Req)	x111 1010	수순중단 MPS. MPS와 같은 명령이지만 Operator개재 필요
PRI-EOP	Procedure Interrupt EOP(V-Req)	x111 1100	수순중단 EOP. EOP와 같은 명령이지만 Operator개재 필요
MOF	Message Confirmation	x011 0001	메시지 확인. EOM, MPS, EOP신호의 긍정·응답에 대한 메시지 수신 표시
FTP	Retrain Positive	x011 0011	Training 긍정(이전 상태대로 교신 가능함을 표시)

[표 4-7] 톤 신호기능 및 포맷(4)

약호	신호명	신호포맷	기 능
FTN	Retrain Negative	×011 0010	Training 부정. 앞의 메시지 수신은 불완전하지만 Training 및 위상동기 신호가 재송되면 수신연속이 가능함.
PIP	Procedure Interrupt Positive(V-Req)	×011 0101	수순중단 긍정. 메시지가 수신된 것을 표시하지만 다시 전송할 경우 Operator의 입회 or 수순의 재개시가 필요함.
PIN	Procedure Interrupt Negative(V-Req)	×011 0100	수순중단 부정. 수신중 또는 앞의 메시지 수신 불완전, Operator의 입회 or 수순의 재개시가 없는 한 교신은 계속할 수 없음을 표시함.
DON	Disconnect	×101 1111	회선 절단. 호 복구 수순의 개시를 표시. 응답할 필요없음.
CIG	Calling Station Identification	1000 0010	발호국 식별. 발호국의 식별을 위해 사용
PIS	Procedure Interrupt Signal	462Hz, 3sec 동안	절차 중단 신호
GC GI LCS	Group Command Indicates Speed of Transmitter-그룹명령 (1300 또는 2100Hz, 1.5~10.0sec 동안) Group Identification-그룹식별(1650 또는 1850Hz) Line Codition Signal, Conpensates For Phone Line-회선 상태조정(1100Hz)		

[표 4-8] DIS / DTC, DCS 설명문

비트 No	DIS / DTC	DCS
1	송신기 – T.2 운용	
2	수신기 – T.2 운용	수신기 – T.2 운용
3	T.2 IOC=176	
4	송신기 – T.3 운용	
5	수신기 – T.3 운용	수신기 – T.3 운용
6	미래의 T.3 용으로 보류	
7	미래의 T.3 용으로 보류	
8	미래의 T.3 용으로 보류	
9	송신기 – T.4 운용	
10	수신기 – T.4 운용	수신기 – T.4 운용
11, 12 (0, 0) (0, 1) (1, 0) (1, 1)	데이터 신호출력 V.27ter 폴백 모드 V.27ter V.29 V.27ter 및 V.29	데이터 신호속도 2400bps / V.27ter 4800bps / V.27ter 9600bps / V.29 7200bps / V.29
13	새로운 변조방식용으로 보류	
14	새로운 변조방식용으로 보류	
15	수직 해상도=7.7선/mm	수직 해상도=7.7선/mm
16	2차원 부호화 기능	2차원 부호화
17, 18 (0, 0) (0, 1) (1, 0) (1, 1)	기록폭 기능 주사선 길이 215mm±1%에 1728화소 주사선 길이 215mm±1%에 1728화소 주사선 길이 255mm±1%에 2048화소 주사선 길이 303mm±1%에 2432화소 주사선 길이 215mm±1%에 1728화소 주사선 길이 255mm±1%에 2048화소 무효	기록폭 주사선 길이 215mm±1%에 1728화소 주사선 길이 303mm±1%에 2432화소 주사선 길이 255mm±1%에 2048화소 무효
19, 20 (0, 0) (0, 1) (1, 0) (1, 1)	최대 기록폭 기능 A4(297mm) 무제한 A4(297mm) 및 B4(364mm) 무효	최대 기록폭 A4(297mm) 무제한 B4(364mm) 무효

비트 No	DIS / DTC	DCS
21, 22, 23 (0 ,0, 0) (0, 0, 1) (0, 1, 0) (1, 0, 0) (0, 1, 1) (1, 1, 0) (1, 0, 1) (1, 1, 1)	수신기의 최소 주사선 시간 능력 3.85 1/mm에서 20ms ; $T_{7.7}=T_{3.85}$ 3.85 1/mm에서 40ms ; $T_{7.7}=T_{3.85}$ 3.85 1/mm에서 10ms ; $T_{7.7}=T_{3.85}$ 3.85 1/mm에서 5ms ; $T_{7.7}=T_{3.85}$ 3.85 1/mm에서 10ms ; $T_{7.7}=1/2T_{3.85}$ 3.85 1/mm에서 20ms ; $T_{7.7}=1/2T_{3.85}$ 3.85 1/mm에서 40ms ; $T_{7.7}=1/2T_{3.85}$ 3.85 1/mm에서 0ms ; $T_{7.7}=1/2T_{3.85}$	최대 주사선 시간 20ms 40ms 10ms 50ms 0ms
24	확장 필드	확장 필드
25	2400bps 지정신호교환	2400bps 지정신호교환
26	비압축 모드	비압축 모드
27~31	미지정	
32	확장 필드	확장 필드

05 팩시밀리의 기본기능 사용법

1) 사용하기 전에

기본기능을 사용하기에 앞서 자기이름과 팩스번호, 날짜와 시간을 입력한다. 보내는 사람이 자기이름과 팩스번호를 등록하지 않는 경우에는 나타나지 않는다.

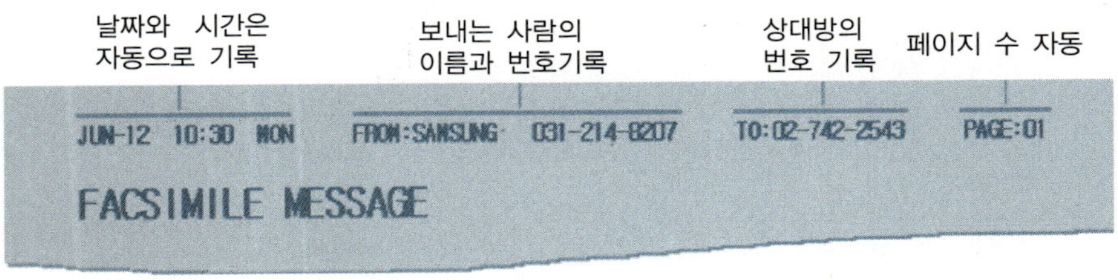

[그림 4-10] 팩시밀리의 기본기능

2) 날짜와 시간입력

각 자리에 입력되어야 할 내용과 숫자 범위는 다음과 같다.

- YY = 년 : 년도의 끝자리(예 : 2007 = 07)

- MM = 월 : 01(1월)~12(12월)
- DD = 일 : 01에서 31일
- HH = 시 : 00에서 23(24시 형식. 예를 들어 오전 1 : 00 = 01 정오 = 12
- 오후 1 : 00 = 13 오후 5 : 00 = 17 자정 = 00)
- MM = 분 : 00에서 99

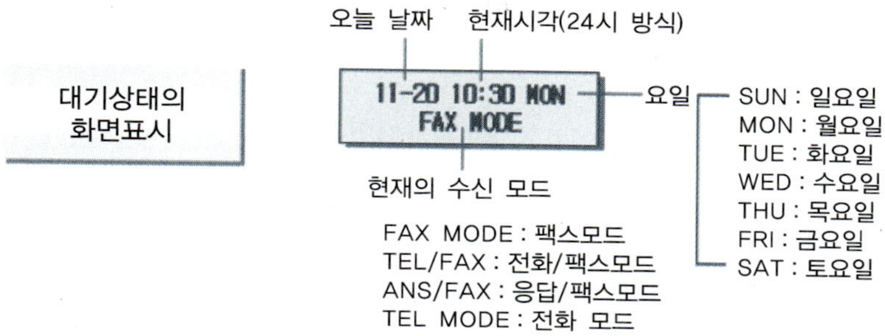

[그림 4-11] 팩스의 대기상태표시

3) 복사하기

원고의 글씨가 있는 부분이 밑으로 향하도록 하여 원고 받침대 위에 올려 놓은 후 해상도(글자선택)와 농도(원고선택)를 조절하여 복사 버튼을 누른다.

1장만 복사할 경우 연속하여 복사 버튼을 두 번 누르고 여러 장 복사할 경우라면 복사 매수를 입력한 후 YES 또는 복사 버튼을 누른다.

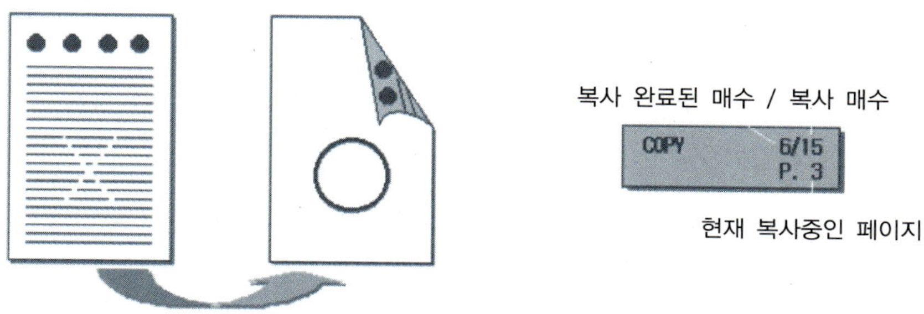

[그림 4-12] 팩스의 복사기능

4) 전화걸기

- 일반적인 전화걸기 : 수화기를 들고 상대편 전화번호를 누른 후 상대방이 응답하면

통화한다.

- 수화기를 들지 않고 전화 걸기 : 조작판의 온 훅/통화예약 버튼을 눌러 발신음이 들리면 전화번호를 누른다. 스피커를 통해 상대방의 음성이 들리면 수화기를 들고 통화한다. 다이얼 도중에 취소하거나, 통화중 또는 응답이 없을 경우에는 정지 or 온 훅/통화예약 버튼을 누르면 된다.
- 원터치 다이얼로 전화걸기 : 원하는 원터치 key를 누른 후 통화한다.
- 단축 다이얼로 전화걸기 : 단축 다이얼 버튼을 누른 후 원하는 단축번호를 눌러 통화한다.
- 같은 곳으로 다시 전화를 걸어야 할 때(재다이얼) : 재다이얼/포즈 버튼을 눌러 통화한다.

참고

- 통화중에 시작 버튼을 누른지 않도록 한다. 팩스 수신 상태가 된다.
- 원터치, 단축 다이얼로 전화를 걸기를 할 때에는 원터치 key나 단축번호에 전화번호가 등록되어 있어야 한다. 그렇지 않을 경우 "삐"소리와 함께 'NO. NOT ASSIGNED'가 화면에 표시된다.

5) 해상도(글자선택)와 농도조절(원고선택) 방법

상태가 좋지 않거나 사진, 그림 등이 포함된 원고를 송신할 때 송신 또는 복사할 원고에 맞추어 원고의 농도와 해상도를 선택해 주면 깨끗한 화상을 얻을 수 있다. 일반적인 굵기의 글자나 선으로 작성된 원고는 조정이 필요 없으나, 다음과 같은 경우라면 조정을 해서 보내거나 복사를 하면 깨끗한 화상을 얻을 수 있다.

- 가늘거나 작은 글자로 작성된 원고 : 가는 글자(Fine)
- 매우 정밀한 글자나 선으로 작성된 원고 : 정밀 글자(Super Fine)
- 흐린 원고나 연필로 기록된 원고 : 흐린 원고(Light)
- 진한 원고나 검은 매직 등으로 기록된 원고 : 진한 원고(Dark)
- 사진이나 그림 또는 사진이나 그림이 글자와 혼합된 원고 : 사진(Photo, Fuzzy)

참고

- 해상도를 선택하면 송신시간이 길어질 수도 있다.
- 상대방 팩스에 '정밀글자' 기능이 없으면 '정밀글자' 모드를 선택해도 안될 수 있다.
- 원고를 넣지 않는 상태에서는 해상도와 농도를 선택할 수 없다.
- 해상도와 농도선택은 복사나 송신이 끝나면 자동 해제된다.

6) 송신방법

먼저 원고를 넣고 농도와 해상도를 조절한다.

(1) 자동송신(수화기를 들지 않고 송신)

- 상대방 팩스 번호를 누른 후 시작 버튼을 누른다.
- 원터치 키를 누른다.
- 단축 다이얼 버튼을 누른 후 단축번호를 누른다.
- 등록된 전화번호부를 검색한 후 시작 버튼을 누른다.

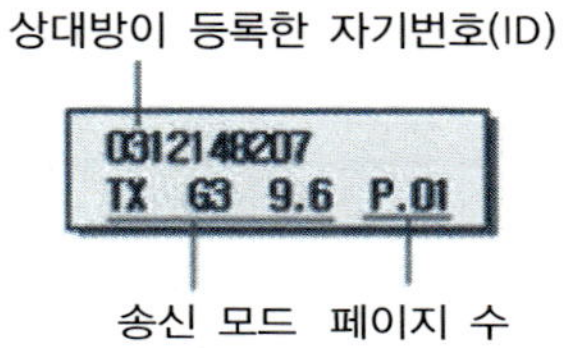

[그림 4-13] 팩스의 자동송신

(2) 수동송신(상대방과 통화 후 팩스 송신)

- 수화기를 들고 상대방과 통화 후 팩스 전송
- 온 훅/통화예약 버튼을 눌러 통화 후 팩스 전송

7) 상대방의 ID 표시에 관하여

팩스를 보내거나 받을 때 상대방의 팩스 번호가 표시된다.

[그림 4-14] 팩스의 상대방 번호표시시

- 표시되는 번호는 상대방이 잘못 등록한 경우 상대방의 실제 팩스 번호와 다를 수도 있다.
- 상대방이 자기 이름과 팩스 번호를 등록해 두지 않는 경우는 화면에 표시되지 않는다.

8) 자동 재다이얼

원터치 key나 단축번호 등을 사용하여 자동으로 송신하는 경우 상대방이 통화중이거나 전화를 받지 않으면 약 3분 간격으로 3회까지 자동으로 재다이얼한다.

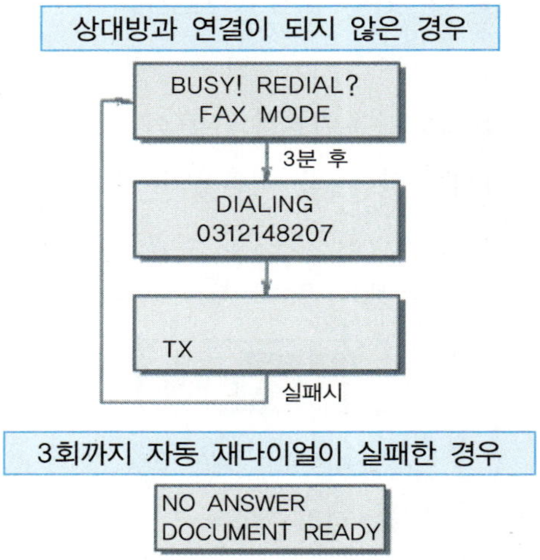

- "삐-" 소리가 들린 후 화면에 메시지가 표시되고 경보 램프에 불이 켜진다.
- 정지를 한 번 누르면 메시지가 지워지고 대기상태로 되며, 한 번 더 누르면 원고가 빠져 나온다.

[그림 4-15] 자동 재다이얼 과정

- 자동 재다이얼 중에 YES를 누르면 지정된 대기시간을 누르지 않고 즉시 재다이얼을 시도하며, NO 또는 정지버튼을 누를 경우 재다이얼이 취소된다.
- 자동 재다이얼의 자동 횟수와 간격시간은 변경할 수 있다(기본 기능 설정).

9) 통화를 예약하는 방법

팩스를 보내거나 받는 중에 통화예약을 해두면 송·수신이 끝난 직후 전화를 다시 걸지 않고도 상대방과 확인 통화를 할 수 있는 기능이다.

참고

- 통화예약은 반드시 팩스 송·수신중에 온 훅/통화예약 버튼을 눌러야 한다.
  도중에 취소하려면 온 훅/통화예약 버튼을 한번 더 누르면 된다.
- 상대방 팩스에 "통화예약" 기능이 없으면 통화예약이 되질 않는다.

통화예약을 하지 않았는데 송신 또는 수신이 끝난 직후 벨이 울린다면 상대방이 통화 예약을 한 것이다. 벨이 울릴 때 전화를 받으면 통화할 수 있다.

전화를 받지 않을 경우 "통화요청서"가 자동으로 출력된다.

CALL BACK MESSAGE
JUN-12 10:30 MON
FAX NUMBER : 216-6519
NAME : SAMSUNG
PLEASE CALL BACK ......
PHONE NUMBER : 031 214 8205

[그림 4-16] 통화예약 표시

10) 수신방법

수동수신(TEL MODE), 자동수신(FAX MODE), 전화 / 팩스(TEL / FAX MODE), 자동응답 팩스(ANS / TEL / FAX)이다.

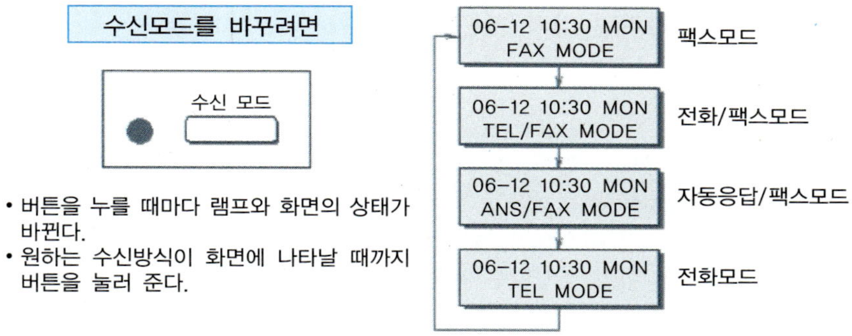

[그림 4-17] 팩스의 수신방법법

11) 수동수신(TEL MODE)

- 전화벨이 울리면 수화기를 들고 상대방과 통화한 후 팩스를 수신하고자 할 때에는 시작 버튼을 누르고 수화기를 내리면 된다. 수신이 끝나면 대기 상태로 전환된다.
- 수화기를 들었을 때 처음부터 "삐"하는 소리가 들리거나 계속해서 아무런 소리가 들리지 않으면 상대편에서 자동 송신하는 것이므로 이때는 시작 버튼을 누르고 수화기를 내리면 된다.

참고

- 시작을 누르기 전에 수화기를 내리면 전화가 끊어지므로 주의해야 된다.
- 원고가 들어있는 상태에서 시작 버튼을 누르면 송신이 되므로, 수신할 때에는 원고가 들어있지 않은지 먼저 하기 바란다.

12) 자동수신(FAX MODE)

- 전화가 오면 자동으로 벨이 울린 후 팩스를 수신한다. 별도의 조작이 필요없으므로 팩스 전용으로 사용하는데 편리하다. → 전화벨이 울리는 횟수는 변경할 수 있다.

13) 전화 / 팩스((TEL/FAX MODE) CF-5200)예

- TEL/FAX MODE에서는 전화가 왔을 때 먼저 녹음된 인사말을 상대방에게 들려준 후 자동으로 팩스 수신상태로 바뀐다.
- 녹음 시간은 최대 15초이며 15초가 지나면 녹음은 자동으로 중단된다.
- 녹음을 도중에 취소하려면 정지 버튼을 누른다.

참고

- "TEL/FAX MODE"는 반드시 인사말을 녹음시켜 두어야만 사용할 수 있다.
- "TEL/FAX MODE"를 선택해야 전화가 걸려왔을 때 인사말을 상대편에게 들려준다.
- 정전이 되거나 전원 코드가 빠졌으면 녹음된 인사말이 지워지므로 다시 녹음하여야 한다.
- 인사말을 새로 녹음하면 이전 인사말은 자동으로 지워진다.

14) 자동응답팩스(ANS/TEL/FAX MODE)

- 전화가 오면 자동응답기에 녹음이 되어 있는 인사말을 들려주고 나서 상대방의 용건을 응답기에 녹음한다.
- 팩스 신호(CNG Tone)가 들어오면 자동으로 수신을 시작한다.

참고

- ANS/FAX/TEL MODE는 제품의 TEL-EXT 단자에 자동응답기를 연결하여 함께 사용하는 경우에 한하여 사용할 수 있다.
- 제품에 연결된 자동응답기의 벨 횟수는 반드시 4회 이내로 조정하여야 한다.

15) 다른 전화기에서 FAX를 수신하는 방법

- 제품에 연결된 일반전화기로 FAX를 받을 때 팩스 신호가 들리거나, 상대방이 통화 후 팩스를 보내고자 할 때 일반 전화기에서 팩스를 조작하여 수신상태로 바꿀 수 있다.

참고

- 반드시 일반전화기는 전자식 전화기여야 하며 EXT, TEL LINE에 연결해서 사용할 경우에만 위의 기능이 동작한다.
- 일반 전화기로 수신을 조작할 수 있는 번호[* 2 *]는 다른 번호로 변경할 수 있다.

[그림 4-18] 다른 전화기에서 팩스를 수신방법

16) 리스트 출력

각종 기능의 설정상태, 팩스 송·수신내역, 전호번호와 이름의 등록상태 등을 해당 리스트를 통해 확인할 수 있다.

- 전화번호 LIST(TELEPHONE NUMBERS LIST) : 현재 메모리에 저장되어 있는 원터치, 단축다이얼, 그룹다이얼, 프로그램 통신내용을 볼 수 있는 리스트이다.
- 기본 기능 리스트(SYSTEM DATA LIST) : 각종 기본 기능들이 현재 어떻게 설정되어 있는지 볼 수 있는 리스트이다.
- 송신 결과표(MASSAGE CONFIRMATION REPORT) : 가장 최근에 보낸 송신결과를 보여준다. 팩스를 보낼 때마다 송신이 완료된 후 이 리스트가 자동으로 출력되게 하려면 기본 기능 설정변경을 하시면 된다.
- 송신관리 리포트(TRANSMISSION JOURNAL) : 최근에 보낸 팩스 송신현황을 보여준다. 송신횟수가 50회가 되면 자동으로 출력되게 할 수 있고, 필요할 때마다 출력하여 뽑아 볼 수도 있다. 자동으로 출력되게 하려면 기본 기능 설정변경을 하면 된다.
- 수신관리 리포트(RECEPTION JOURNAL) : 최근에 받은 팩스 수신현황을 보여준다. 수신횟수가 50회가 되면 자동으로 출력하게 할 수 있고, 필요할 때마다 출력하여 뽑

아 볼 수도 있다. 자동으로 출력되게 하려면 기본 기능 설정변경을 하면 된다.

- 예약정보 리포트(DELAYED DIAL LIST) : 지정된 시각이 되면 사람이 없어도 자동으로 송신 또는 폴링되도록 설정해 놓은 내용을 볼 수 있는 리스트이다.
- 정전 리포트(POWER FAILURE REPORT) : 정전이나 기타 이유로 전기가 나갔다 들어오면 메모리에 기억되어 있던 내용들이 지워진다. 이런 경우에 전기가 다시 들어오면 정전 리포트가 자동으로 출력된다.
- 다중 통신 리포트(MULTI COMMUNICATION REPORT) : 다중 통신기록이나 그룹다이얼 기능을 사용하여 동일 원고를 한 군데 이상 보낸 경우 송신이 완료되면 자동적으로 출력되는 것으로 송신결과를 담고 있다.
- 중계 결과 통보 리포트(RETURN REPORT) : 다른 팩스기에 중계송신을 요청했던 경우 중계송신이 완료되면 자동적으로 출력되는 리포트로써 송신을 중계했던 중계국에서 송신이 완료된 후 결과를 알려주는 리포트이다.

17) 고급기능 사용법

팩스를 보다 효율적이고 경제적으로 사용하기 위함이다.

[표 4-9] 동시 수행 기능의 요약

현재 실행 동작	동시 실행 가능 동작
메모리 대행 수신	송신예약, 일반 기능설정
메모리 송신	문서복사, 리포트 출력, 송신예약, 일반 기능설정
송신예약	메모리 송신, 메모리 대행 수신
리스트 출력	송신예약, 메모리 송신, 메모리 대행 수신
문서복사	메모리 송신, 메모리 대행 수신
일반 기능설정	메모리 송신, 메모리 대행 수신

(1) 고급기능의 종류

- 복수기능
- 시각예약 송신
- 다중 송신
- 사서함 송신

- 폴링 송·수신
- 중계송신
- 프로그램 송신

(2) 복수기능

어떠한 기능을 수행하고 있는 동안 다른 기능을 실행할 수 있는 기능으로 현재 실행중인 동작이 끝날 때까지 기다리지 않아도 되므로 시간이 절약된다.

18) 메모리 송신/다중 송신

송신할 내용이 메모리에 저장되었다가 송신되므로 동일한 원고를 여러 곳으로 송신할 수 있다. (다중 송신), 또한 송신이 완료될 때까지 기다릴 필요가 없다.

주의 현재 메모리에 다중송신이 예약되어 있다면 다중 송신을 사용할 수 없다.

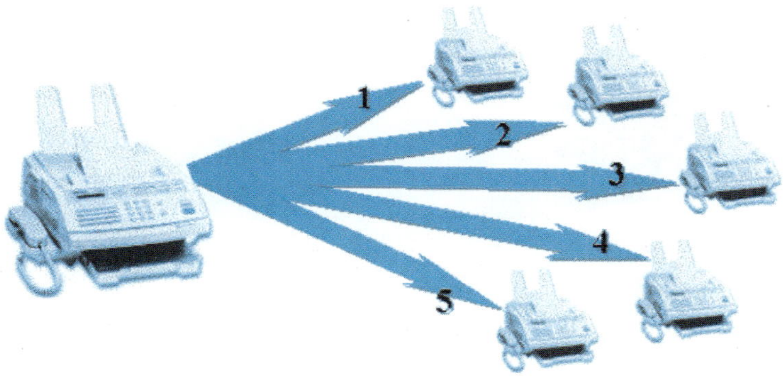

[그림 4-19] 팩스의 다중 송신

19) 시각예약 송신

상대방 팩스 번호와 팩스를 보낼 시각을 미리 지정해두면 사람이 없어도 지정된 시각에 팩스가 자동으로 송신된다.

참고

- 원고를 메모리에 저장하지 않으면 예약된 시각에 송신이 될 때까지 팩스기에 원고가 계속 들어 있으므로 다른 원고를 송신할 수 없다.
- 원고량이 많아 메모리가 부족하면 'MEMORY FULL'이라고 표시된 후 대기상태가 되므로 원고량을 줄이든지 두 번으로 나누어 송신한다.

- 예약송신이 끝나면 메모리에 저장된 내용은 자동으로 지워진다.
- 이미 지나간 시각을 지정하면 다음날 지정된 시각에 송신한다.
- 이름을 입력시켜두면 예약정보 리스트, 통신결과 리스트 등에 기록되므로 예약을 취소하거나 통신관리를 할 때 쉽게 구분할 수 있다.
- 예약송신을 취소하거나, 송신이 예약된 원고에 새 원고를 추가하고자 할 때에는 예약정보 리스트를 출력하여 실행번호를 확인한 다음 작업을 하시기 바란다.

20) 폴 링

팩스를 보내는 곳에서는 원고를 넣어 놓고 폴링(Polling) 송신상태를 맞춰 놓기만 하면 팩스를 수신할 곳에서는 전화를 걸어 송신측의 원고를 수신할 수 있다. 요금은 수신자 측에서 부담하게 되며 무단 수신을 방지하기 위하여 비밀번호를 사용한다.

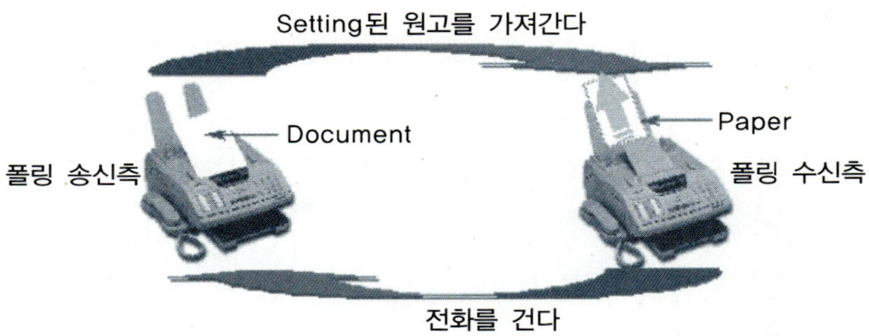

[그림 4-20] 팩스의 폴링

(1) 폴링 송신

팩스기에 원고를 넣고 폴링 송신상태로 설정해 두면 사람이 없어도 상대방이 원하는 시각에 수신해 가는 기능이다.

(2) 폴링 수신

상대방 팩스기에 폴링 송신을 해둔 원고를 필요로 할 때 수신해 오는 기능이다.

(3) 폴링 수신예약(Delay Polling)

폴링 수신시각을 미리 지정해 두면 사람이 없어도 지정한 시각에 자동으로 수신하는 기능이다.

(4) 폴링 송신예약(Dalay Polling)

한번만 폴링 수신을 설정해 두면 매일 같은 시각에 상대방 팩스에 들어있는 원고를 수신해 오는 기능이다.

21) 각종 모드 진입방법

(1) Tech Mode 역할 및 진입방법

- 교신 관련 Option 조정가능
- Protocol Dump List출력 가능
- 교신 시 Monitor Line 가능
- 교신 에러 발생시 좀더 세분화된 에러 발생 표시
- Tech Mode 진입가능 : System List

  Memory Clear, TPH, Modem, Switch, RAM, ROM, Lamp, CIS, Pattern Test 등

(2) SAMSUNG Model

기능선택(Function, 설정, 메뉴)# 1 9 3 4

06 기술구성

OA 자동화에 사용되는 기본적인 OA 기기의 H/W 동작원리를 알아본다.

LCD 프로젝터의 원리는 다음과 같다.

(1) 단판식

R · G · B 3색의 컬러 필터를 장착한 액정 패널 1장으로 이루어져 있다. 단판식 액정 프로젝터는 램프에서 발산된 백색광을 컬러 필터를 장착한 액정 패널에 통과시켜, 심플하고 저가, 경량의 잇점이 있지만, 컬러 필터에 의한 빛의 손실이 많기 때문에 고휘도화 제품제작이 어렵고 냉각방식에도 맹점이 있다.

(2) 3판식

램프에서 발광된 백색광을 다이크로익 미러(Dichroic mirror)를 통해 R · G · B로 분리한 다음 각 광로에 배치된 모노 액정 패널을 거쳐 다이크로익 미러에 의해 재합성되어

투사 렌즈를 통해 스크린에 투사하는 방식이다. 3판식은 컬러필터라 없어 필터에 의한 빛의 손실이 없어 고휘도의 액정 패널을 사용하더라도 우수한 해상력을 갖는다. 그러나 백색광을 분리, 합성하는 광학계 및 R·G·B의 각 광로에 3판의 액정이 필요하므로 가격이 비싸다.

05장

복합기(DMFP) 구성 및 기술

01 복합기 시스템

복합기 시스템의 메인 보드(Main board)로서 SYS 보드를 포함하여 [그림 5-1]과 같이 구성된다.

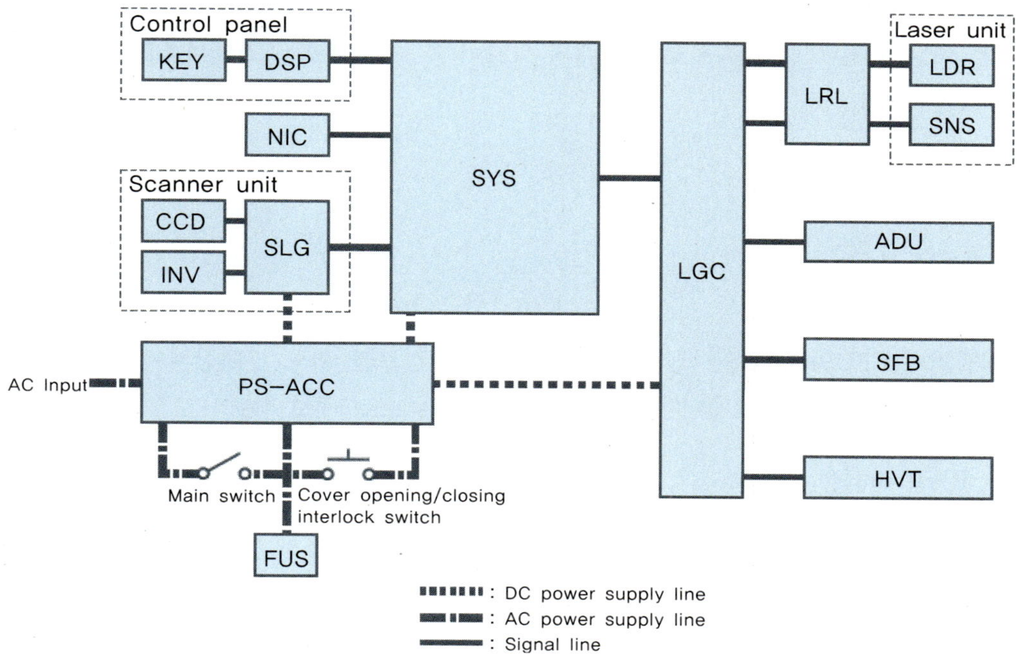

[그림 5-1] 복합기 시스템의 구성

CHAPTER 05

02 복합기 시스템의 각 보드의 기능

1) 스캔 시스템 부분

(1) CCD 보드

원본에 의해 반사된 빛을 전기적 신호로 전환하는 보드이다. CCD와 그 주변회로로 구성되어 있다. CCD는 원본에서 반사된 빛을 아날로그 신호로 바꾸어 SLG 보드로 보낸다.

(2) SLG 보드

주로 스캔 기능(Scanner unit)을 조정하는 보드로써 스캐너 CPU, ASIC, 메모리(플래시 ROM과 SRAM), A/D 변환기, 모터드라이브의 드라이버로 구성된다. 원본을 스캔할 때 노출 램프와 스캔모터는 스캐너 CPU의 명령을 받아 작동한다.

CCD 보드에서 출력된 아날로그 신호는 A/D 변환기에 의해 디지털 신호로 변환한다.

이미지 처리는 ASIC(Application-Specific Integrated Circuit)에 의해 수행된다.

(3) INV 보드

노출 램프의 조명 컨트롤 회로가 탑재된 보드이다. 노출 램프는 스캐너-CPU의 명령을 받아 수행한다.

2) 제어 패널 부분

(1) DSP 보드

주로 조작부를 컨트롤하는 보드이다. 각 버튼과 터치패널에서 입력되는 신호를 검출하는 패널처리 CPU와 LCD의 백라이트를 위한 조명 컨트롤 회로가 내장되어 있다. 또한 조작부의 조작신호를 SYS 보드에서 LCD와 KEY 보드로 내보낸다.

(2) KEY 보드

조작부의 각 버튼 스위치와 LED가 탑재된 보드이다.

3) 레이저 유니트 부분

(1) LDR 보드

레이저 다이오드(Diode)와 ASIC가 탑재된 보드이다. 레이저는 LGC 보드에 있는 ASIC에서 나오는 출력 이미지 데이터 신호에 기초하여 방출된다.

(2) SNS 보드

레이저의 방사위치를 검출하는 광센서가 탑재된 보드이다. H-Sync 신호를 LGC 보드의 ASIC에 출력한다.

(3) LRL 보드

LGC 보드와 레이저 Unit(LDR 및 SNS 보드) 사이에서 전송되는 각각의 신호를 중계한다.

4) SFB 보드

회로 패턴이 인쇄되는 보드이다. 보조장치의 슬라이드 가이드의 위치를 감지한다.

5) ADU 보드

LGC 보드상의 ASIC와 ADU 내의 전기부품(모터, 센서, 클러치) 사이의 각각의 신호를 중계한다.

6) IH 보드(Hudson, Denali)

스위칭 전원 공급장치를 통하여 AC 전력 입력으로부터 현상장치의 IH 코일을 구동하는 전력을 발생하는 보드이다.

7) SYS 보드

전체 시스템에서 주도적 위치를 차지하는 메인 보드이다. 시스템-CPU, ASIC, 메모리(DIMM, SDARM, Flash ROM, SRAM, NVRAM), RTC(Real Time Clock) IC 등으로 구성된다.

시스템-CPU는 각 ASIC가 이미지 처리, 이미지 메모리(페이지 메모리, 메인 메모리, HDD), 외부 인터페이스(IEEE-1284, USB, PCI), NIC와 팩스에 대한 컨트롤을 수행하는 각각의 ASIC를 제어한다.

조작부에서 입력된 데이터에 기초하여 시스템-CPU는 SLG 보드에 있는 스캔-CPU와 LGC 보드에 있는 엔진-CPU와 통신하며 다음 스캐너와 프린터 엔진 섹션에 조작명령을 내보낸다.

8) LGC 보드

주로 인쇄기능(프린터 엔진)을 제어하는 보드이다. 엔진-CPU, ASIC, 메모리(Flash ROM, SRAM, NVRAM), 모터 드라이브를 위한 드라이버 등으로 구성된다.

엔진-CPU는 시스템 각 섹션의(전기부품들에 대한) I/O를 구동하는 각각의 ASIC을 제어한다. 레이저 장치(Laser unit), 현상기 장치(Developer unit), 드럼(Drum), 서랍(Drawers), 보조장치(Bypass unit), ADU 등의 조작을 실행함으로써 인쇄가 수행된다.

9) NIC 보드

PC와의 통신이 이루어지도록 설비와 LAN 환경(10BASE-T, 100BASE-TX)을 연결해 주는 인터페이스 보드이다.

10) FIL 보드

외부로부터 들어오는 교류전력의 노이즈를 차단하고 각 섹션(스캐너와 드럼)의 응축을 예방하는 습기 히터(Damp heater)에 구동용 교류전력을 공급하는 보드이다.

11) FUS 보드

각 섹션(스캐너와 드럼)의 응축을 막기 위한 습기 히터에 구동용 교류 전력을 공급하는 보드이다.

12) HVT 보드

메인 전하기(Main charger), 현상기(Developer), 전사(Transfer), 분리(Separation) 등 섹션에 편향을 주기 위해 +24V 이상의 고압 직류를 내는 보드이다.

13) PS-ACC 보드

외부로부터 입력되는 교류전력으로부터 설비에 사용되는 각각 다른 직류 전압을 발생시키는 단위 설비의 각 전기부품에 공급된다.

14) DRV 보드(Color 기종 : Mckinley, Denali)

리졸버(Revolver) 모터를 제어하기 위한 보드이다. 퇴출(Exit) 모터는 가동한다.

03 현상 시스템

1) Rhone, RhoneII 계열 현상장치

이 시스템의 현상장치는 드럼 클리닝 브레이드에 의해 닦아 내어진 회수된 토너를 회수해 재생하는 회수 토너 공급 메커니즘을 가지고 있다. 현상장치는 메인 모터에 의해 구동되어 믹서와 현상 슬리브를 회전시킨다.

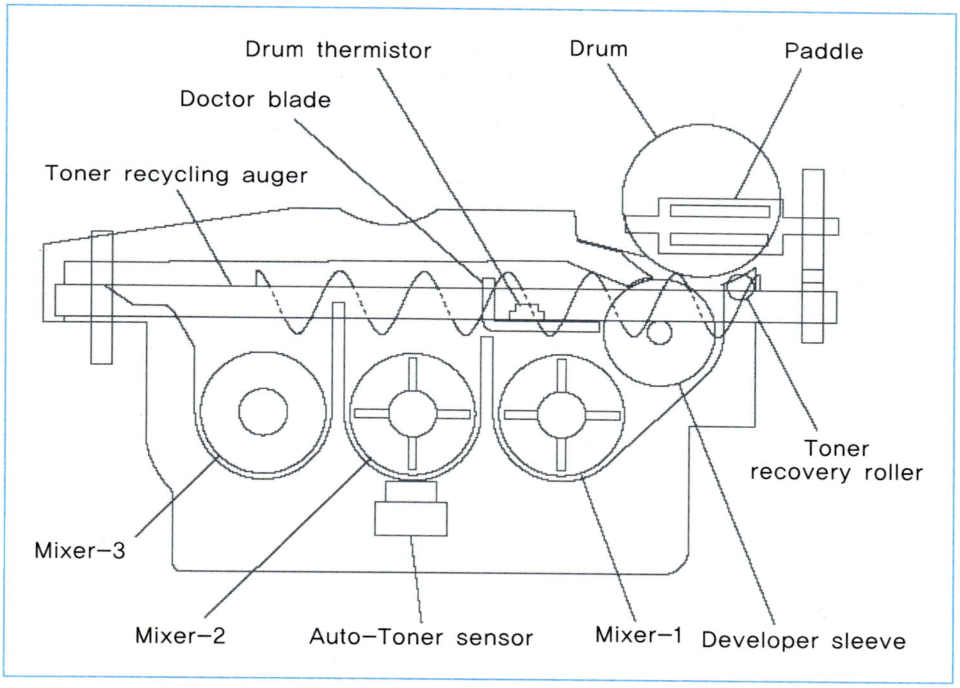

[그림 5-2] Rhone계열 현상장치

[그림 5-3]은 회수 토너 공급 메커니즘을 나타낸 것이다.

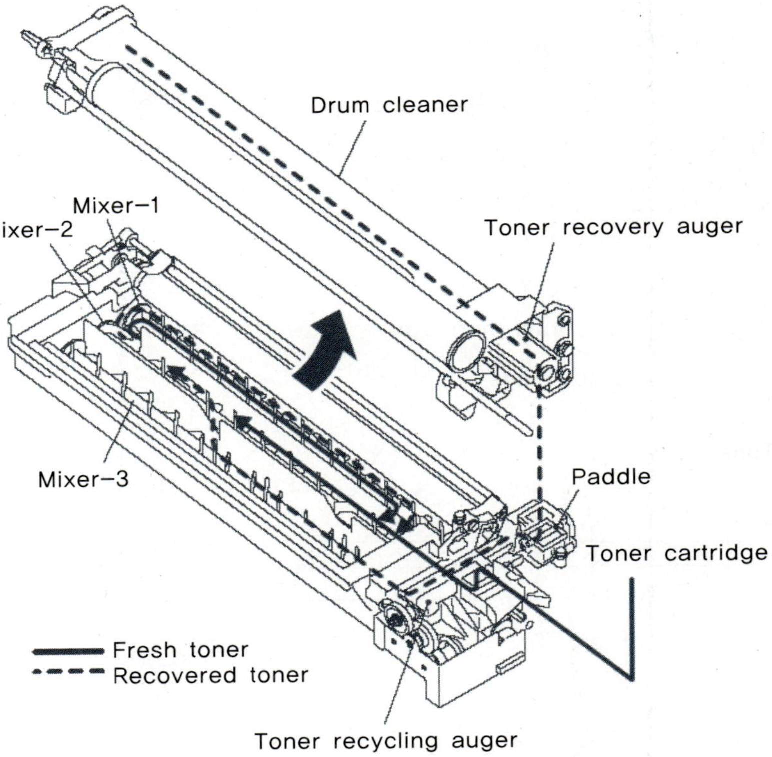

[그림 5-3] 회수 토너 공급 메커니즘

① 신규 토너(Fresh toner) 경로

Toner cartridge → Mixer2 → Mixer1(새 Toner + 회수 Toner) → 현상 슬리브

② 복구 토너(Recovered Toner) 경로

Drum cleaner → Toner recovery auger → Paddle → Toner recycling auger → Mixer3

2) Hudson, HudsonII 계열 현상장치

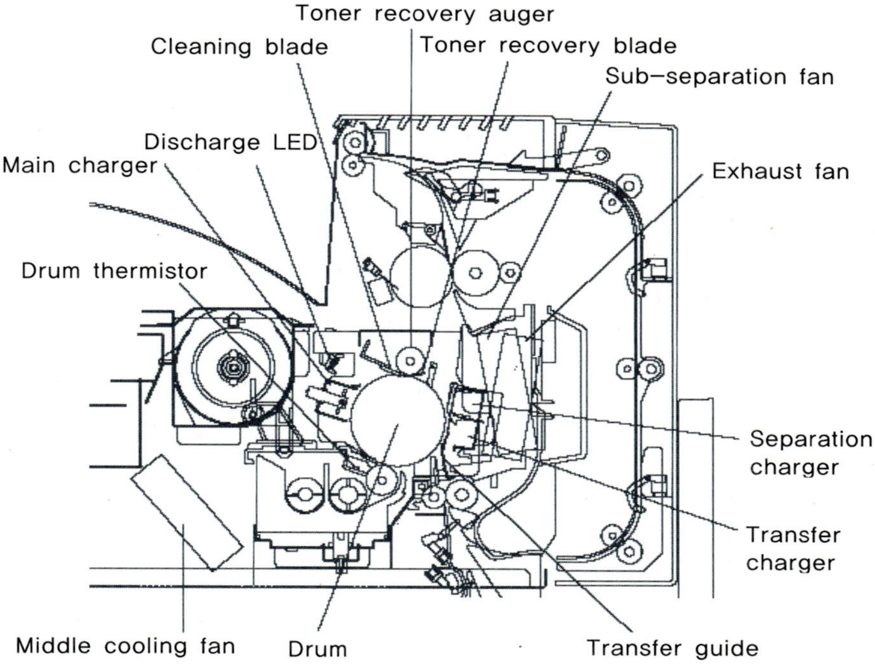

[그림 5-4] Hudson 계열 현상장치

(1) Mixer-1, Mixer-2

현상제가 교반하면 마찰이 생긴다. 캐리어(현상제)는 (+)전하를 띠고 토너는 (−)전하를 띠게 되며 마찰에 의해 생긴 정전기에 의해 드럼 표면에 이미지가 생성된다.

(2) 현상 슬리브(마그네틱 롤러)

현상재료를 흡수하는 역할을 하며 자기 브러시를 형성한다.

(3) 닥터 브레이드

현상재료의 자기 브러시가 드럼 표면에 정확히 접촉하도록 현상 슬리브에 의해 보내진 현상재료의 양을 조절한다.

(4) 자동 토너 센서

자기 브리지 회로를 사용하여 현상재료에서 토너의 포함비를 감지한다. 토너의 양이 충분하지 못하면 토너 모터가 구동되어 토너를 카트리지에 공급한다.

(5) 청소 날(Cleaning blade)

압력 스프링에 의해 일정한 힘으로 드럼 표면에 밀착되어 드럼 표면에서 잔류 토너를 제거한다.

(6) 토너 복구 날(Toner recovery blade)

회수된 잔류 토너를 토너 백으로 보낸다.

3) Denali, Mckinley 계열 현상장치

전사벨트에 4 가지의 컬러(Color)가 K→Y→M→C 순으로 현성된다.

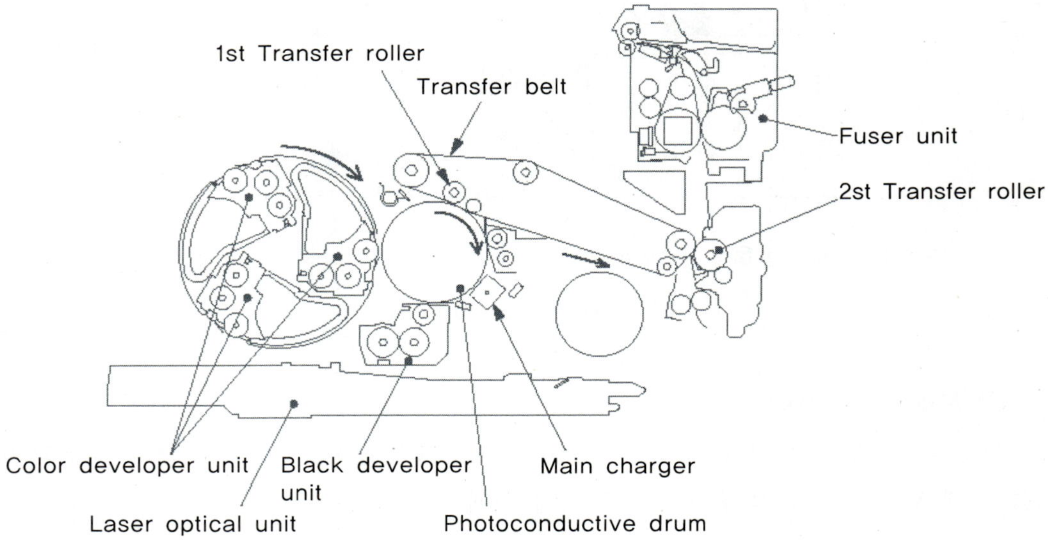

[그림 5-5] Denali, Mckinley 계열 현상장치

(1) 1차 전송 롤러(Transfer roller)

고전압 전원공급 기구로부터의 그 1 번째 전송바이어스가 형성될 때 토너는 감광 드럼에서 전송 벨트까지 옮겨진다.

(2) 2차 전송 롤러(Transfer roller)

고전압 전원공급 기구로부터의 그 2 번째 전송 바이어스가 형성될 때 토너는 전송 벨트에서 종이까지 옮겨진다.

04 제품 설치순서 및 각종 모드

1) 복합기(DMFP) 초기 설치방법

① 현상제 주입 후 전원 ON(현상제는 1 단 카세트에 위치함)
(조정 모드 자동 실행됨 : 기본 디폴트(Default) 전압값 2.34V ~ 2.45 사이로 자동 설정(Setting)됨)

② 약 2분 후 셋 토너 카트리지(Set Toner Cartrideg) 메시지 표시됨

③ 전면 커버를 열고 토너 셋팅함

④ 전면 커버를 닫으면 리부트 머신(Reboot the Machine) 메시지 표시됨

⑤ 전원 재인가 후 셋팅 완료됨

⑥ 전원 인가 후 용지설정 및 날짜, 시간설정

2) 에러 코드와 자기 진단 모드

"CLEAR PAPER"나 "CALL SERVICE" 심벌이 깜빡일 때 [CLEAR] 버튼과 숫자 KEY[8]을 동시에 누르면 스크린의 위쪽 우측에 에러 코드가 나타난다.

3) 센서 위치 및 각종 부품위치도

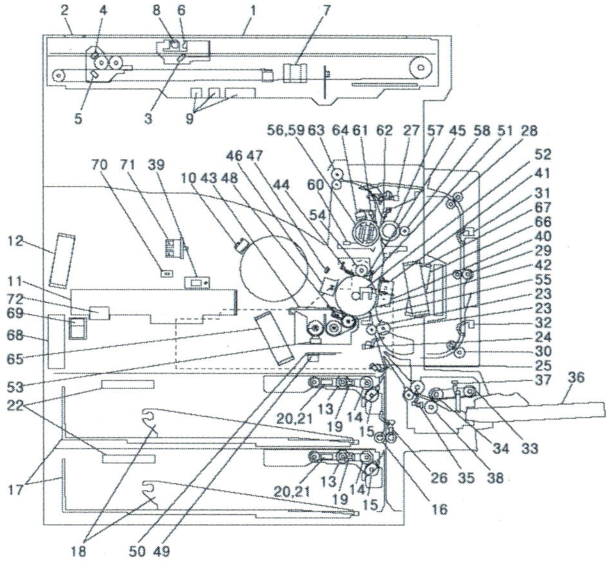

[그림 5-6] 센서 위치 및 각종 부품위치도(1)

[표 5-1] 센서 위치 및 각종 부품위치도 명칭(2)

번호	명 칭	번호	명 칭
1	Original glass	37	Bypass paper sensor
2	ADF original glass	38	Bypass separation roller
3	Mirror-1	39	Temperature/humidity sensor
4	Mirror-2	40	Transfer charger
5	Mirror-3	41	Separation charger
6	Reflector	42	Drum
7	Lens	43	Developer unit
8	Exposure lamp	44	Cleaning blade
9	Automatic original detection sensor	45	Recovery blade
10	Toner cartridge switch	46	Main charger
11	Laser unit	47	Discharge LED
12	Laser unit cooling fan	48	Drum thermistor
13	Drawer pickup roller	49	Drum damp heater thermostat
14	Drawer feed roller	50	Drum damp heater
15	Drawer separation roller	51	Separation finger for drum
16	Drawer transport roller	52	Toner bag full detection sensor-2
17	Drawer	53	Auto-toner sensor
18	Drawer tray	54	Toner recovery auger
19	Drawer tray-up sensor	55	Developer sleeve(magnetic roller)
20	Drawer empty sensor	56	Fuser roller
21	Drawer paper stock sensor	57	Pressure roller
22	Drawer damp heater(JPD only)	58	Cleaning roller
23	Registration roller	59	IH coil
24	Registration sensor	60	Main thermistor / Edge thermistor
25	Upper drawer feed sensor	61	Separation finger for fuser roller
26	Lower Drawer feed sensor	62	Separation finger for pressure roller
27	Exit sensor	63	Exit roller
28	ADU upper transport roller	64	Fuser thermostat
29	ADU middle transport roller	65	Middle fan
30	ADU lower transport roller	66	Exhaust fan
31	ADU entrance roller	67	Sub-separation fan
32	ADU exit roller	68	Power supply cooling fan
33	Bypass pickup roller	69	Main switch
34	Bypass feed roller	70	Front cover opening/closing switch
35	Bypass feed sensor	71	Cover opening/closing interlock switch
36	Bypass tray	72	Polygonal motor

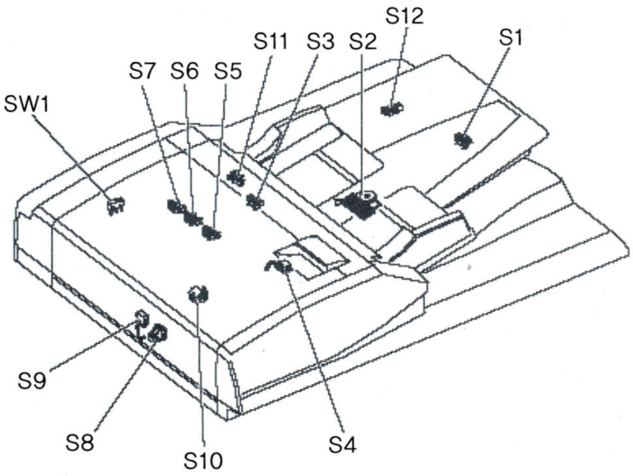

[그림 5-7] 센서 위치 및 각종 부품위치도

[표 5-2] 각 센서 기능

Symbol	Name	Function
S1	Original tray sensor	Detects the length of the original set on the original tray
S2	Original tray width sensor	Detects the width of the original set on the original tray
S3	Original empty sensor	Detects the original set on the original tray
S4	Original length detection sensor	Detects the length of the original
S5	Original registration sensor	Detects transport of the original at the registration roller section
S6	Original width detection sensor–1	Detects the width of the original
S7	Original width detection sensor–2	Detects the width of the original
S8	Original intermediate transport sensor	Detects the original transported to the Pre–scanning section
S9	Read sensor	Detects the leading edge of the original at the original scanning section
S10	Original exit / reverse sensor	Detects the exit(transit) of an original. Also detects the stop reference position for an original when in reverse.
S11	Jam access cover sensor	Detects opening / closing of the Jam access cover.
S12	PADF opening / closing sensor	Detects opening / closing of the PADF.
SW1	Jam access cover opening / closing switch	Switches between cutoff and supply state of the V power by opening / closing of the jam access cover.

CHAPTER 05

[표 5-3] 용지 JAM

에러코드	분류	내용
E010	용지 배출 잼	배출 센서에 도달하지 않음 : 정착기 unit를 지난 용지가 배출 센서에 도달하지 않음
E020		배출 센서에서 멈춤 : 용지의 후단부가 배출 센서를 지나지 않음
E030	기타 용지 잼	전원 ON시 잼 : 전원을 켰을 때 이송경로에 종이가 남아 있음
E090		HDD 이상 원인 잼 : 출력될 이미지 데이터가 준비되지 않음
E110	용지 오급지 잼	ADU 오급지(레지 센서에 용지가 도달하지 않음)
E120		바이패스 오급지(레지 센서에 용지가 도달하지 않음)
E130		상단 용지함(상단 용지함 급지 센서에 용지가 도달하지 않음)
E140		하단 용지함(하단 용지함 급지 센서에 용지가 도달하지 않음)
E200	용지 이송 잼	상단 용지함 이송 잼(레지 센서에 용지가 도달하지 않음)
E210		하단 용지함 이송 잼(정합 센서에 용지가 도달하지 않음)
E220		하단 용지함 이송 잼(상단 용지함 급지 센서에 용지가 도달하지 않음)
E400	커버 열림 잼	잼 액세스 커버 열림
E410		Front 커버 열림
E430		ADU 열림
E440		Side 커버 열림

[표 5-4] 잼 발생부분과 해당 센서와 커버 사이의 관계

잼 발생부분	커버	센서	테스트 모드/입력점검
정합부분	잼 액세스 커버	정합 센서	03-[FAX]ON/[2]/(A)
		상단 용지함 급지 센서	03-[FAX]OFF/[6]/(E)
배출부분	잼 액세스 커버	배출 센서	03-[FAX]ON/[2]/(B)
ADU	ADU	ADU 입구 센서	03-[FAX]OFF/[1]/(H)
		ADU 배출 센서	03-[FAX]OFF/[1]/(G)
바이패스 Unit	바이패스 Unit	바이패스 급지 센서	03-[FAX]ON/[4]/(F)
급지부분(메인 Unit)	사이드 커버	하단 용지함 급지 센서	03-[FAX]OFF/[7]/(E)

[표 5-5] RADF 잼 에러코드

에러코드	분류	내 용
E711	RADF 잼	원고길이 센서에 도달하지 않음 : 급지 트레이에서 급지된 원고가 원고길이 센서에 도달하지 않음
E712		정합 센서에 도달하지 않음 : 급지 트레이에서 급지된 원고가 원고길이 센서에 도달하지 않음
E713		원고길이 센서에서 멈춤 : 원고의 선단부가 원고길이 센서에 도달하고 나서 원고의 후단부가 이 센서를 지나지 않음
E714		급지신호 수신 잼 : 급지 트레이에 원고가 없는데도 급지 신호를 수신함
E721		리드 센서에 도달하지 않음 : 원고가 정합 센서(앞면 스캔시)나 리버스 센서(뒤면 스캔시)를 지난 후에 리드 센서에 도달하지 않음
E722		배출 센서에 도달하지 않음 : 리드 센서를 지난 원고가 스캐닝 부분에서 배출 부분으로 이송될 때 배출 센서에 도달하지 않음
E723		리버스 센서에 도달하지 않음 : 리드 센서를 지난 원고가 스캐닝 부분에서 리버스 부분으로 이송될 때 리버스 센서에 도달하지 않음
E724		정합 센서에서 멈춤 : 원고의 선단부가 정합 센서에 도달한 후 후단부가 정합 센서를 지나지 않음
E725		리드 센서에서 멈춤 : 원고의 선단부가 리드 센서에 도달한 후 후단부가 리드 센서를 지나지 않음
E726		이송 / 배출신호 수신 잼 : RADF가 노출 대기 위치에 원고가 없을 때 복사기에서 이송 / 배출 수신신호를 받음
E731		배출 센서에서 멈춤 : 원고의 선단부가 배출 센서에 도달한 후 후단부가 배출 센서를 지나지 않음
E741		리버스 센서에서 멈춤 : 원고의 선단부가 리버스 센서에 도달한 후 후단부가 리버스 센서를 지나지 않음
E742		리버스 센서(리버스 급지 도중)에 도달하지 않음 : 원고가 리버스 부분에서 급지될 때 원고의 선단부가 리버스 센서에 도달하지 않음
E743		배출 센서(리버스 급지 도중)에 도달하지 않음 : 원고가 리버스 부분에서 배출될 때 원고의 선단부가 리버스 센서를 지난 후에 배출 센서에 도달하지 않음

[표 5-6] ADU 및 기타 용지 잼

에러코드	분류	내용
E510	용지이송 잼(ADU 부분)	ADU 부분에서 멈춤 : 용지가 ADU 입력 센서를 지나 후에 ADU 배출 센서에 도달하지 못함
E520		ADU 입력 센서에 도달하지 못함 : 용지가 배출 센서에서 돌아선 후 ADU 입력 센서에 도달하지 못함
E530	기타 용지 잼	이송 경로에 용지가 남아 있는 경우 : 출력이 끝난 후 이송경로에 용지가 남아 있음

CHAPTER 05

[표 5-7] 서비스 CALL

에러코드	분류	내 용
C010	Main Drive	메인 모터 이상 : Main motor 오동작
C130	용지급지 관련 서비스 Call	상단 용지함 트레이 이상 : 상단 용지함 Tray 모터가 회전하지 않거나 Tray가 정상적으로 움직이지 않음
C140		하단 용지함 트레이 이상 : 하단 용지함 Tray 모터가 회전하지 않거나 Tray가 정상적으로 움직이지 않음
C260	스캐닝 관련 서비스 Call	피크 감지 에러 : Exposure 램프의 빛이 전원 ON시 감지되지 않음
C270		지정된 시간안에 홈캐리어 senser가 OFF되지 않음 캐리지가 지정된 시간 안에 홈 포지션 위치에서 이동하지 않음
C280		지정된 시간안에 홈캐리어 senser가 ON되지 않음 캐리지가 지정된 시간 안에 홈 포지션 위치에 도달하지 않음
C410	정착기 관련 서비스 Call	전원 ON시 Thermistor나 히터 이상 전원 ON시 Thermistor 서비스 Call의 이상이 감지되거나 지정된 시간안에 Fuser roller의 온도가 오르지 않음
C440		이상 판단 후 히터 이상 Fuser roller의 온도가 제어범위를 초과(자동으로 전원이 꺼짐)하거나 미치지 않음
C450		출력도중 Thermistor 이상 감지
C470		IH 초기화나 IH 전압 이상 : AC 입력이 IH Board 회로에 정상적으로 적용되지 않거나 입력전압이 높거나 낮음
C550	옵션 커뮤니케이션 관련 서비스 Call	RADF I / F 에러 RADF와 스캐너 사이에 커뮤니케이션 에러
C570		엔진 CPU와 IPC Board 사이에 커뮤니케이션 관련 에러
C580		IPC Board와 피니셔 사이의 커뮤니케이션 관련 에러
CA10	레이저 옵티컬 관련 서비스 Call	Polygonal Motor 이상 Polygonal Motor가 정상적으로 회전하지 않음
CA20		H-Sync 감지 에러 H-Sync 감지 PC Board가 레이저 빔을 감지하지 못함
C940	회로 관련 서비스 Call	엔진 CPU 이상 에러
C970	Process 관련 서비스 Call	고전압 트랜스포머 이상 메인 Charger의 누전감지
CB50	Finisher 관련 서비스 Call	스테이플 모터(스테이플 / 접지) 이상 스테이플 모터가 정상적으로 회전하지 않거나 스테이플러가 정상적으로 움직이지 않음
CB60		스테이플 Unit 이동 모터 이상

에러코드	분류	내 용
CF60	기타 서비스 Call	재생 토너 이송부분 잠김
F070	커뮤니케이션 관련 서비스 Call	시스템 CPU와 엔진 CPU 사이의 커뮤니케이션 에러
F090	기타 서비스 Call	SYS Board의 SRAM 이상
F091		SYS Board의 NVRAM 이상
F092		SYS Board의 SRAM과 NVRAM 이상
F100		HDD Format Error L HDD를 정상적으롱 초기화할 수 없음
F101		HDD 탈착 : HDD 연결 감지가 안됨
F102		HDD 시작 에러 : HDD가 "READY" 상태가 안됨
F103		HDD 전사 시간 초과 에러 : Reading / Writing이 지정된 시간안에 실행되지 않음
F104		HDD 데이터 에러 : HDD 데이터에서 이상이 감지됨
F105		HDD 기타 에러
F106		Point와 Print 파티션 에러
F107		/SHR 파티션 에러
F108		/SHA 파티션 에러
F110	커뮤니케이션 관련 서비스 Call	System CPU와 스캐너 CPU 사이의 커뮤니케이션 에러
F111		스캐너 응답 에러
F120	기타 서비스 Call	데이터 베이스 이상 데이터 베이스가 정상적으로 작동하지 않음

[표 5-8] 자가진단 모드

모드	시 작	내 용
컨트롤 패널 점검 모드	[0]+[1]+[POWER]	컨트롤패널의 모든 LED가 켜지고 모든 LCD 픽셀이 깜박인다.
테스트 모드	[0]+[3]+[POWER]	입력 / 출력 신호 상태를 점검
테스트 출력 모드	[0]+[4]+[POWER]	테스트 패턴 출력
조정 모드	[0]+[5]+[POWER]	각종 항목 조정
설정 모드	[0]+[8]+[POWER]	각종 항목 설정
리스트 출력 모드	[9]+[START]+[POWER]	Code 05와 08PM 지원 모드와 픽셀 카운터의 데이터 리스트 출력
PM 지원 모드	[6]+[START]+[POWER]	각 카운터 해제
Firmware 업데이트 모드	[4]+[9]+[POWER]	시스템 Firmware 업데이트 실행

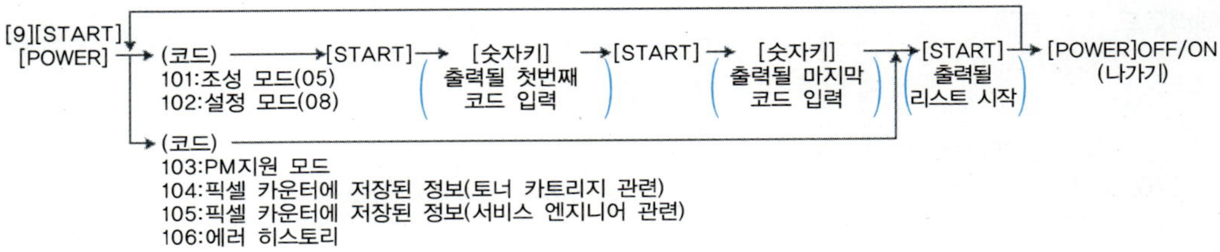

• PM 지원 모드(6S)

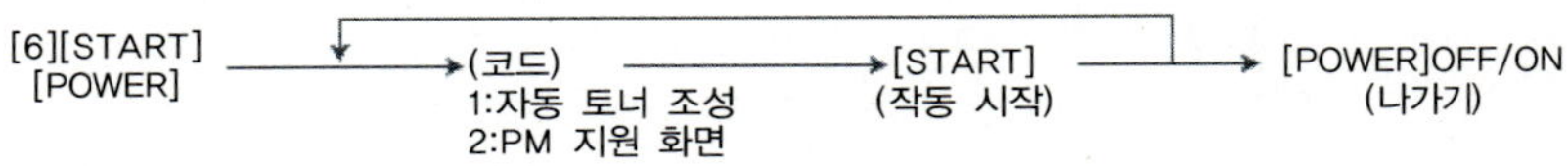

• Firmware 업데이트 모드(89) : "6. FIRMWARE 업데이트" 참조

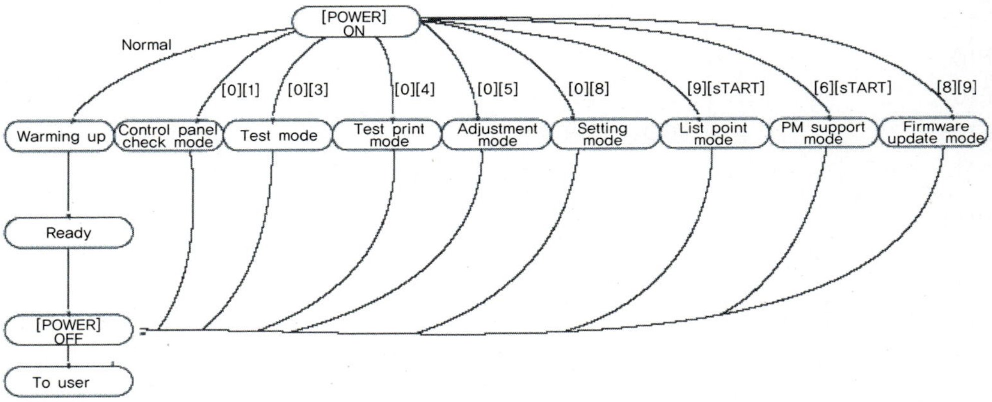

[그림 5-8] 자기진단 모드의 상태흐름도

(1) 조정 모드

"RAM"에서 코드가 저장되는 범위의 NVRAM이 나타난다. "M"은 LGC Board를 나타내고 "SYS"는 SYS Board를 나타낸다.

[표 5-9] 조정 모드

<table>
<tr><th>코드</th><th>분류</th><th colspan="2">항 목</th><th>기능</th><th>초기값
〈사용가능
수치〉</th><th>RAM</th><th>내 용</th></tr>
<tr><td>200</td><td>디벨로퍼</td><td colspan="2">Auto Toner Senser
자동조정
(Fuser 히터 ON)</td><td>ALL</td><td>–</td><td>–</td><td>수치가 증가하면 출력도 이에 따라 증가한다. 조정이 시작된 후 2분 후 수치가 변경되기 시작하고 2.34~2.45V 범위에서 자동 설정된다.</td></tr>
<tr><td>201</td><td>디벨로퍼</td><td colspan="2">Auto Toner Senser의
정정</td><td>ALL</td><td>164(Rhone),
128(Hudson)
〈0~255〉</td><td>M</td><td>자동 토너 센서 셋업의 컨트롤 수치를 05~200에서 정정한다.</td></tr>
<tr><td>305</td><td rowspan="4">스캐너</td><td colspan="2">2차 스캐닝 방향의
이미지 위치조정
(스캐너 부분)</td><td>ALL</td><td>128
〈0~255〉</td><td>SYS</td><td>수치가 "1"씩 증가하면 이미지는 용지의 후단부 쪽으로 약 0.137mm 이동한다.</td></tr>
<tr><td>306</td><td colspan="2">2차 스캐닝 방향의
이미지 위치조정
(스캐너 부분)</td><td>ALL</td><td>145
〈0~255〉</td><td>SYS</td><td>수치가 "1"씩 증가하면 이미지는 용지의 앞 쪽으로 약 0.0846mm 이동한다.</td></tr>
<tr><td>308</td><td colspan="2">왜곡 모드</td><td>ALL</td><td>–</td><td>–</td><td>캐리지를 조정위치로 움직인다.</td></tr>
<tr><td>340</td><td colspan="2">2차 스캐닝 방향의
배율조정
(스캐너 부분)</td><td>ALL</td><td>128
〈0~255〉</td><td>SYS</td><td>수치가 "1"씩 증가하면 2차 스캐닝 방향(급지방향에 수직)의 배율은 0.223mm씩 증가한다.</td></tr>
<tr><td>354</td><td rowspan="6">RADF</td><td rowspan="2">RADF 용지
정렬의 조정</td><td>단면
원고</td><td>ALL</td><td>10
〈0~20〉</td><td>SYS</td><td rowspan="2">수치가 "1"씩 증가하면 정렬량은 0.5mm씩 증가한다.</td></tr>
<tr><td>355</td><td>양면
원고</td><td>ALL</td><td>10
〈0~20〉</td><td>SYS</td></tr>
<tr><td>357</td><td colspan="2">RADF 이동속도
미세조정</td><td>ALL</td><td>50
〈0~100〉</td><td>SYS</td><td>수치가 "1"씩 증가하면
RADF 사용시 2차 스캐닝 방향의 비율은 약 0.1%씩 증가한다.</td></tr>
<tr><td>358</td><td colspan="2">RADF 사이드웨이
편차조정</td><td>ALL</td><td>128
〈0~255〉</td><td>SYS</td><td>수치가 "1"씩 증가하면
RADF에서 급지된 원고 이미지는 용지의 뒤쪽으로 약 0.0846mm 이동한다.</td></tr>
<tr><td>365</td><td rowspan="2">RADF 선단부
위치조정</td><td>단면
원고</td><td>ALL</td><td>50
〈0~100〉</td><td>SYS</td><td rowspan="2">수치가 "1"씩 증가하면
RADF에서 급지된 원고의 복사 이미지가 용지 후단부로 약 0.1mm 씩 이동한다.</td></tr>
<tr><td>366</td><td>양면
원고</td><td>ALL</td><td>50
〈0~100〉</td><td>SYS</td></tr>
</table>

코드	분류	항 목	기능	초기값 〈사용가능 수치〉	RAM	내 용
359	스캐너	RADF에서 스캐닝시 캐리지 위치조정	ALL	128 〈0~255〉	SYS	수치가 "1"씩 증가하면 RADF를 사용할 때 캐리지의 스위치가 원고급지 쪽으로 약 0.1mm 이동한다.
356	RADF	RADF 센서와 EEPROM 초기화의 자동조정	ALL	–	SYS	RADF 보드나 RADF 센서가 교체되면 조정과 초기화를 실행한다.
367		RADF 원고 가이드폭 조정(최소)	ALL	–	–	(05–356)을 실행하면 이 조정을 실행한다.
368		RADF 원고 가이드폭 조정(최대)	ALL	–	–	(05–356)을 실행하면 이 조정을 실행한다.
976	유지보수	복사기 번호입력	ALL	–	SYS	이 코드로 이 조정을 실행하면 설정 코드(08–995)도 자동으로 실행된다(10자리).

(2) 설정 모드

"RAM"에서 코드가 저장되는 범위의 NVRAM이 나타난다. "M"은 LGC Board를 나타내고 "SYS"는 SYS Board를 나타낸다.

[표 5–10] 설정 모드

코드	분류	항 목	기능	초기값 〈사용가능 수치〉	RAM	내 용
200	일반	날짜와 시간 설정	ALL	– 〈13자리〉	–	연도 / 월 / 일 / 요일 / 시간 / 분 / 초 "요일"–"0"은 일요일, 월요일부터 토요일까지 "1"에서 "6"
201	일반	데스티네이션	ALL	유럽 : 0 북미 : 1 일본 : 2	M	0 : 유럽 1 : 북미 2 : 일본
202	사용자 인터페이스	외장 카운터	ALL	0 〈0~3〉	M	0 : 외장 카운터 없음 1 : 코인 컨트롤러 2 : 카드 복사 키 3 : 복사 카운터 키
203	일반	라인 조정 모드	ALL	0 〈0~1〉	M	0 : 공장 선적시 1 : 라인 * 현장 : 반드시 "0" 선택

코드	분류	항 목	기능	초기값 〈사용가능 수치〉	RAM	내 용
205	사용자 인터페이스	자동 전원 절약 모드 타이머 설정	ALL	유럽 : 11 북미 : 11 일본 : 6 기타 : 11 〈1, 6~15〉	SYS	자동으로 전원 절약 모드로 전환하는 타이머 0 : 유효하지 않음 6 : 3분 7 : 4분 8 : 5분 9 : 7분 10 : 10분 11 : 15분 12 : 20분 13 : 30분 14 : 45분 15 : 60분
206	사용자 인터페이스	자동 Shut off 모드/ 슬립 모드	ALL		SYS	자동으로 전원이 꺼지거나 슬립 모드로 전환하는 타이머 0 : 30분 1 : 5분 2 : 10분 3 : 15분 4 : 20분 5 : 25분 6 : 30분 7 : 40분 8 : 50분 9 : 60분 10 : 70분 11 : 80분 12 : 90분 13 : 100분 14 : 110분 15 : 120분 16 : 150분 17 : 180분 19 : 240분 20 : 사용안함 • 초기값 35–일본 : 0 북미, 유럽 : 9 기타 : 9 45–일본 : 0 북미, 유럽 : 9 기타 : 9
252	유지보수	PM 카운터 표시의 현재값 / 0 클리어링	ALL	0 〈8자리〉	M	정합 센서가 커졌을 때 카운트업
253	유지보수	에러 히스토리	ALL	–	SYS	최근 20개 에러 데이터 표시
254	용지급지	LT ↔ A4 LD ↔ A3	PRT	1 〈0~1〉		데이터가 다르지만 비슷한 크기의 용지에 출력되거나 해당 용지가 없을 때 이용할수록 설정 0 : 유효(LT / LD가 선택되면 A4 / A3에 데이터 출력, 반대도 가능) 1 : 유효하지 않음(선택된 용지크기 사용 메시지 표시)
257	카운터	복사 카운터	ALL	– 〈1~2〉	–	1 : 전자 카운터 → 백업 카운터 2 : 백업 카운터 → 전자 카운터
263	네트워크	관리자 패스워드 (최대 6자리)	ALL	123456 〈6자리〉	SYS	6자리내에서 입력 가능(숫자만)
346	카운터	큰 규격용지의 카운터 설정(PM)	ALL	1 〈0~1〉	M	0 : 1로 카운터 1 : 2로 카운터

코드	분류	항 목	기능	초기값 〈사용가능 수치〉	RAM	내 용
400	퓨져	퓨져 유닛 에러 상태 카운터	ALL	0 〈0~19〉	M	0 : 에러 없음 1 : C410(한번) 2 : C410(연속 발생) 3 : – 4 : – 5 : C440 6 : C450 7 : 440 8 : 450 9 : C480 10 : C470 11 : C470 12 : C480 13 : C490 14 : C470 15 : C480 16 : C490 17 : 470 18 : C480 19 : C490
414	디벨로퍼	토너 농도 정정 설정	ALL	0 〈0~8〉	M	0 : 유효하지 않음 1 : +3Bit 2 : +63Bit 3 : +93Bit 4 : +123Bit 5 : –33Bit 6 : –63Bit 7 : +93Bit 8 : –123Bit
455	이미지 프로세싱	토너 공급량 정정 설정	ALL	0 〈0~2〉	M	토너 공급 도중 토너 모터 회전 시간의 기간 정정 0 : 100% 1 : 90% 2 : 80%
601	사용자 인터페이스	에너지 절약 모드의 설정	ALL	0 〈0~1〉	SYS	0 : 자동 Shut off 모드 1 : 슬립 모드
602	사용자 인터페이스	자동 전환 절약 모드와 자동 꺼짐 모드의 화면 설정	ALL	유럽 : 0 북미 : 1 일본 : 1 〈0~1〉	SYS	0 : OFF 1 : ON
610	사용자 인터페이스	컨트롤 패널의 키 터치 사운드	ALL	1 〈0~1〉	SYS	0 : OFF 1 : ON
658	사용자 인터페이스	바이패스 급지 출력의 자동 작업 시작 설정	PRT	0 〈0~1〉	SYS	바이패스 트레이에 정착시 자동으로 용지 급지 여부 설정 0 : OFF([START] 버튼을 눌러서 급지 시작) 1 : ON(자동 급지)
659	사용자 인터페이스	바이패스 급지 출력의 자동 작업 시작 설정	PPC	0 〈0~1〉	SYS	바이패스 트레이에 정착시 자동으로 용지 급지 여부 설정 0 : OFF([START] 버튼을 눌러서 급지 시작) 1 : ON(자동 급지)
662	일반	SMS 파티션의 클리어링	ALL	–	SYS	SMS 파티션 클리어 (Service Call[F106] 발생시 실행)
666	일반	/SHR 파티션 클리어링	ALL	–	SYS	전자 파일링 초기화

코드	분류	항 목	기능	초기값 〈사용가능 수치〉	RAM	내 용
667	일반	/SHR 파티션 클리어링	ALL	–	SYS	공유 파일 초기화
669	일반	시스템 전체 클리어링	ALL	–	SYS	시스템 NVRAM 부분 초기화
672	일반	부서 코드 초기화	–	–	SYS	부서 관리 정보의 초기화
673	일반	트라이얼 기간 설정	PRT/ CSN	FE 〈1~60〉	SYS	Trial 기간을 1에서 60일까지 설정 (초기값이 FE일 때만 유효)
690	일반	HDD 포맷팅	ALL	– 〈2〉	SYS	2 : 보통 Format
692	유지보수	패널 컬러브레이션	ALL	–	SYS	토치 패널 좌표 포인트 수정
693	일반	NIC 정보의 초기화	ALL	–	SYS	공장 설정 초기값으로 수치 복귀
694	일반	HDD 테스트 실행	ALL	–	–	베드 섹터 점검
969	사용자 인터페이스	에러 사운드	ALL	1 〈0~1〉	SYS	0 : OFF 1 : ON
970	사용자 인터페이스	절전 모드 진입시 사운드 셋업	ALL	일본 : 0 기타 : 1 〈0~1〉	SYS	0 : OFF 1 : ON
481	용지 공급	용지 공급원의 자동 변경	PRC	1 〈0~2〉	SYS	지정된 용지함에 용지가 떨어졌을 때, 동일한 용지가 있는 다른 용지함으로 자동으로 변경되는지 여부 설정 0 : OFF 1 : ON(동일한 용지 방향과 크기일 경우 용지함 변경) Ex : A4에서 A4 2 : ON(동일한 용지 크기의 용지함으로 변경, 동일한 크기에만 다른 방향의 용지도 수용) Ex : A4에서 A4-R, LT-R에서 LT 스테이플 / 홀펀치가 지정되면 “1”이 적용된다.

CHAPTER 05

(3) 팩스 조정

[표 5-11] 팩스 설정 모드

코드	항 목	초기값	셋팅	내 용
116	T1 Timer 조정	3	0 : 60초 1 : 35초 2 : 90초 3 : 55초 4 : 115초	해외 교신시 유용함 다이얼 후 상대방 FAX로부터 DIS 신호를 받아들이는 데까지 걸리는 시간 조정
117	Dial Stop After T1	1	0 : OFF 1 : ON	코드 116(T1 Timer 조정)에서 정해진 시간에 상대방으로부터 DIS 신호를 받지 못할 경우 에러로 처리할 것인가? 재다이얼할 것인가?를 묻는 것으로써 기본값이 1(에러)로 되어 있는데 0(리다이얼)로 변경하는 것이 좋다.
128	재다이얼 횟수	5	0 : 재다이얼 안함 1 : 1번 재다이얼~ 14 : 14번 재다이얼	재다이얼 횟수를 변경할 경우 사용
135	재다이얼 간격	1	0 : Default(3min) 1 : 1min~15 : 15min	재다이얼 사이의 간격을 설정
203	다이얼 타입	1	0 : DF 1 : MF	다이얼 타입을 선택
335	초기 모뎀 속도설정	1	0 : 2400bps 1 : 14.4kbps(v.17) 4 : 4800bps 5 : 12kbps(v.17) 8 : 9600bps 9 : 9600bps(v.17) 12 : 7200bps 13 : 7200bps(v.17)	초기 모뎀 속도설정
357	송신결과 리포트 출력	2	0 : OFF 1 : 매번 2 : 에러 시	팩스 송신시 결과 리포트 안나오게 혹은 에러시 매번 출력되게 하는 기능
372	자동 수신 벨 횟수	2	0 : Once 1 : Once~15 : 15번	수신벨 횟수 조정
373	스피커 볼륨	3	0 : Level 0(Min)~ 7 : Levle 7(Max)	온 훅 상태에서 스피커 볼륨 조정
391	ECM 기능	1	0 : OFF 1 : ON	ECM 기능의 ON / OFF
519	수신된 문서의 용지 선택	1	0 : A4 1 : LT	0으로 설정 권장

코드	항 목	초기값	셋팅	내 용
567	TX Level 조정	10	0 : 0dB 1 : −1dB~1.5 : −1.5dB	선로 상태가 좋지 않을 경우 −9dB가 좋은 설정방법
569	모뎀 스피드 조정	14	0 : V.34 사용안함 6 : 14.4kbps 9 : 21.6kbps 12 : 28.8kbps 14 : 33.6kbps	해외 교신 또는 국내 교신시 에러가 많이 발생하면 속도를 낮추는 것도 좋다.
575	수신시 종료 톤음 설정	1	0 : OFF 2 : 수신이 끝나고 프린팅이 되었을 때 2 : 수신이 끝났을 때	수신시 종료 톤 음의 타이밍

① Fax Board를 추가 장착 뒤에 있다면

- 국가설정 [0]*[8]*[POWER] 701을 (USA)번으로 셋팅한다.
- 메모리클리어 [1]+[*]+[POWER] 100입력하고 [시작]눌러 초기화한다.
- 수신 문서 용지선택 [1]+[3]+[POWER] 519 입력하고 "0"으로 셋팅한다.

② 해외 송신시 팁. 9860bps로 교신되도록 설정하기 위해서는 팩스버튼을 누른 후 터치패널의 부가기능/옵션의 "고품질 송신" or "송신품질"을 ON 설정하고 송신하면 된다. 필요시마다 설정뒤에 한다.

③ 팩스 메모리 송신을 하기 위해서는 평판이나 RADF에 원고를 올려 놓고 팩스버튼을 누른 다음 상대방 전화번호를 누른 후 바로 시작 버튼을 누르면 된다.

주의 모니터 버튼을 눌러 송신을 할 때에는 메모리 송신이 되지 않는다.

④ 팩스 유지보수 기능 리스트 출력방법

- SCX-7100 계열 : 팩스−설정 리스트 *f**33 시작
- SCX-73/7500 계열 : 사용자 메뉴−사용자−리스트−*#**33−시작

⑤ 메모리 수신된 용지 Size가 LT−R일 때 수동 출력방법

㉮ SCX-7100 계열

- 상태확인 버튼을 누른다.
- 작업 리스트에 LT-R로 메모리 수신된 Data Line을 선택한다.
- 용지함을 눌러 삼단 또는 하단의 카세트를 선택한다.
- 시작 버튼을 메모리 수신된 데이터를 출력한다.

CHAPTER 05

㉯ SCX-7300/7500 계열

- 작업 상태 버튼을 누른다.
- __ 아이콘을 선택하고 리스트에 LT-R로 메모리 수신된 Data Line을 선택한다.
- 상태 아이콘을 눌러 카세트를 선택한 후 용지를 LT-R로 변경한다.
- 선택한 용지함을 열어 A4용지를 A4-R방향으로 셋팅한다.
- 시작 버튼을 메모리 수신된 데이터를 출력한다.

주의 상태 아이콘에서 선택한 카세트의 실제 용지가 A4방향이더라도 출력은 되지만 데이터 하단부가 잘린다.

향후 출시될 SCX-74/7600 계열에서는 출력도중 JAM이 발생되므로 위의 순서를 반드시 지킨다.

위와 같이 LT-R로 메모리 수신되는 이유는 FAX Board설치 후 국가설정을 USA로 하기 때문인데 카세트를 Default상태(상단 A4/하단 A3)로 사용할 경우에는 문제가 발생하지 않으나, 상_하단 카세트를 모두 A4로 사용할 경우 발생되는 현상이므로 메모리 수신된 데이터 출력 후에는 반드시 해당 코드값을 변경하여 문제가 발생되지 않도록 하시기 바란다.

⑥ A4 용지로만 수신받고 싶다면

[1+8]519=0&[0+8]689=1로 설정하고 A4카세트에 [FAX] 용지함으로 지정한다.

(4) 조 정

디벨로퍼가 교체되면 다음의 과정에 따라 자동 토너 센서를 조정한다.

과정 : 조정 모드(05-200)

1 프로세스 유닛을 복사기에 설치한다.

참고

- 토너 카트리지를 설치하지 않는다.

2 [0]과 [5]를 동시에 누른 채 전원을 켠다. 다음 메시지가 나타난다.

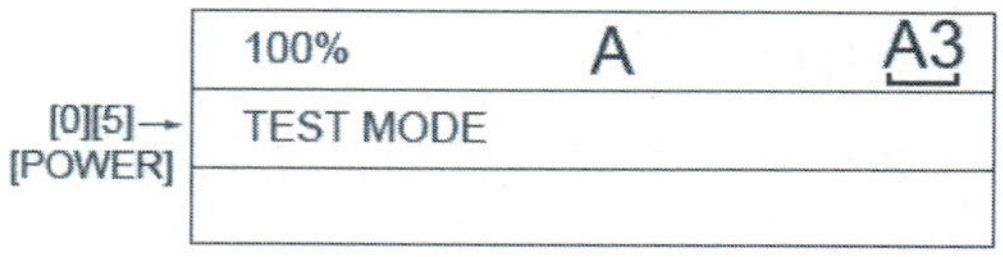

[그림 5-9] [0]과 [5]를 동시에 누를 때 메시지

③ 코드 [200]을 입력하고 [START] 버튼을 누른다. [그림 5-10]과 같이 표시가 변경된다.

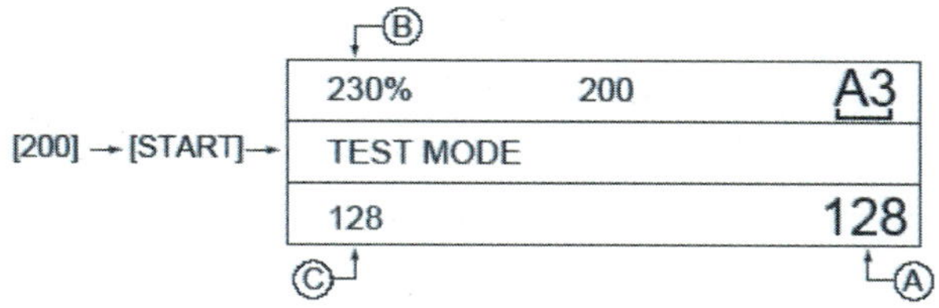

[그림 5-10] 코드 [200]을 입력할 때

참고

- A는 자동 토너 센서 출력의 제어 수치를 나타낸다. Up 또는 Down 버튼을 눌러 수치를 변경한다.
- B는 자동 토너 센서의 출력전압을 나타낸다(위의 경우 2.30V).
  드럼, 디벨로퍼 유닛 등이 작동한다.
- C는 최근 조정수치를 나타낸다.

④ 약 2분 후 B의 수치가 자동으로 바뀌기 시작한다.

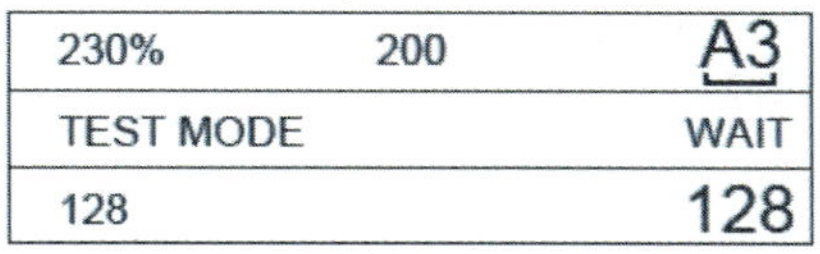

[그림 5-11] 약 2분 후 B의 수치가 자동 교체

⑤ 잠시 후 B의 수치가 조정되고 [그림 5-12]와 같이 표시가 변경된다.

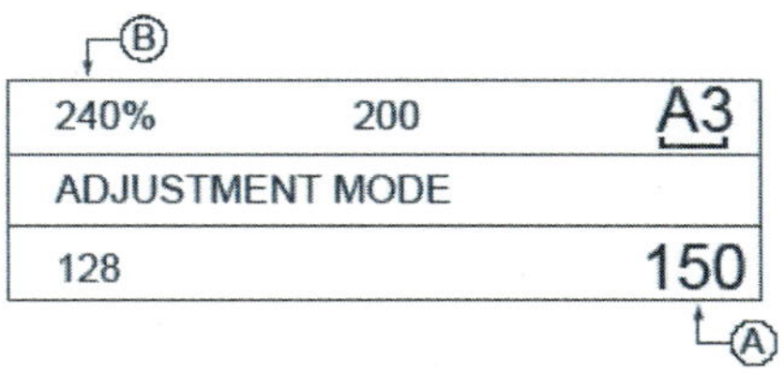

[그림 5-12] 잠시 후 B의 수치가 조정

⑥ B의 수치가 235에서 245의 범위에 있는지 점검한다(자동 토너 센서의 출력 전압의 범위는 2.35V에서 2.45V이다).

⑦ B의 수치가 235에서 245의 범위 내에 있지 않으면, Up이나 Down 버튼을 눌러 수동으로 수치를 조정한다.

참고

- 버튼과 수치 A와 B의 관계는 다음과 같다.

누르는 버튼	수치 A	수치 B
Up	증가	증가
Down	감소	감소

⑧ [ENTER] 또는 [INTERTUPT] 버튼을 누른다. 드럼, 디벨로퍼 유닛 등이 멈추고 다음이 표시된다.

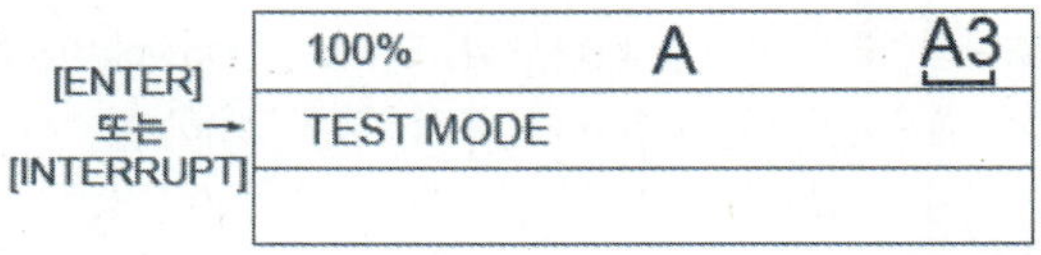

[그림 5-13] [ENTER] 또는 [INTERTUPT] 버튼을 누른 후 표시

⑨ 전원을 끈다.

⑩ 토너 카트리지를 설치한다.

(5) 이미지 치수조정

이미지 치수조정에는 다음과 같은 몇몇 조정항목들이 있다. 이들 항목을 조정할 때에는, 다음의 조정 순서를 반드시 지켜야 한다.

[표 5-12] 이미지 치수조정

조정할 항목		모드 05의 코드
① 정합 롤러에서 용지 정렬		448, 449, 450, 452, 455, 457, 458, 460, 461, 462, 463, 469, 470, 471, 472, 473, 474
② 프린터 관련 조정	(a) 초기 스캐닝 방향의 배율 (polygonal 모터 회전속도의 미세조정)	401
	(b) 초기 스캐닝 데이터 레이저 쓰기 시작 위치	411
	(c) 2차 스캐닝 방향의 배율 (메인 모터 회전속도의 미세조정)	421
	(d) 2차 스캐닝 데이터 레이저 쓰기 시작 위치	441, 440, 444, 443, 442, 445
	(e) 양면 복사에서 초기 스캐닝 데이터 레이저 쓰기 시작 위치	498

조정할 항목		모드 05의 코드
③ 스캐너 관련 조정	(a) 이미지 왜곡	–
	(b) 초기 스캐닝 방향의 배율	405
	(c) 초기 스캐닝 방향의 이미지 위치	306
	(d) 2치 스캐닝 방향의 배율	340
	(e) 2치 스캐닝 방향의 이미지 위치	305
	(f) 상단 마진	430
	(g) 우측 마진	432
	(h) 하단 마진	433

1. [0]과 [5]를 동시에 누른 채로 전원을 켠다. → (조정 모드)
2. [1]을 누른다. [FAX](10mm 사각형의 그리드 패턴이 출력된다. 아래쪽 용지함에서 A3/LD를 사용한다.

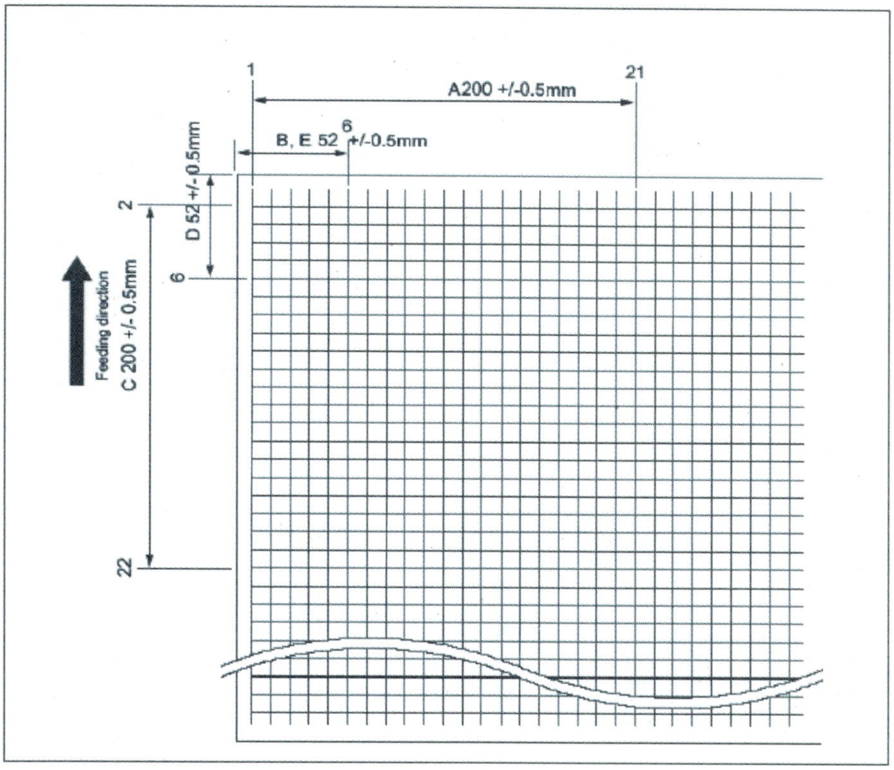

[그림 5-14] 10mm 사각형의 그리드 패턴이 출력

③ 조정 순서

- [0] [5] [POWER] → [1] (양면 복사는 [3](05－445, 498) → [FAX]
  A : 05－401(아래쪽 용지함, A3/LD) → 200±0.5mm(0.05mm/step)
- B : 05－411(아래쪽 용지함, A3/LD) → 52±0.5mm(0.04mm/step)
  → 05－410에 대해 동일 수치 입력
- C : 05－426(아래쪽 용지함, A3/LD) → 200±0.5mm(0.05mm/step)
- D : 05－440(위쪽 용지함, A4/LT) → 52±0.5mm(0.04mm/step)
  441(아래쪽 용지함, A3/LD), 442(바이패스 급지, A4/LT),
  443(LCF, A4/LT), 444(PFP, A4/LT), 445(양면 복사, A3/LD)
- E : 05－498－0(아래쪽 용지함, A3/LD) → 52±0.5mm(0.04mm/step)
  498－1(위쪽 용지함, A4/LT)

(6) 스캐너 이미지 보정방법(SCX-73/74/75/76XX Series)

① 이미지 왜곡

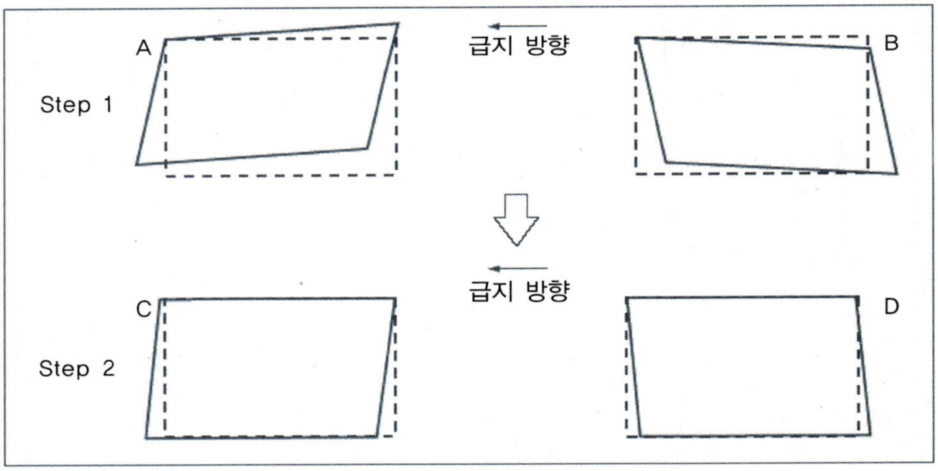

[그림 5-15] 스캐너 이미지 보정

② 조정순서

① [0]과 [5]를 동시에 누른 채로 전원을 켠다.

② [FAX]를 눌러 A3/LD 용지에 이미지를 복사한다.

③ [308]을 입력하고 [START] 버튼을 눌러 캐리지를 조정위치로 이동한다.

④ 스텝 1과 스텝 2의 순서로 조정을 한다.

- 스텝 1
  - A의 경우 : 미러－3의 조정나사를 조인다(시계방향).
  - B의 경우 : 미러－3의 조정나사를 푼다(시계반대방향).
- 스텝 2
  - C의 경우 : 미러－1의 조정나사를 조인다(시계방향).
  - D의 경우 : 미러－1의 조정나사를 푼다(시계반대방향).

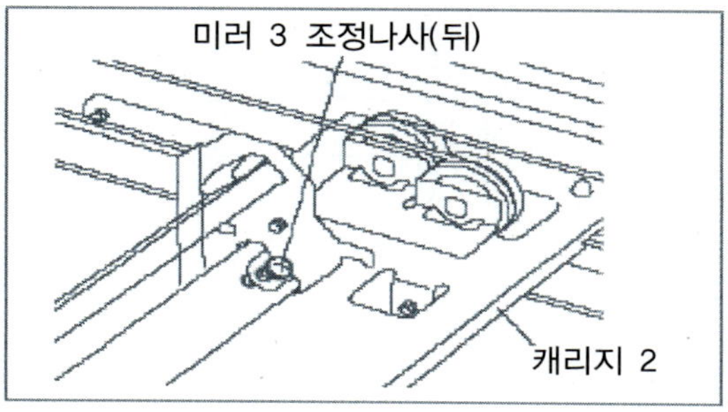

[그림 5-16] 스텝 1 순서로 조정

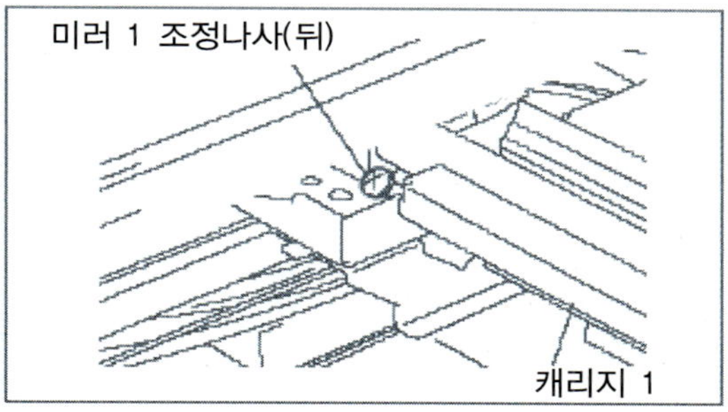

[그림 5-17] 스텝 2 순서로 조정

⑤ 조정나사에 나사 잠금장치를 적용한다(2부분).

- 권장 나사 잠금장치 제조업체 : Three Bond, 제품명 : 1401E

(7) RADF 높이 조정(이미지 왜곡 조절)

① 확인하기

- RADF를 닫는다.
- 노출 램프를 켠다.

(0)과 (3)을 동시에 누른 상태에서 Power ON을 한다.

[267] 입력 후 [START]버튼을 부른다. 일정시간 동안 노출 Lamp가 들어온다.

- 플래튼 가이드 홀더 A와 스캔 유리면 B 사이의 간격을 확인한다.
  플래튼 가이드 홀더 앞/뒤측 간격이 잘 장착되지 않았다면 간격을 [그림 9-19]와 같이 조절한다.
- 허용간격 : 뒤측의 간격 0~0.5 mm, 앞측 : 간격 0mm

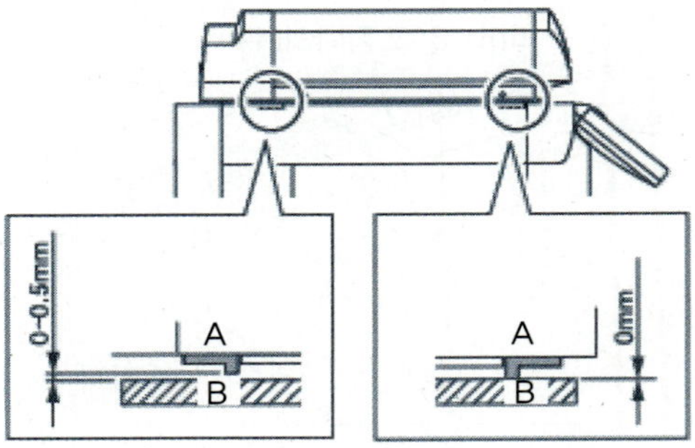

[그림 5-18] RADF 높이 조정 확인

② 조절하기

- RADF를 닫는다.
- [그림 5-19]와 같이 Hinge의 나사를 조절하여 높이를 조절한다.
  (a) 뒤측 간격 조절하기
  시계방향(오른쪽) → 간격이 커진다.
  반시계방향(왼쪽) → 간격이 작아진다.
  (b) 앞측 간격 조절하기
  시계방향(오른쪽) → 간격이 작아진다.
  반시계방향(왼쪽) → 간격이 커진다.

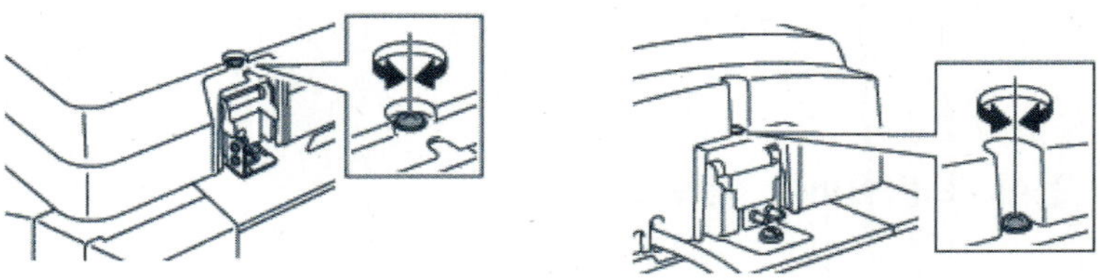

(a) (b)

[그림 5-19] RADF 높이 조절

(8) Skew 조정(이미지 기울기)

틀어짐을 조절하기 위해 간격 조절을 하지 마세요.

➡ 확인하기

- Chart를 이용하여 아래의 순서대로 복사 시험을 한다.
  - (a) Simplex Model
    - ㉠ 원고의 급지대에 원고의 복사할 면이 위를 향하도록 넣는다.
    - ㉡ [1 Sided → 1 Sided]를 선택한 후 [START] 버튼을 누른다.
  - (b) Duplex Model
    - ㉠ 원고의 급지대에 원고의 복사할 면이 아래를 향하도록 넣는다.
    - ㉡ [2 Sided → 2 Sided]를 선택한 후 [START] 버튼을 누른다.
- 원본 Chart 위에 복사본을 포개어 놓고 복사본 이미지가 기울었는지 확인한다.
  - (a) Simplex Model
    - ㉠ [그림 5-20] (c)-D 경우 : [그림 5-20] (d)를 참조하여 "−" 방향으로 돌려서 조절한다.
    - ㉡ [그림 5-20] (b)-C 경우 : [그림 5-20] (d)를 참조하여 "+" 방향으로 돌려서 조절한다.

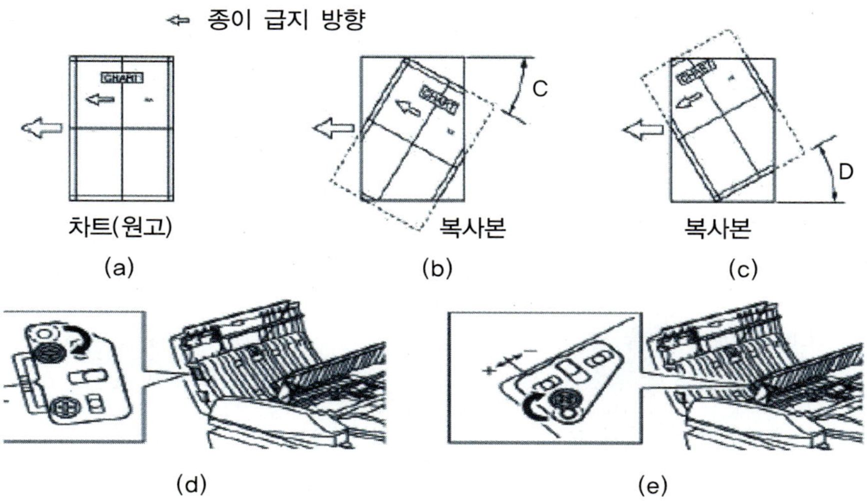

[그림 5-20] Skew 조정(이미지 기울기)

(b) Duplex Model

㉠ [그림 5-20] (c)-D 경우 : [그림 5-20] (e)를 참조하여 "+" 방향으로 돌려서 조절한다.

㉡ [그림 5-20] (b)-D 경우 : [그림 5-20] (e)를 참조하여 "−" 방향으로 돌려서 조절한다.

(9) RADF 조정

① Side 위치 조절하기

- Chart를 이용하여 아래의 순서대로 복사 시험을 한다.

(a) Simplex model

㉠ 원고의 급지대에 원고의 복사할 면이 위를 향하도록 넣는다.

㉡ [1 Sided → 1 Sided]를 선택한 후 [START] 버튼을 누른다.

[0][5] 조절 Mode에서는 [FAX] 버튼을 눌러서 Simplex 복사 기능을 수행할 수 있다.

(b) Duplex model

㉠ 원고의 급지대에 원고의 복사할 면이 아래를 향하도록 넣는다.

㉡ [2 Sided → 2 Sided]를 선택한 후 [START] 버튼을 누른다.

- 원본 Chart 위에 복사본을 포개어 놓고 복사본 이미지가 기울었는지 확인한다.

➡ 조절하기

(a) Simplex Model

㉠ [0]과 [5]를 동시에 누른 후 전원을 ON한다.

㉡ [365] 입력 후 [START] 버튼을 누른다.

복사 이미지의 여백이 원고보다 크면 현재의 값보다 작은 값을 입력한다.

복사 이미지의 여백이 원고보다 작으면 현재의 값보다 큰 값을 입력한다.

㉢ [ENTER] 버튼을 누르세요.

(b) Duplex Model

㉠ [0]과 [5]를 동시에 누른 후 전원을 ON한다.

㉡ [365] 입력 후 [START] 버튼을 누른다.

복사 이미지의 여백이 원고보다 크면 현재의 값보다 작은 값을 입력한다.

복사 이미지의 여백이 원고보다 작으면 현재의 값보다 큰 값을 입력한다.

㉢ [ENTER] 버튼을 누르세요.

• 1 Step = 0.1mm

[0]+[5]－[365]

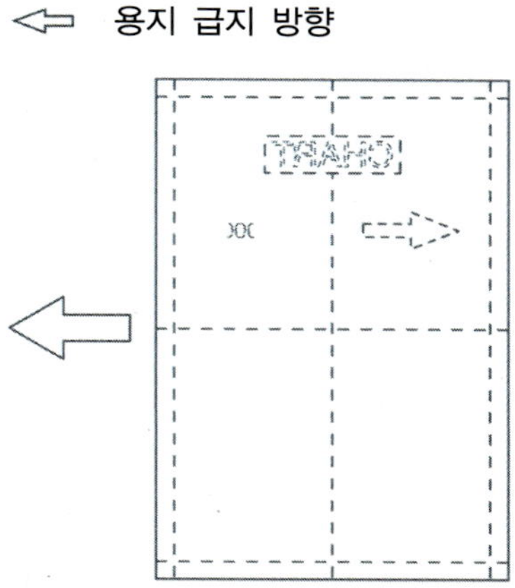

[그림 5-21] RADF 조정(1)

• 1 Step = 0.1mm

[0]+[5]－[365]

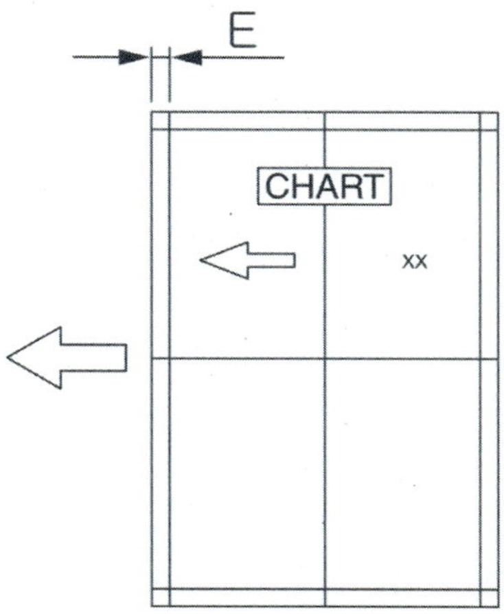

[그림 5-22] RADF 조정(2)

• 1 Step = 0.1mm

[0]+[5]−[365]

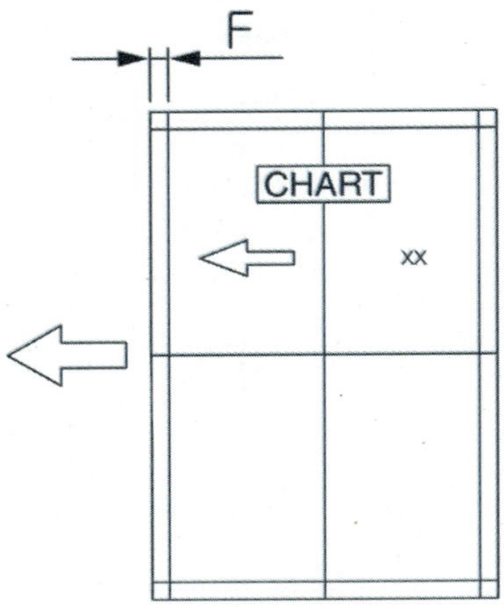

[그림 5-23] RADF 조정(3)

② 수평 위치 조절하기

• Chart를 이용하여 아래의 순서대로 복사 시험을 한다.

(a) Simplex Model

㉠ 원고의 급지대에 원고의 복사할 면이 위를 향하도록 넣는다.

㉡ [START] 버튼을 누른다.

[0][5] 조절 Mode에서는 [FAX] 버튼을 눌려서 simplex 복사 기능을 수행할 수 있다.

• 복사본을 중앙선을 따라 반으로 접고 수평으로 틀어졌는지 확인한다.

➡ 조절하기

㉠ [0]과 [5]를 동시에 누른 후 전원을 ON한다.

㉡ [358] 입력 후 [START] 버튼을 누른다. 복사 이미지의 중앙선이 아래로 내려가면 현재의 값보다 큰 값을 입력한다.

복사 이미지의 중앙선이 위로 올라가면 현재의 값보다 작은 값을 입력한다.

㉢ [ENTER] 버튼을 누르세요.

③ 복사 배율 조절하기

- Chart를 이용하여 아래의 순서대로 복사 시험을 한다.

(a) Simplex Model

㉠ 원고의 급지대에 원고의 복사할 면이 위를 향하도록 넣는다.

㉡ [START] 버튼을 누른다.

[0][5] 조절 Mode에서는 [FAX] 버튼을 눌러서 Simplex 복사 기능을 수행할 수 있다.

- 원고를 복사본위에 포개서 이미지 크기를 확인한다.

➡ 조절하기

㉠ [0]과 [5]를 동시에 누른 후 전원을 ON한다.

㉡ [357] 입력 후 [START] 버튼을 누른다.

복사본 이미지 크기가 원고 이미지보다 클 경우 현재의 값보다 작은 값을 입력한다.

복사본 이미지 크기가 원고 이미지보다 작을 경우 현재의 값보다 큰 값을 입력한다.

㉢ [ENTER] 버튼을 누르세요.

- 1 Step = 0.042mm

[0]+[5]-[357]

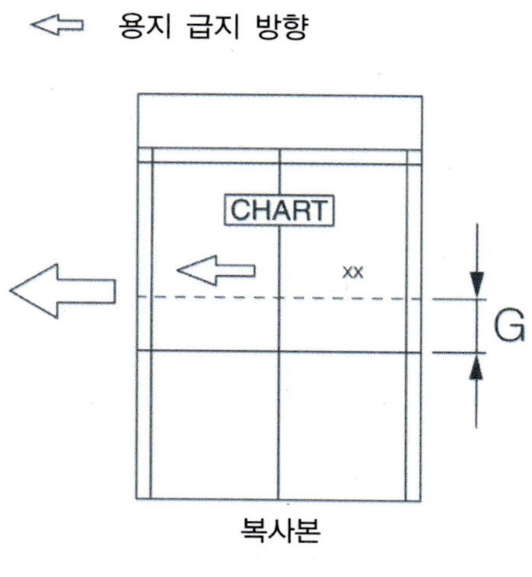

[그림 5-24] RADF 조정

• 1 Step = 0.042mm

[0]+[5]−[357]

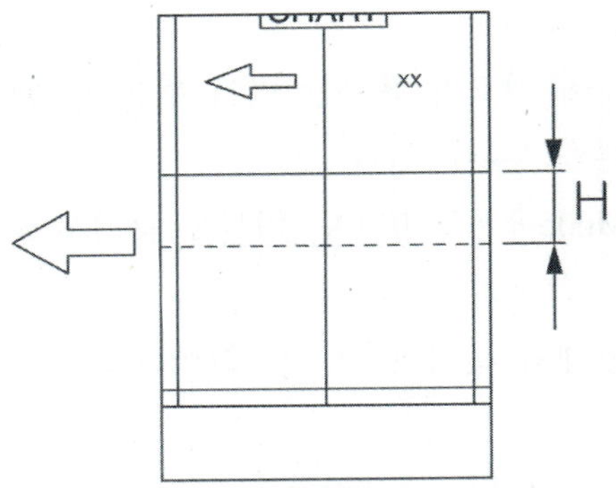

[그림 5-25] RADF 조정

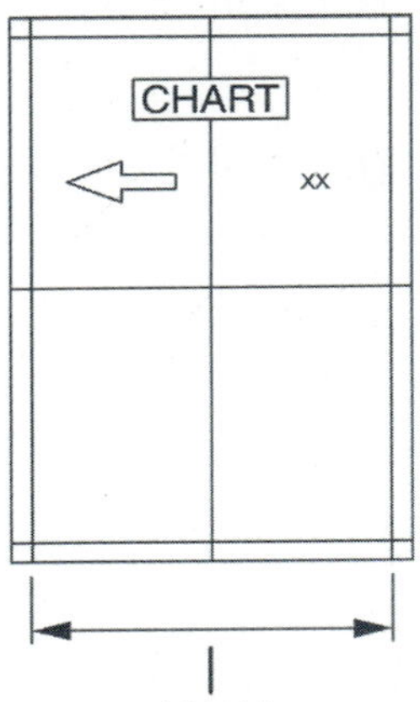

[그림 5-26] RADF 조정

(10) 펌웨어 업데이트 모드

이 복사기는 시스템 컨트롤 PC 보드에 장착된 USB 커넥터 펌웨어(Firmware) 데이터가 쓰여진 USB 저장장치를 연결하고 전원을 켜서 펌웨어 업데이트를 하기가 쉽다.

업데이트되는 펌웨어의 종류는 이 방법에서 LCD 스크린에 선택할 수 있다. 이는 필요한 펌웨어만 개별적으로 업데이트할 수 있고 매치로 모든 펌웨어를 업데이트할 수 있다. 이 방법으로 업데이트할 수 있는 펌웨어의 종류는 [표 5-13]과 같다. 또한 각펌웨어의 데이터 파일은 USB 저장장치와 다운로드 지그로 업데이트하는 방법에서 일반적으로 사용할 수 있다.

[표 5-13] 펌웨어 업데이트 모드

firmware	stored	Data file name
Master data	Hard disk	1, 2, 3 … n • 파일 이름을 파일 확장자 없이 1에서 "n"까지 연속적이라야 한다. 각 파일의 용량은 8MB이다. 하지만, "n"(마지막 숫자)의 파일 용량은 8MB보다 작을 수도 있다.
System ROM	System control PC board (SYS board)	Sysfirm.bin, ROM.bin
Engine ROM	Logic PC board (LGC board)	
Scanner ROM	Scanning section control PC board (SLG board)	ROM.bin
NIC ROM	NIC board	

중요한 것은 USB 저장장치(64M ~ 512M 또는 1GB)의 파일시스템은 FAT Format으로 해야 한다. FAT32나 NTFS Format으로 Format된 장치는 작동하지 않으므로 주의한다.

① USB 저장장치를 PC에 연결하고 데이터 파일을 쓴다.
- 저장장치 내에는 업데이트 파일외 다른 파일이 들어있으면 안된다.
- 하나의 USB 저장장치에는 한 모델의 업데이트 파일만 존재해야 한다.

② 복합기의 전원을 끈다.

③ System 보드의 USB 커넥터(호스트)에 USB 저장장치를 연결한다.
- 여러 개의 USB 저장장치를 함께 연결하지 않는다.
- 두 개의 USB 커넥터(호스트) 중 어느 곳에나 USB 저장장치를 연결할 수 있다.
- 업데이트시에는 사용중인 프린터/스캐너 KIT를 반드시 제거하고 실행한다.

1 [4]버튼과 [9]버튼을 동시에 누른 채로 전원을 켠다. 초기 화면이 표시되고 복사기에 연결된 USB 저장장치의 인식이 시작된다.

```
Download Storage Update Mode
Please wait ... now Initialization
```

[그림 5-27] USB 저장장치의 인식이 시작

② 장치가 제대로 인식되면 약 3분 후 항목선택 스크린이 나타난다.

```
                                            Version in update media
Download Storage Firmware Update Mode
Select Update Item
                                            UIF Version...  Vxxx.xxx.x
  *1.  HDD Update                           UI0 Version...  Vxxx.xxx.x
  *2.  UI Data Update                       UI1 Version...  Vxxx.xxx.x
  *3.  System Firmware Update               SYS Version...  Vxxx.xxx.x
  *4.  NIC Firmware Update                  NIC Version...  xxxxxxxx.xxx
  *5.  Scanner Firmware Update              SCN Version...  xxxxx-xxx
  *6.  Machine Firmware Update              MCN Version...  xxxxx-xxx
```

[그림 5-28] 항목선택 스크린이 표시

③ 업데이트할 항목을 선택하고 나서 [START] 버튼을 누른다. 장비점검이 시작된다.

```
Download Storage Firmware Update Mode
                                            HD Data Update ...
Download Storage -> HDD Update Start.

  Check Devices    - HDD Checking
  Update Status    -
```

[그림 5-29] 장비점검이 시작

④ 장비점검이 완료되면 HDD로 데이터 복사를 시작한다.

```
Download Storage Firmware Update Mode
                                            HD Data Update ...
Download Storage -> HDD Update Start.

  Check Devices    -    Completed
  Update Status    -    F-ROM -> HDD copying
                                                           1/n  xxx/ yyy
```

마스터 데이터의 파일 이름 (1/n)
복사된 파일 (xxx)
전체 파일 (yyy)

[그림 5-30] HDD로 데이터 복사를 시작

⑤ 모든 파일이 복사되면 RIP 폰트의 백업이 시작된다.

```
Download Storage Firmware Update Mode
                                          HD Data Update ...
Download Storage -> HDD Update Start.

  Check Devices    -    Completed
  Update Status    -    Backup file /PRF -> /PR2
                                                                  1/n  xxx/ yyy
                                                                  2/n  xxx/ yyy
                                                                  3/n  xxx/ yyy
                                                                  n/n  xxx/ yyy
```

[그림 5-31] RIP 폰트의 백업이 시작

⑥ RIP 폰트의 백업이 완료되면 다음의 화면이 나타난다. 마스터 데이터 업데이트가 완료된다.

```
Download Storage Firmware Update Mode
                                          HD Data Update ...          Completed
Download Storage -> HDD Update Start.

  Check Devices    -    Completed
  Update Status    -    Completed
                                                                  1/n  xxx/ yyy
                                                                  2/n  xxx/ yyy
                                                                  3/n  xxx/ yyy
                                                                  4/n  xxx/ yyy
```

[그림 5-32] 마스터 데이터 업데이트가 완료

⑦ 시스템 ROM 업데이트가 연속으로 시작된다. 장비점검이 시작된다.

```
Download Storage Firmware Update Mode
                                          HD Data Update ...          Completed
Download Storage -> FROM Update Start.

  Check Devices    -    Checking
  Update Status    -
  Data Check       -
```

[그림 5-33] 장비점검이 시작

⑧ 장비점검이 완료되면 복사기의 ROM으로 데이터 복사가 시작된다.

```
Download Storage Firmware Update Mode
                                           HD Data Update ...        Completed
Download Storage -> FROM Update Start.     UI Data Update ...


  Check Devices   -    Completed
  Update Status   -    Installing
  Data Check      -
```

[그림 5-34] 복사기의 ROM으로 데이터 복사가 시작

⑨ 데이터 복사가 완료되면 다른 데이터 복사가 반복적으로 실행된다.

```
Download Storage Firmware Update Mode
                                           HD Data Update ...        Completed
Download Storage -> FROM Update Start.     UI Data Update ...        Completed
                                           SysFirm Update ...

  Check Devices   -    Completed
  Update Status   -    Installing
  Data Check      -
```

[그림 5-35] 다른 데이터 복사가 반복적으로 실행

⑩ 모든 데이터 복사가 완료되면 다음의 화면으로 업데이트가 완료된다.

```
Download Storage Firmware Update Mode
                                           HD Data Update ...        Completed
Download Storage -> FROM Update Start.     UI Data Update ...        Completed
                                           SysFirm Update ...        Completed

  Check Devices   -    Completed
  Update Status   -    Completed
  Data Check      -    Completed

          Update Completed.

      Please Connect Next Storage Key, Push 'START' Button!!
```

[그림 5-36] 다음의 화면으로 업데이트가 완료

⑪ 저장장치가 제대로 인식되지 않으면 다음의 메시지가 나타나고 업데이트가 안된다.

```
Please Set Correct USB Storage Key
```

[그림 5-37] 다음의 메시지가 나타나고 업데이트가 안됨

⑫ 에러가 발생하면 다음의 에러 메시지가 나타나고 업데이트가 중단된다.

```
Check Devices   -    Checking
Update Status   -
Data Check      -

     Update Failed
```

에러 메시지

[그림 5-38] 다음의 에러 메시지가 나타나고 업데이트가 중단

(11) 지원 모드

이 복사기는 다음의 기능을 할 수 있는 지원 모드를 갖고 있다.

① NvRAM 플래그 클리어링(“Clear NvRAM 플러그”)

Firmware 다운로딩이 정상적으로 완료되었다 하더라도 전원을 다시 켜면 복구 모드가 갑자기 시작될 수 있다. 이 경우 이 기능으로 다운로드 과정에 사용된 NvRAM 플래그를 클리어한다(보통, 플래그는 다운로드 프로세스에서 자동으로 클리어된다).

SYS 보드에서 NvRAM의 교체 후에 복구 모드가 갑자기 시작하는 경우에 플래그는 이 기능으로 클리어된다.

② 데이터 저장 파티션 포맷(“포맷 UID ROM PRF PR2 SMs 파티션”)

HDD에 저장되어 있는 UI 데이터 등에 손상이 발견되면 저장된 UI 데이터 등의 파티션은 이 기능으로 포맷된다(정상적으로 필요하지 않으므로 이 기능을 사용하지 않는다).

③ HDD 파티션 생성(“모든 파티션 삭제와 UID rom PRF PR2 SMS 파티션 생성”)

HDD가 교체되거나 UI 데이터 등을 FSMS나 USB 저장장치로 다운로드할 때 다운로

드하기 전에 HDD에 파티션을 포맷할 필요가 있다. 이 경우 이 기능으로 HDD에 파티션이 생성된다.

참고

- 다운로드 지그로 다운로드할 때 미리 파티션을 포맷할 필요가 없다.
- 이 기능으로 현재의 HDD의 모든 데이터가 지워지므로 새로운 HDD가 설치될 때만 HDD 파티션 포맷을 실행한다.

④ 지원 모드의 작동 과정

1. [3]버튼과 [CLEAR] 버튼을 동시에 누른 채로 전원을 켠다. [그림 5-39]의 화면이 나타난다.

```
Firmware Version Up Mode

Select Number(1-3) and Press START key.

> 1 : Clear NvRAM flags.
  2 : Format UID rom PRF PR2 SMS Partition.
  3 : All Partition delete and create UID rom PRF PR2 SMS Partition.
```

[그림 5-39] [3]버튼과 [CLEAR] 버튼을 동시에 누를 때

2. 숫자 키로 항목을 선택하고 [START] 버튼을 누른다.

05 DMFP 네트워크 설정

1) 네트워크의 개념

(1) 네트워크의 정의

네트워크(Network)는 여러 컴퓨터나 단말기들을 다양한 통신매체로 연결한 상태를 의미한다.

(2) 네트워크의 유형

① LAN(Local Area Network)

사무실 가정 게임방 등의 근거리 네트워크이다.

② MAN(Metropolitan Area Network)

비교적 원거리를 연결하는 네트워크이다. 잘 쓰이지 않는 용어이며 대부분 WAN에 포함된다.

③ WAN(Wide Area Network)

LAN과 LAN, MAN이 묶여 연결된 형태이다. LAN과 MAN을 벗어나는 광범위 네트워크로 보통 인터넷으로 연결된 네트워크를 칭한다.

④ 인트라넷(Intranet)(my single, K-zone, E-zone 등 내부망)

인터넷, WAN망의 기반 기술들을 이용 구축한 사설 네트워크이다. 각종 보안기술을 이용 사설 네트워크를 구현(vpn, 인증 등)한다.

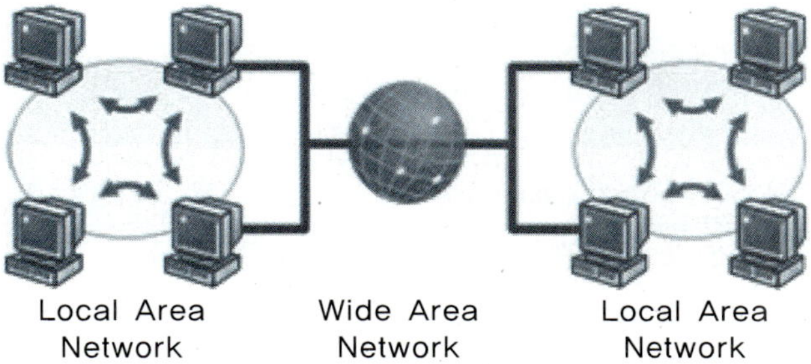

[그림 5-40] LAN과 WAN

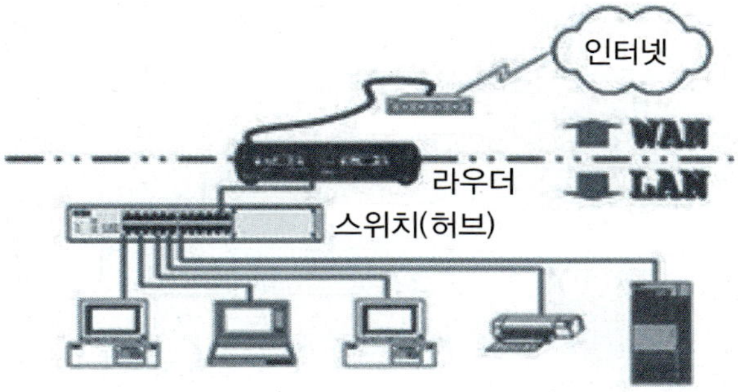

[그림 5-41] LAN과 WAN의 분기점

2) OSI 7단계

(1) OSI 7단계 모델(Layer model)의 특징

통신을 구현하기 위한 여러 가지 기능을 분업화하여 정의를 내려놓은 형태이다.

① 응용 프로그램의 사용자 인터페이스 단계(Layer)부터 네트워크카드에서의 신호처리까지의 모든 과정을 기능별, 단계별로 나누고 각각의 기능별 단계가 위쪽 단계와 아래쪽 단계로 원활하게 데이터와 신호를 전달하고 처리할 수 있게 각각의 단계를 모듈화시키는 것이다.

② 네트워크에서 일어나는 모든 과정을 표준화하고 모듈화하기 위해 ISO(International Standardization Organization)에서 OSI(Open System Interconnection) 7계층 모델이란 표준 방식을 제안한다.

(2) OSI 7계층 모델(Layer Model)의 각 단계별 역할

OSI 7계층(Layer)은 각각의 계층이 담당하는 역할에 의해 구분되어진다.

[표 5-14] OSI 7계층의 기능

	계 층	기능(Function)
7계층	응용(Application)계층	사용자 인터페이스 / 응용 프로그램
6계층	프리젠테이션(Presentation)계층	데이터 문법, 코딩에 관한 기능
5계층	세션(Session)계층	연결 유지, 동기
4계층	전송(Transport)계층	패킷 생성 /패킷 오류 관리
3계층	네트워크(Network)계층	통신망 내에서 주소, 경로 선택에 관한 기능
2계층	데이터 링크(Data Link)계층	두 인접한 시스템 사이의 프레임 단위 전송
1계층	물리(Physical)계층	두 시스템 사이의 비트 단위 전송담당

(3) OSI 7계층별 프로토콜(Protocol) 종류

[표 5-15] OSI 7계층별 프로토콜 종류

	OSI 7계층	TCP/IP		IPX/SPX
7계층	응용층	FTP, HTTP, SMTP, DNS, DHCP, Telnet		Netware Application, NCP
6계층	프리젠테이션 계층			
5계층	세션계층			
4계층	전송계층	TCP, UDP		SPX
3계층	네트워크층	IP, ARP, ICMP		IPX
2계층	데이터링크층			
1계층	물리층			

① 7층 : 애플리케이션층

여러 가지 서비스를 제공한다. 사용자로부터 정보를 입력받아 아래층으로 전달하고 아래층에서 보내주는 정보를 사용자에게 전달한다.

② 6층 : 프리젠테이션층

사용자가 주는 정보는 통신에 적당한 형태로 변환하고 세션층에서 전달한 정보는 사용자에 맞게 변환한다.

③ 5층 : 세션계층

정보가 흐르는 통로를 만들거나 폐쇄한다. 암호를 확인하거나 속도조절도 행한다.

④ 4층 : 트랜스포트층

정보의 전달을 관리 감독한다. 네트워크층에서 온 정보를 세션층의 어느 애플리케이션에 보낼것인가 판독하고 네트워크층으로 나가는 경우는 경로를 선택한다.

⑤ 3층 : 네트워크층

정보가 전달될 상대의 주소를 찾고 나에게 온 정보의 주소를 확인하여 내것이면 트랜스포트층으로 전달한다.

⑥ 2층 : 데이터링크층

네트워크층에서 확인한 주소를 상대와 물리적 연결을 위한 통로를 열고 유지한다. 에러를 검출하고 수정한다.

⑦ 1층 : 물리층

데이터를 비트 단위로 쪼개어 전기적 신호로 변환한다.

3) 프로토콜

(1) 프로토콜 정의

프로토콜(Protocol)은 컴퓨터 사이에서 통신을 하기 위한 약속 및 규약이다(사람의 경우 언어에 해당된다).

① TCP/IP

- UNIX, LINUX, Windows 계열, NetWare 등 거의 모든 운영체제에서 기본으로 제공한다.
- 32bit(4bytes)의 주소 체계(IP주소), 모든 노드는 IP주소를 하나씩 반드시 가져야 한다. 각 Net Node는 하나의 IP주소와 Subnet mask, 외부로 나가기 위한 Gateway 주소를 가진다.
- LAN-to-LAN 연결에 사용 가능(routable)하다.

② IPX/SPX & NWLINK

- IPX/SPX는 Novell에서 중·대규모 네트워크를 위해 만든 프로토콜이다.
  (스타크래프트가 사용하는 프로토콜)
- NWLINK는 Microsoft에서 만든 IPX/SPX 호환 Protocol, LAN-to-LAN 연결에 사용 가능(routable)하다.

③ NETBEUI

- 마이크로소프트(Microsoft)에서 소규모 LAN을 위해 만든 프로토콜이다.
- 10여대 PC규모의 네트워크에서 서로 간의 통신시 효율적이다.
- 내부 LAN에서만 사용 가능, WAN에서 사용 못한다.
- 마이크로소프트 시스템과 잘 동작한다.
- 작은 메모리 오버헤드를 가진다.
- LAN-to-LAN 연결에 사용 불가능하다(non routable).

④ 애플토크(AppleTALK)

매킨토시(Macintosh)에서 사용하는 프로토콜이다.

(2) DNS

DNS(Domain Name Server)는 도메인 네임에 해당하는 IP 정보를 가지고 있어 컴퓨터가 도메인 네임에 대한 IP 조회 요청시 도메인에 해당하는 IP를 응답해주는 서버이다. 실제 컴퓨터는 DNS 서버로부터 얻어낸 IP로 통신을 하게 된다.

(3) P2P(Peer to Peer)

P2P는 네트워크의 기본개념은 리소스(Resource)를 제공하는 서버(Server)측과 요청하는 클라이언트(Clients)로 나누어지게 되는데 P2P에서는 두 개념이 동시에 공존한다고 생각하면 된다.

즉, 특정개체가 서버의 역할, 클라이언트의 요청을 고정하여 담당하는 것이 아니라 프로토콜을 응용하여 서로서로가 서버, 클라이언트의 역할을 담당하게 된다.

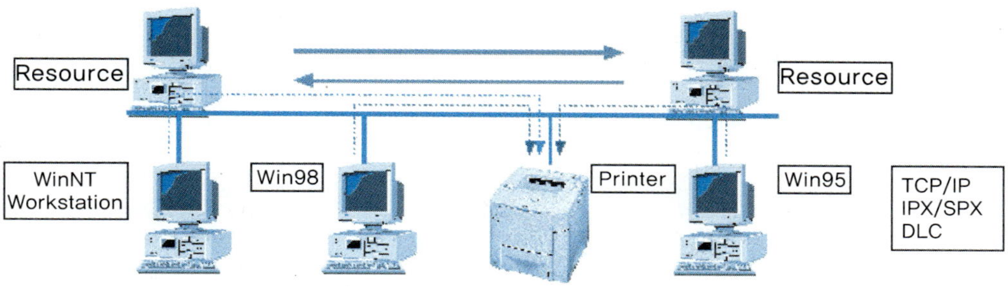

[그림 5-42] P2P는 네트워크

(4) Server to Client

① 서버(Server)

소유하고 있는 자원을 공급해주는 역할로써 개체의 권한을 주는 동시에 서버(Server)가 된다.

② 클라이언트(Client)

서버가 제공하는 리소스(Resources)에 접근하여 자원을 요청하는 역할이다.

③ Netware 3.x, 4.x, 5.0

Pserver, Rprinter mode

WinNT : Shared Printer

CHAPTER 05

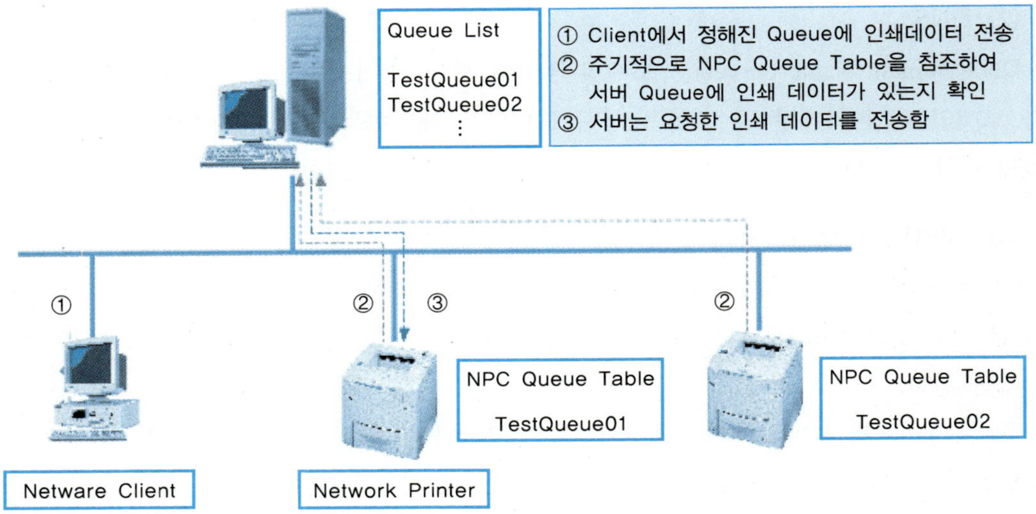

[그림 5-43] Server to Client 네트워크

(5) 네트웨어 서버(Netware Server)

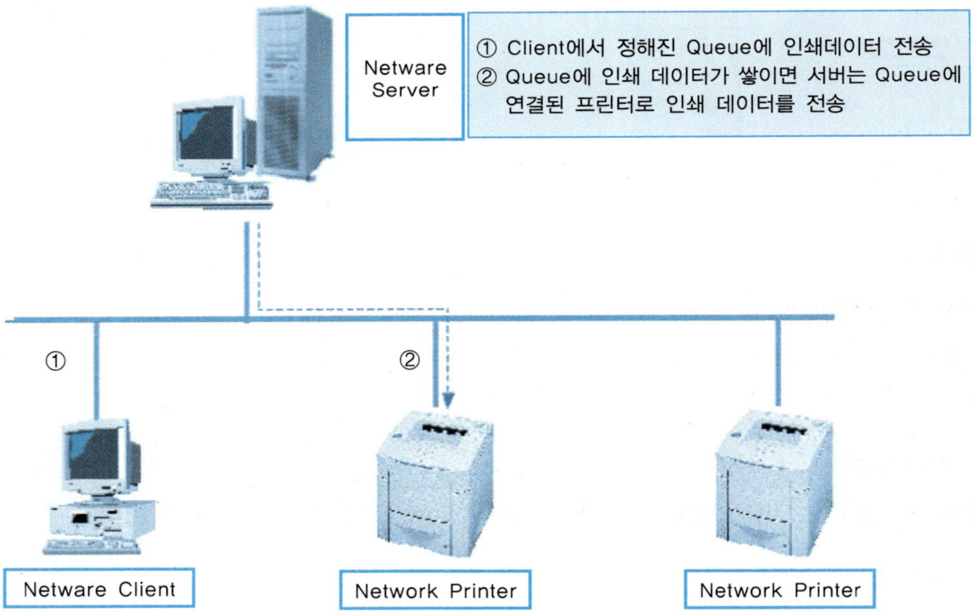

[그림 5-44] 네트웨어 서버

4) 네트워크 인터페이스 카드(Network Interface Card)

(1) 모델(Model) 및 옵션(Optional)

[표 5-16] 네트워크 인터페이스 카드와 옵션

프린터 모델명	ML-2150, ML-2550, ML-2250 : 기본 Cardinal ML-3262N, ML-2551N, ML-2251M : 유선 네트워킹 Cardinal ML-2152W, ML-2552W, ML-2252W : 유선 · 무선 네트워킹 Cardinal CLP-500, CLP-550 : 기본 BigBang CLP-500G, CLP-500N, CLP-550G, CLP-550N : 유선 네트워킹 BigBang
옵션 네트워크 카드 모델명	ML-00NB, ML-00NC : 옵션 내장형 유선 네트워크 카드(프린터) ML-00LB, ML-00LC : 옵션 내장형 유 · 무선 네트워크 카드(프린터) ML-00NA : 옵션 내장형 유선 네트워크 카드(구 모델) SCX-00NB : 옵션 내장형 유선 네트워크 카드(복합기) SCX-00LA : 옵션 내장형 유 · 무선 네트워크 카드(복합기) SCX-00NA : 옵션 내장형 유선 네트워크 카드(Mckinley plus만 해당) SCX-6320NA : 옵션 내장형 유선 네트워크 카드(Mckinley2만 해당)

(2) NPC(Inner)

① Link LED

② Activity LED

③ RJ-45 Modular Jack

④ Serial Interface for Debugging

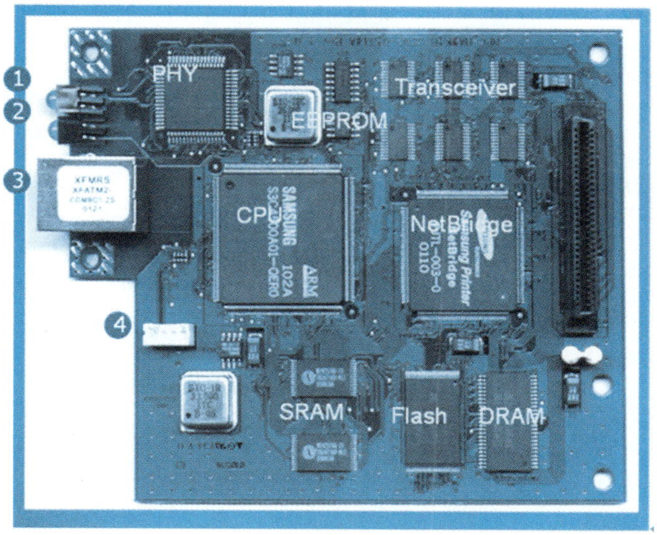

[그림 5-45] NPC 보드

(3) NPC(Outters)

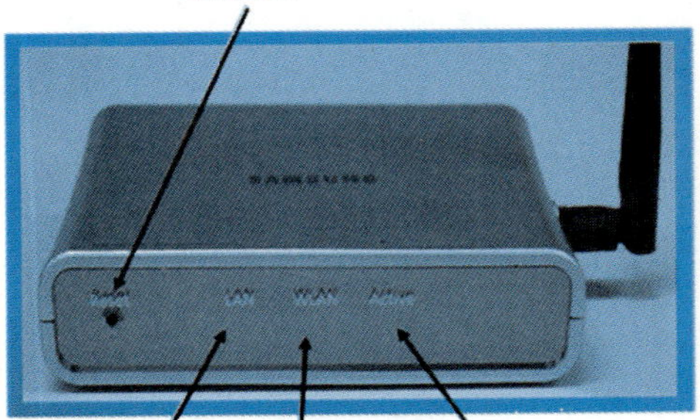

[그림 5-46] NPC 외형

[그림 5-47] NPC 연결 커넥터

(4) 하드웨어 사양

[표 5-17] NPC 하드웨어 사양(공통사항)

공통사항	
LAN Standard	IEEE802.3 10/100Mbps TX
LAN Cable	RJ-45 UTP Category s cable
Debug Channel	115200bps UART Interface

[표 5-18] NPC 내장형 네트워크 카드 사양

내장형 네트워크 카드	
Power	+3.3V DC from Printer
Printer Interface	Bus Interface

[표 5-19] NPC 외장형 네트워크 서버 박스 사양

외장형 네트워크 서버 박스	
Power	+5.0V DC from Adaptor
Printer Interface	P1284/USB 1.1

[표 5-20] NPC 네트워크 카드 하드웨어 사양

네트워크 카드 하드웨어 구성	
CPU	NetOne ARM720T Embedded Controller
ROM	2MB/4MB FLASH Memory
DROM	8MB SDRAM
NV Storage	4KB EEPROM
Physical Layer	ICS1893 PHY Chip
Oscillator	25MHs 50ppm Oscillator
Display	Link and Activity

(5) NPC 전원 흐름

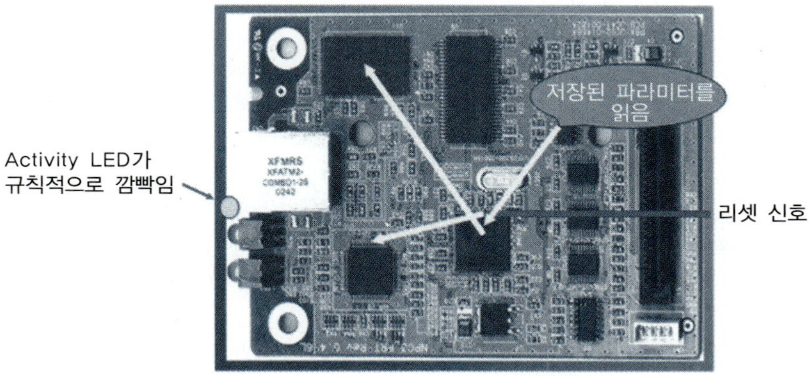

[그림 5-48] NPC 전원 흐름

(6) NPC 링크 흐름

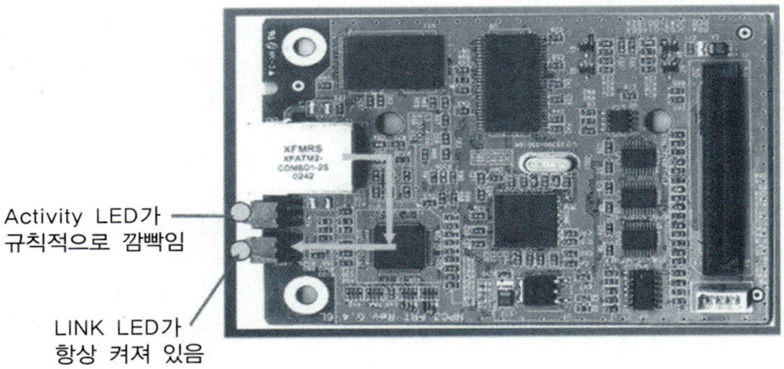

[그림 5-49] NPC 링크 흐름

(7) NPC 데이터 흐름 - 수신

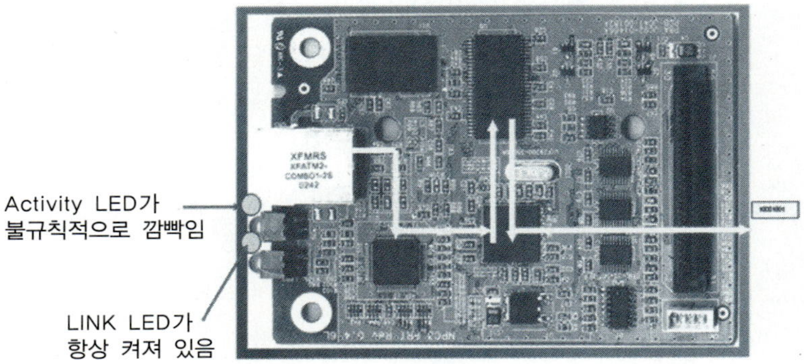

[그림 5-50] NPC 데이터 흐름-수신

(8) NPC 데이터 흐름 - 전송

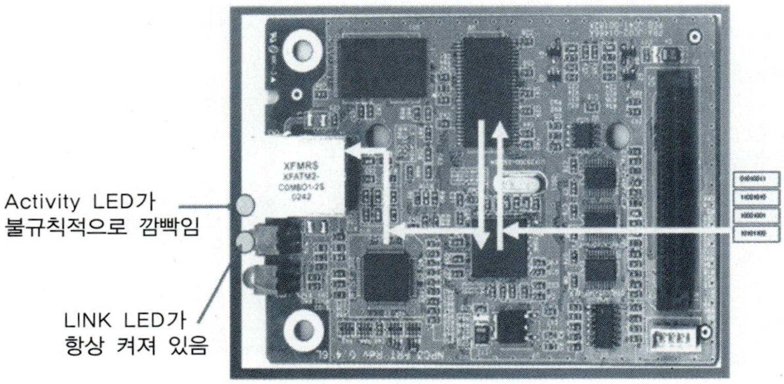

[그림 5-51] NPC 데이터 흐름-전송

5) NPC Firmware

(1) Firmware 구성

- Boot 코드 Rom
- Applications 코드 Rom

(2) Boot 코드 Rom

- 전력 초기화
- 범용적 모델 독립적으로 구동

(3) Applications 코드 ROM

- 주요 기능 수행
- 모델 의존적인 프로그램

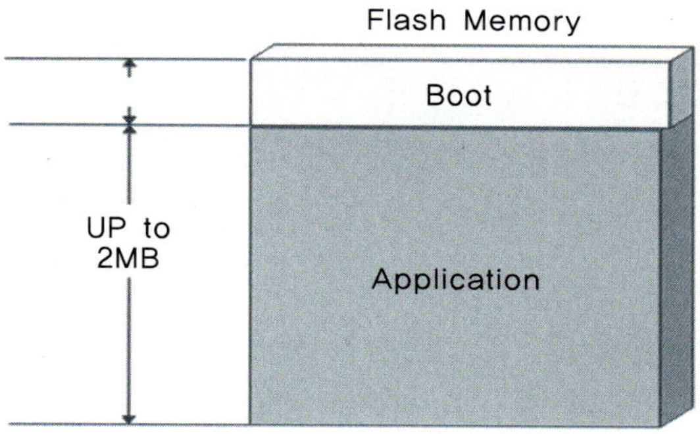

[그림 5-52] NPC Firmware 구성

6) UTP 케이블

컴퓨터를 서너 대 이상 쓰는 사무실 같은 곳이라면 요즘은 대부분 랜을 설치하거나 ADSL, 케이블 전용선 등을 설치해서 사용할 것이다. 허브나 인터넷 공유기를 대부분 사용하게 되는데 이 부분에서 사용되는 랜 케이블 종류와 구성에 대해 알아보고 만들어 보는 시간이다.

(1) UTP 케이블 종류

LAN에서 사용되는 Unshielded Twisted Pair cable의 줄임말로 Unshielded 즉 cable에 전, 자기적 영향으로 인한 전송율 저하를 없애는 역할을 하는 기능이 빠진 꼬임 케이블을 말한다.

흔히 RJ-45 불리우는 커넥터는 8가닥으로 구성된 케이블의 꼭지부분에 연결된 모듈이다. 커넥터와 약간 두꺼운 케이블로 이루어져 있고, 케이블의 외피를 제거하고 안을 들여다 보면 별다르게 절연처리가 안된 8가닥의 선이 2가닥씩 꼬여서 4쌍이 있다.

색깔은 청 한 쌍, 등 한 쌍, 녹 한 쌍, 갈 한 쌍 그렇게 4쌍(Pair)으로 구성되어 있다. 청 한 쌍을 1, 2번 등 한 쌍을 3, 4번 녹 한 쌍을 5, 6번 갈 한 쌍을 7, 8번으로 부르면 34521678로 찍으면 다이렉트이고 56321478로 찍으면 크로스가 된다. 하지만 실제로 쓰이는 것은 송신 한 쌍 수신 한 쌍만 사용한다.

잠시 후 실습을 통해 자세히 알아보도록 하겠다. 그리고 RJ11이란 게 있는데 이것은 전화기에 있는 랜 케이블 꼭지처럼 생긴 작은 걸 말한다. 우리가 일반적으로 사용하는 랜 케이블은 CAT5 RJ-45이다. 일반 전화용 잭은 RJ-11이라고 한다.

UTP 케이블 8가닥으로 구성된 케이블 종류의 하나이다. 보통 3가지 정도로 구분되어져 있는데 그 중에서 제일 많이 사용되어지는 케이블이다. 이유는 가격 대비 성능비가 제일 좋다고 볼 수 있다. 요즘 Gigabit를 지원하는 컴퓨터가 많은데 Gigabit용 랜 케이블은 Giga 랜 장비에 연결할 수 있다.

최대속도 1Gbps = 1,000Mbps가 지원된다(속도는 사용하는 환경에 따라 차이가 있을 수 있다). UTP 케이블 종류는 다음과 같다. CAT는 UTP 케이블의 등급을 메긴 표준이다. 현재는 6까지 나와 있다.

① CAT1 : 전화 시스템에 사용된 기본적인 꼬임쌍선이며 품질수준은 음성의 경우에는 우수하지만 저속 데이터 통신을 제외한 모든 것에는 부적절하다.
② CAT2 : 음성 및 4Mbps까지의 데이터 전송에 적절하다.
③ CAT3 : 피트당 최소한 세번 꼬아 주어야 하며 10Mbps까지의 디지털 데이터 전송에 사용될 수 있다. 현재 대부분의 전화 시스템의 표준 케이블이다.
④ CAT4 : 피트당 세 번 꼬아주며 16Mbps까지의 전송률이 가능하다.
⑤ CAT5 : 100Mbps의 데이터 전송에 사용된다.
⑥ CAT6 : 1000Mbps의 데이터 전송에 사용된다.

[표 5-21] CAT / CAT5e / CAT6 상세설명

	사용용도	전송속도
CAT5	• 옥내 수평 및 간선 배선망(100MHz) • 4/16Mbps Token Ring(IEEE 802.5) • 10/100 BASE-T(IEEE 802.3) • 155Mbps ATM	100MHz
CAT5e	• 옥내 수평 및 간선 배선망(100MHz) • 4/16Mbps Token Ring(IEEE 802.5) • 10/100 BASE-T(IEEE 802.3) • 155Mbps ATM	100MHz
CAT6	• 옥내 수평 및 간선 배선망(250MHz) • 4/16Mbps Token Ring(IEEE 802.5) • 10/100/1000 BASE-T(IEEE 802.3) • 155/622Mbps ATM • Gigabit Ethernet	250MHz

[표 5-22] UTP / FTP / STP 상세설명

UTP(Unshielded Twist Pair)	두 선간의 전자기 유도를 줄이기 위하여 절면의 구리선이 전자기유도를 줄이기 위해 서로 꼬여져 있는 케이블이다. 제품 전선과 피복만으로 구성되어 있다. 보통 일반적인 랜케이블이 이에 해당되며 사무실 배선용으로 사용된다.
FTP(Foil Screenet Twist Pair Cable)	쉴드 처리는 되어 있지 않고, 알루미늄 은박이 4가닥의 선을 감싸고 있는 케이블이다. UTP에 비해 절연 기능이 탁월하다. 따라서 FTP는 공장 배선용으로 많이 사용된다.
STP(Shielded Twist Pair Cable)	쉴드라 하는 것은 연선으로 된 케이블 겉에 외부 피복 또는 차폐재가 추가되는데, 차폐재는 접지의 역할을 한다. 따라서 외부의 노이즈를 차단하거나 전기적 신호의 간섭에 탁월한 성능이 있다.

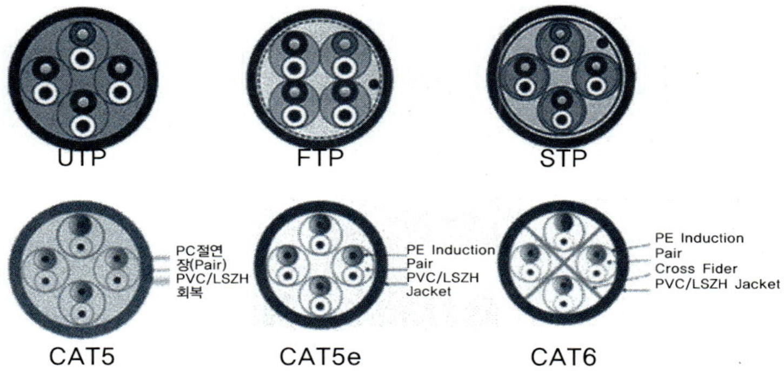

[그림 5-53] UTP / FTP / STP &CAT5 / CAT5e / CAT6 케이블 구조

CHAPTER 05

CAT5, CAT5e, CAT6의 구조는 UTP, FTP, STP일 경우 달라진다.

(2) 다이렉트 케이블 & 크로스 케이블

- 다이렉트 케이블은 양 끝단이 같은 색깔 순서로 배열된다.

① 1번 : 오렌지색+흰색

② 2번 : 오렌지

③ 3번 : 녹색+흰색

④ 4번 : 파란색

⑤ 5번 : 파란색+흰색

⑥ 6번 : 녹색

⑦ 7번 : 갈색+흰색

⑧ 8번 : 갈색

- 크로스 케이블은 한쪽은 위와 같이 배열하고 다른 쪽은 다음과 같이 배열한다.

① 1번 : 녹색+흰색

② 2번 : 녹색

③ 3번 : 오렌지색+흰색

④ 4번 : 파란색

⑤ 5번 : 파란색+흰색

⑥ 6번 : 오렌지

⑦ 7번 : 갈색+흰색

⑧ 8번 : 갈색

[그림 5-54] 다이렉트 케이블 & 크로스 케이블

크로스 케이블은 장비 대 장비를 연결할 때 사용되는 케이블이다. 예를 들면 스위치 대 스위치 또는 컴퓨터 대 컴퓨터와 같이 같은 종류의 장비를 연결할 때 사용하고 다이렉트 케이블은 라우터 대 스위치 또는 스위치 대 컴퓨터 등을 연결할 때 사용한다.

7) LAN 케이블 만들기

(1) 준비물

준비물로는 랜 툴, 케이블 탈피기, UTP 케이블, 커버, RJ45 그리고 테스터가 필요하다.

① 랜 툴

필수품목으로 케이블과 함께 반드시 있어야 하는 것이다.

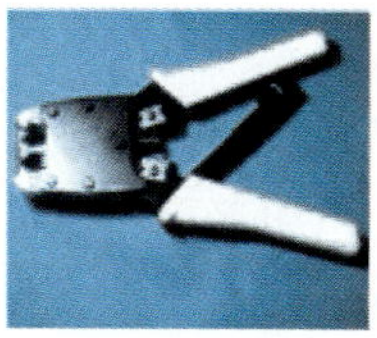

[그림 5-55] 랜툴

② UTP 케이블

적합한 사무실 환경에 맞는 것을 사용한다.

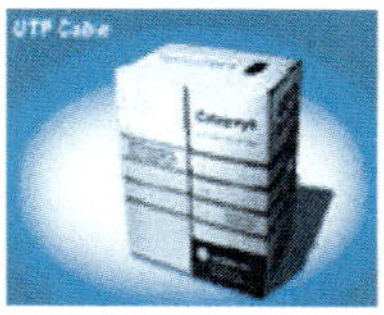

[그림 5-56] UTP 케이블

③ 스트라이퍼(탈피기)

니퍼로 대신해도 된다.

[그림 5-57] 스트라이퍼(탈피기)

④ 부트캡

필수품목은 아니나 케이블 단선방지 및 커넥터를 보호하며 표식을 할 수가 있다.

[그림 5-58] 부트캡

⑤ RJ45 잭

가급적 좋은 것으로 사용할 것이다(안쪽에 라인홈이 있어 넣기 편한 것).

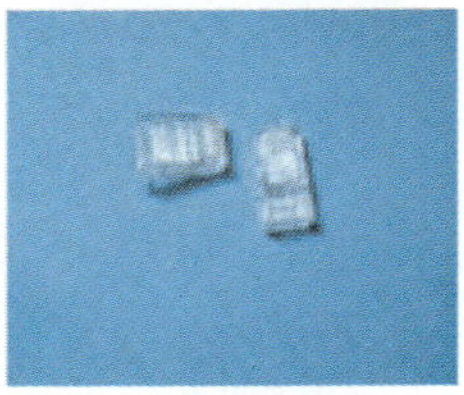

[그림 5-59] RJ45 잭

⑥ 모듈러 테스터

- 랜 케이블이 정상적으로 연결되었는지 테스트하는 것으로 반드시 필요하지는 않으나 랜 작업을 수시로 하는 직원 15인 이상 업체면 구비해두는 것이 여러 모로 편리하다.

[그림 5-60] 모듈러 테스터

- UTP 케이블이 모자랄 때 다시 처음부터 만들지 않고 끼워서 연결한다. (단, 너무 긴 거리에는 사용하지 않는 것이 좋다.)

[그림 5-61] UTP 케이블 연결 커넥터

(2) LAN 케이블 만들기

랜 구축시 수시로 가장 많은 작업을 하게 되는 것이 랜 케이블 만들기이다. 랜 케이블은 UTP 방식과 BNV 방식이 있는데 요즘은 UTP 케이블을 주로 쓴다. 이것을 만드는 것은 아주 쉬우면서도 보통 사람들은 장비가 없어서 못하거나 어려워서 못하게 된다. 그러나 케이블 배열만 알면 아주 쉽다. 가장 중요한 것이 랜 케이블을 만들 때 배선위치를 알고 하는 일이다. 하나씩 배워 보겠다.

케이블을 만드는 방법을 차례로 설명하였다.

1. 만들고자 하는 다이렉트나 크로스의 케이블 배열을 잘 살핀다. [그림 5-63]과 같다. 실 색상은 상관없이 양쪽 끝이 동일하게만 연결되면 되지만 표준사항으로 케이블을 만들기 위해서는 아래의 배열을 따르는 것이 좋다.

[그림 5-62] 케이블 배열

2. 케이블을 배선한 후에 양쪽에 부트캡을 끼워 놓는다. 부트캡은 어떤 라인이 몇 번 PC로 갔는지 색상이나 번호로 구분할 때 편리하다. 부트캡은 거꾸로 끼우면 황당한 일이 발생하니 끼우는 방향은 넓은 구멍이 케이블 끝부분이다.

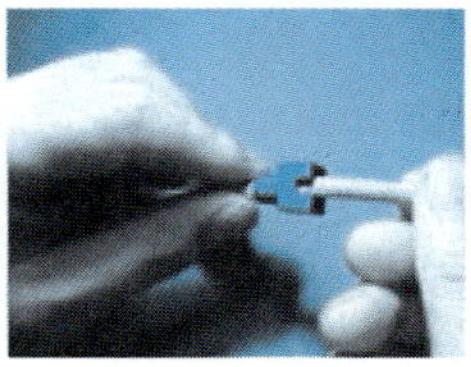

[그림 5-63] 배선한 후에 양쪽에 부트캡 입력

3. 탈피기(일명 껍데기 가위(?))로 표면을 벗겨낸다. 적당히 끼우고 빙빙 돌리면 표피만 둥글게 벗겨진다. 가만..가만..표피만 둥글게 잘라낸다.

[그림 5-64] 탈피기로 표면 제거

4 끝에서 2~4cm 정도되는 부분에서 하는게 적당하다. 표피를 벗길 때 내부선의 표피가 벗겨지지 않도록 주의한다.

[그림 5-65] 2~4cm 정도 제거

5 벗겨낸 선을 곱게 하나씩 편다. [그림 5-66]처럼 배열을 맞추면서 하나씩 곱게 편다.

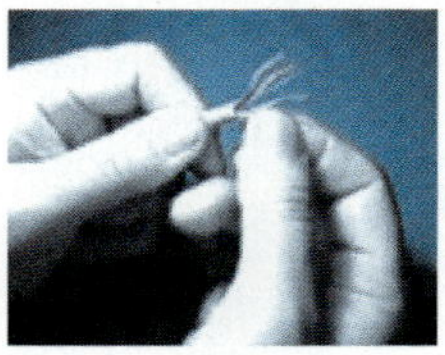

[그림 5-66] 배열을 맞추면서 하나씩 곱게 편다

6 곱게 편 다음에 하나씩 앞뒤로 꼭 잡고 약간 휘면서 구부리고 또 양 옆으로 트위스트하듯 펴면 케이블이 곧게 펴진다.

[그림 5-67] 약간 휘면서 구부린다.

7 [그림 5-68]처럼 케이블을 곧게 펴고 자를 부분을 결정한다.

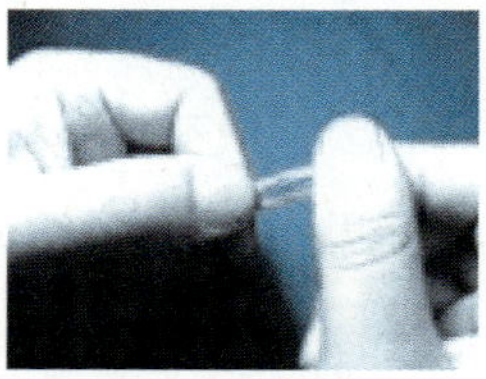

[그림 5-68] 케이블을 곧게 펴고 자를 부분을 결정

⑧ 편 부분의 끝을 꼭 잡고 나머지 부분을 자른다. 표피가 벗겨진 부분의 전체 길이는 너무 길게 하지 말고 2cm 정도로 하는게 좋다.

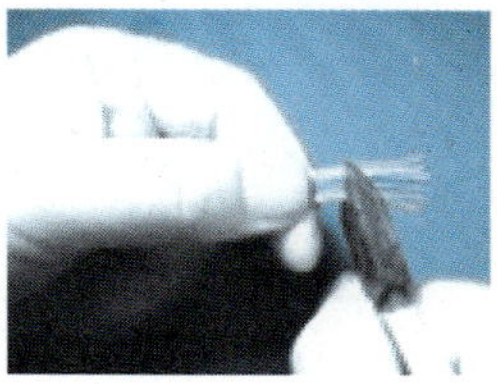

[그림 5-69] 2cm 정도 자른다.

⑨ 케이블 배열이 맞았는가를 확인하고 RJ45잭에 밀어 넣는다. 밀어 넣을 때는 정확하게 한쪽으로 밀리지 않게 양손으로 꼭 잡고 밀어 넣는다. 끝이 구부러지면 망치게 되니 주의해서 해야 한다.

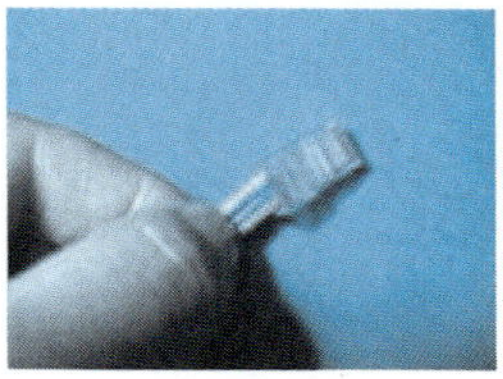

[그림 5-70] 확인하고 RJ45잭에 삽입

⑩ 정확하게 깊숙이 밀어 넣는다. 끝이 닿을 때까지 밀어 넣는다. 만사가 그렇듯이 삽입은 정확해야 행복한 결과를 볼 수가 있다.

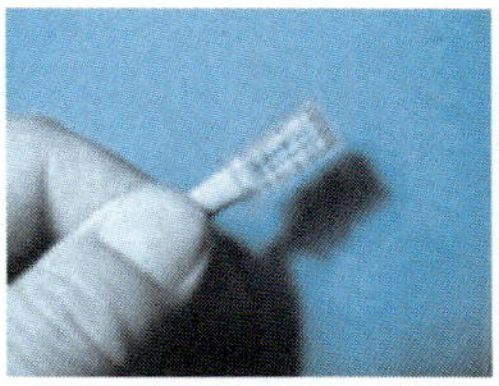

[그림 5-71] 끝이 닿을 때까지 밀어 넣는다

⑪ 끼운 부분을 RJ45잭을 찝어 주는 랜 툴에 낀다. 이때 미심쩍으면 뽑아서 다시 배열을 맞춘 후 끼운다. 여기서 잘못찍으면 다시 처음부터 해야 하기 때문이다.

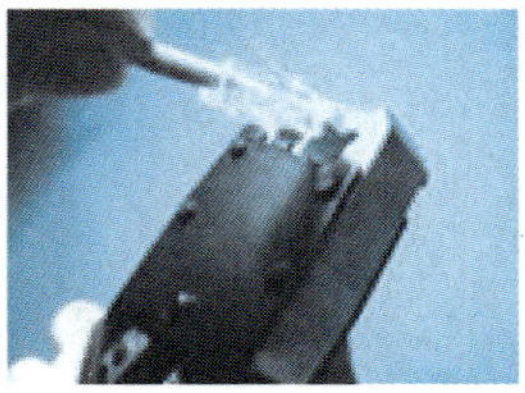

[그림 5-72] 끼운 부분을 RJ45잭을 찝어 주는 랜 툴에 낀다.

⑫ 선 끝을 꼭 잡고 끝까지 삽입한다. RJ45잭이 끝까지 닿도록 끼운다.

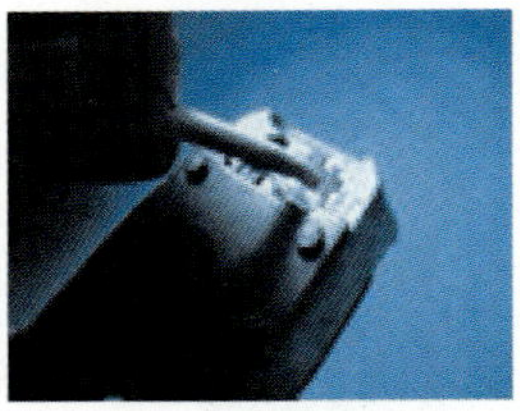

[그림 5-73] RJ45잭이 끝까지 닿도록 끼운다.

⑬ 랜 툴을 세게 눌러 끝까지 닿도록 한다. 참고로 랜 툴 중에는 기어식으로 끝이 맞물리지 않으면 풀어지지 않는 기어식이 있는데 이런 툴을 쓰면 불량이 없이 만들 수 있다.

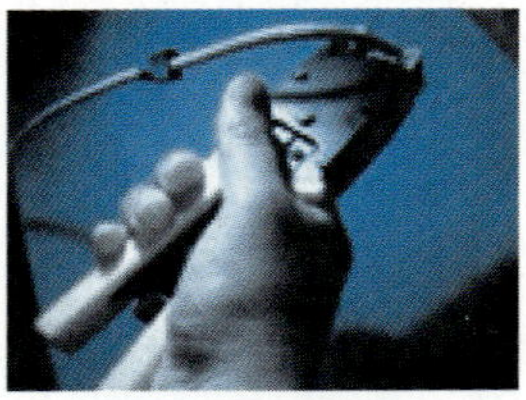

[그림 5-74] 랜 툴을 세게 눌러 끝까지 닿도록 한다

⑭ 랜 툴로 RJ45 잭을 찝고 난 후에 미리 끼워 두었던 부트캡을 당겨서 씌운다. 요철처럼 파여진 부분이 윗부분으로 맞추어 밀어 넣는다.

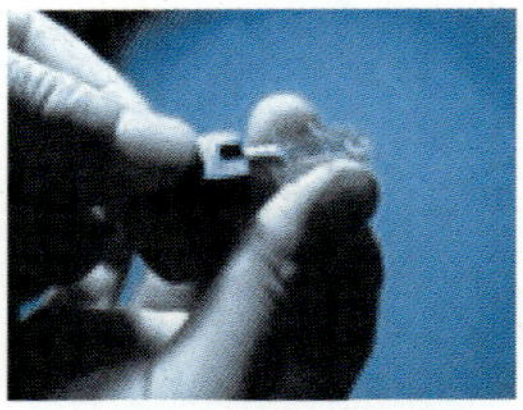

[그림 5-75] 부트캡을 당겨서 씌운다

⑮ 부트캡 밑에 연결될 PC의 번호나 사용자의 이름을 네임펜(공CD에 제목 쓸 때 쓰는 유성펜)으로 적어 놓는다. 특히 부트캡은 색상이 여러 가지가 있으므로 사용자의 그룹이나 작업그룹에 따라서 부트캡의 색상을 달리 해놓으면 잦은 자리이동 등으로 배선작업할 때 편리하다.

[그림 5-76] PC의 번호나 사용자의 이름을 적는다.

⑯ 완성된 케이블의 모습이다. 다이렉트 케이블과 크로스 케이블은 선 배열만 빼고 제작방법은 똑같다.

[그림 5-77] 완성된 케이블

8) 프린트 무선랜 설정

(1) 필수 구성품목

필수 구성품목은 다음과 같다.

(a) 유 · 무선 공유기 (b) 무선랜 지원 프린터(CLP-315W) (c) PC(유선 또는 무선)

[그림 5-78] 프린트 무선랜 설정 품목

(2) Infra-Structure 방식

무선랜 공유기 사용자 연결구상도는 [그림 5-79]와 같은 유 · 무선 네트워크 연결을 만들 수 있다.

① PC가 무선일 경우도 사용 가능하다.

② 네트워크 환경의 중심축은 유 · 무선 공유기가 된다.

[그림 5-79] 무선랜 공유기 사용자 연결구상도

(3) Ad-hoc 방식

공유기 미사용 무선 노트북 사용자 연결 구상도는 [그림 5-80]과 같다.

유 · 무선 공유기가 없는 사용자의 경우 무선 노트북을 사용하여 Ad-hoc 방식으로 연결 가능하다. [크로스 무선 연결 방식]

[그림 5-80] 공유기 미사용 무선 노트북 사용자 연결 구상도

(4) 무선 프린터 셋팅하기

1. CLP-315W의 경우 OPE[조작부]가 없는 모델로 초기부터 무선으로 설치가 불가능 최초 설치시 유선환경으로 설치 후 유선 LAN 환경에서 SWS(Smarthru Web Service)로 접근하여 셋팅한다.
2. 초기 유선랜 설치시 Set IP를 이용하여 프린터상 IP를 부여한다.
   (예 삼성전자 출시 TCP/IP 192.0.0.192)
3. 유선환경으로 정상적인 설치가 되었다면 하기 내용을 숙지 후 무선 프린터 설치를 시작한다.

④ 최초 인터넷 주소창에 http://프린터 IP를 입력 후 Enter → SWS 접근한다. SET IP에서 설정한 프린트 IP를 입력한다.

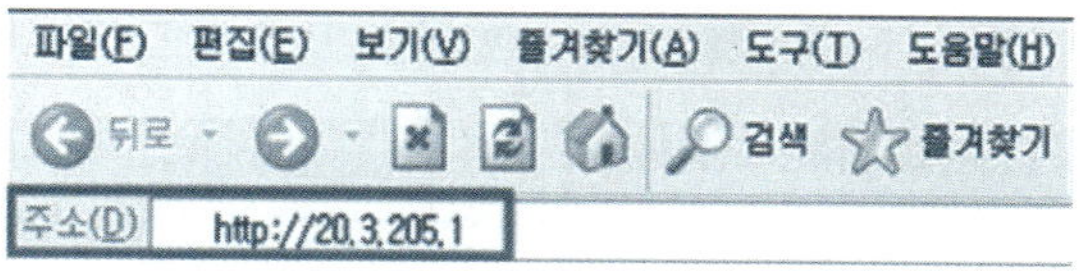

[그림 5-81] SET IP에서 프린트 IP를 입력

(5) SWS 무선 설정항목 확인

① 그림에서 SWS 화면을 참고하여 무선 프린터를 셋팅한다.

② SWS상 네트워크 설정 → 무선 항목을 선택한다.

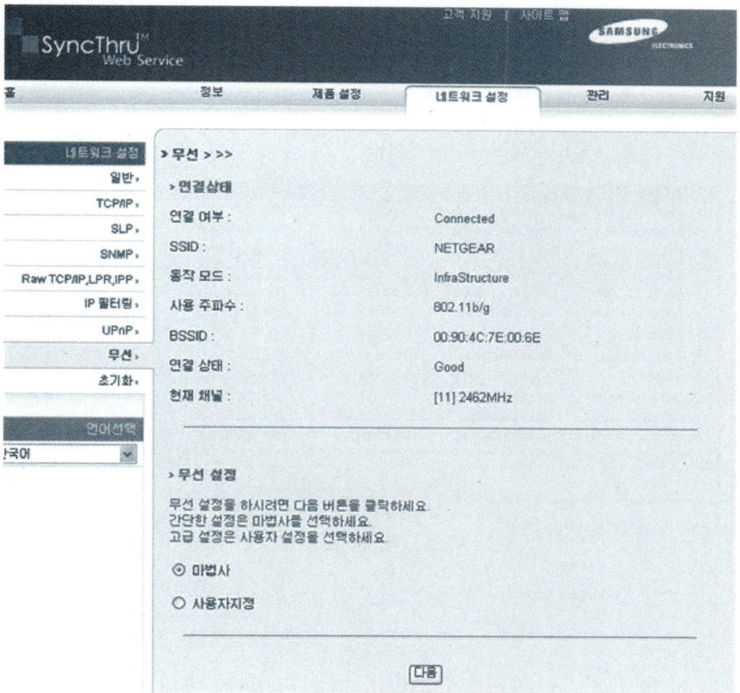

[그림 5-82] SWS 무선 설정항목 확인

9) SyncThru Set IP 개요

같은 네트워크 내에 있는 네트워크 프린터를 검색하고 검색된 프린터를 화면에 보여준다. 프린터의 IP주소, 서브넷 마스크 그리고 게이트웨이를 설정한다.

CHAPTER 05

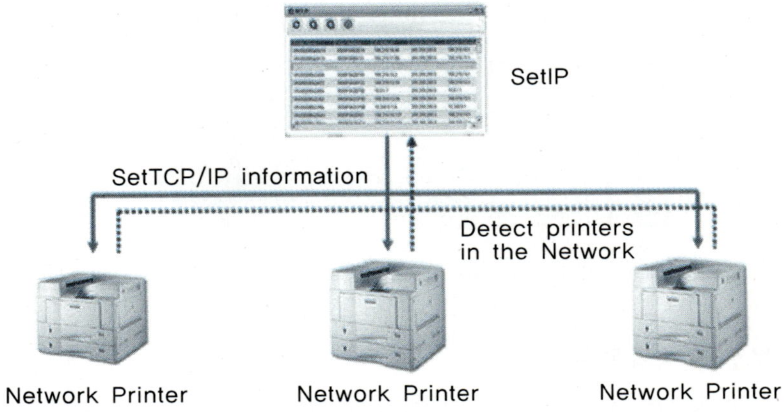

[그림 5-83] 프린터의 IP 주소, 서브넷 마스크, 게이트웨이를 설정

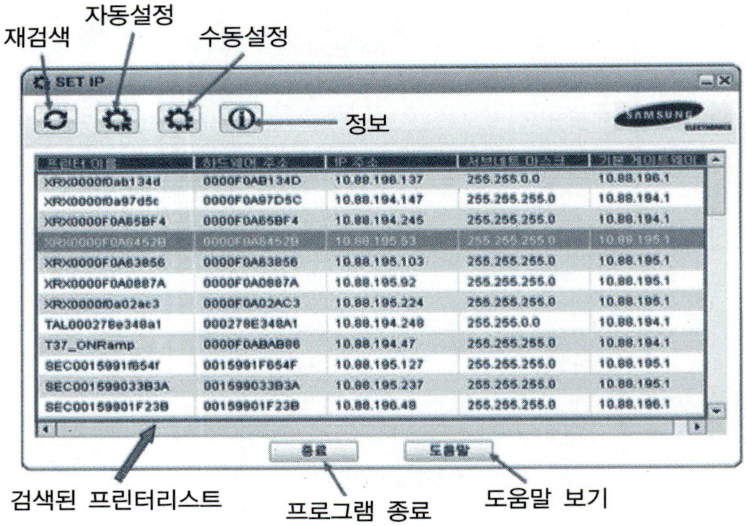

[그림 5-84] 네트워크 프린터를 검색하고 검색된 프린터 화면

시작 → 모든 프로그램 → 삼성 네트워크 프린터 유틸리티 → SetIP → SetIP 실행

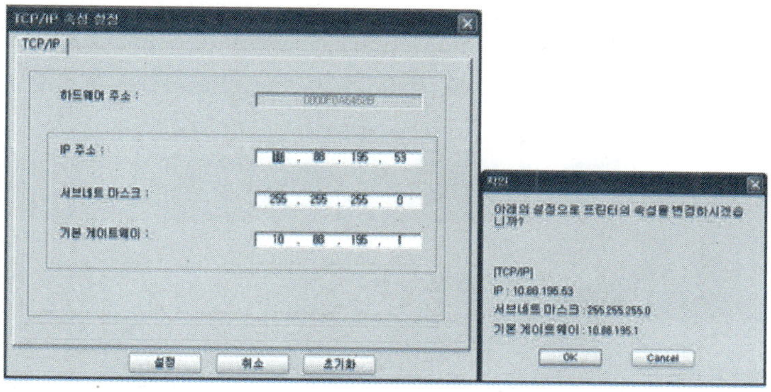

[그림 5-85] IP 주소, 서브넷 마스크, 게이트웨이를 설정

- 사용자는 IP 주소와 서브넷 마스크, 게이트웨이를 설정할 수 있다.
- 사용자는 수동으로 IP 주소와 서브넷 마스크, 게이트웨이를 설정할 수 있으나 반드시 프린터의 하드웨어 주소도 함께 입력해야 한다.

10) SyncThru Web Service

NIC가 장착된 네트워크 프린터가 가능한 제품에서 제공되는 Web 기반의 관리 Tool이다.

(1) 임베디드 웹 서버 카드 관리

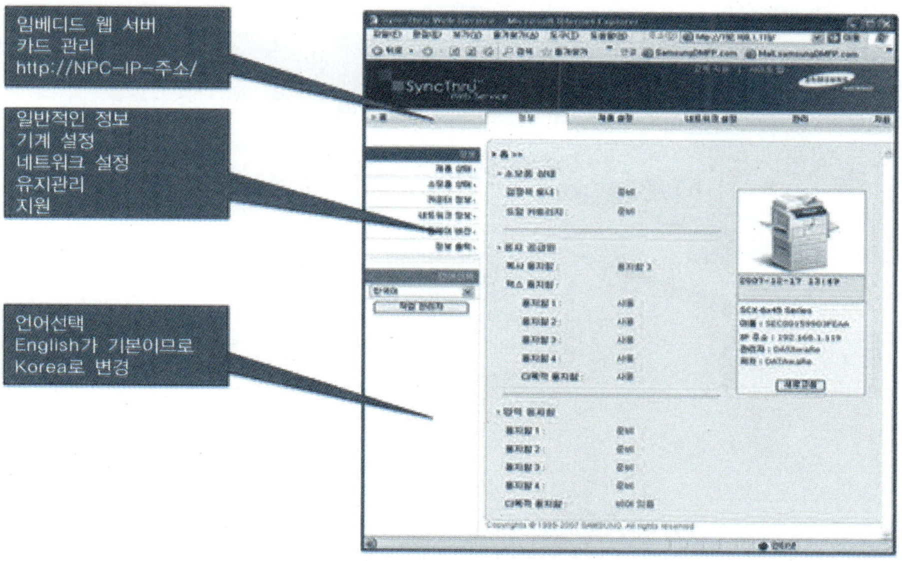

[그림 5-86] 임베디드 웹 서버 카드 관리

(2) 일반정보

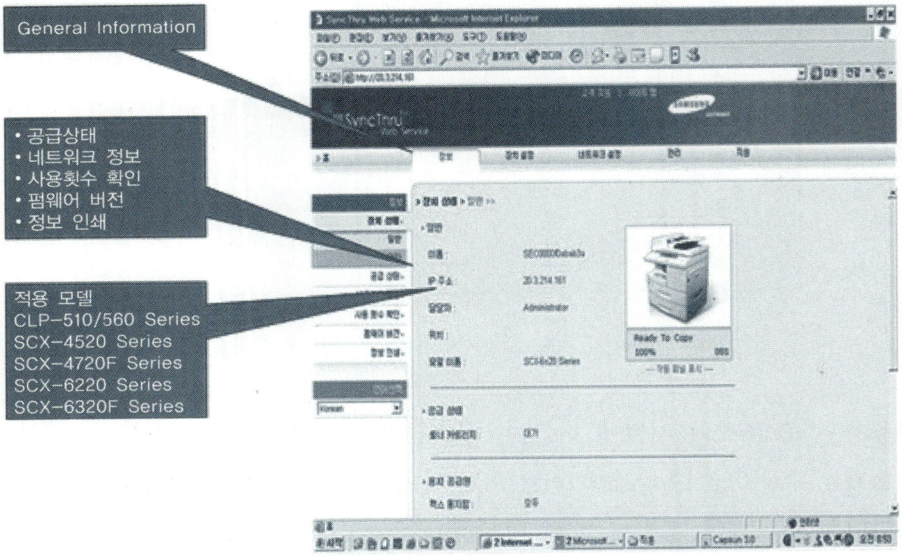

[그림 5-87] 임베디드 웹 서버 카드 일반정보

(3) 장치 설정

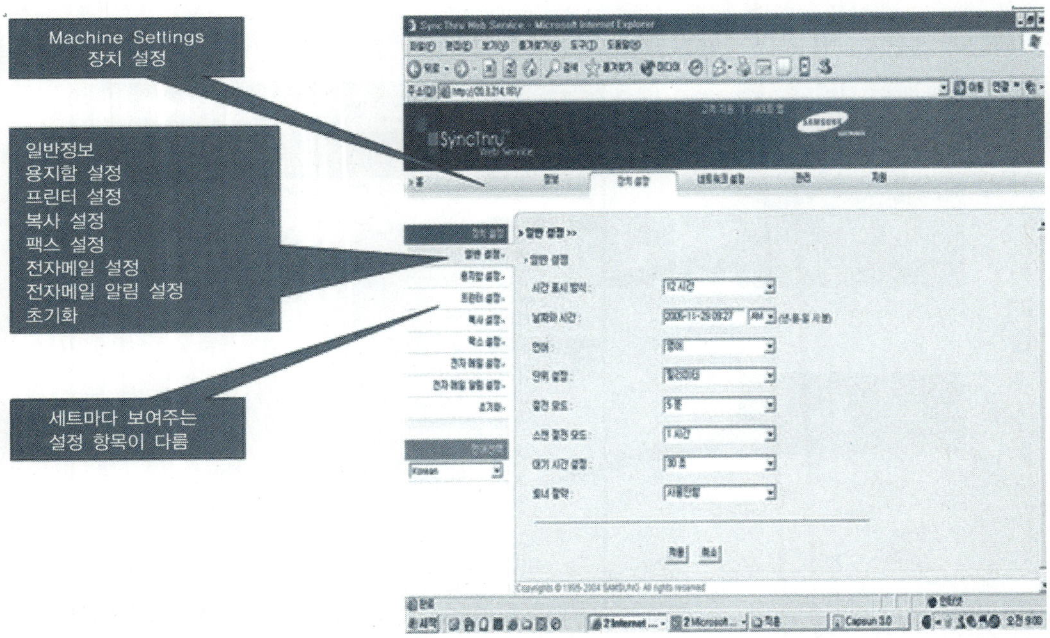

[그림 5-88] 임베디드 웹 서버 장치설정

(4) 일반정보

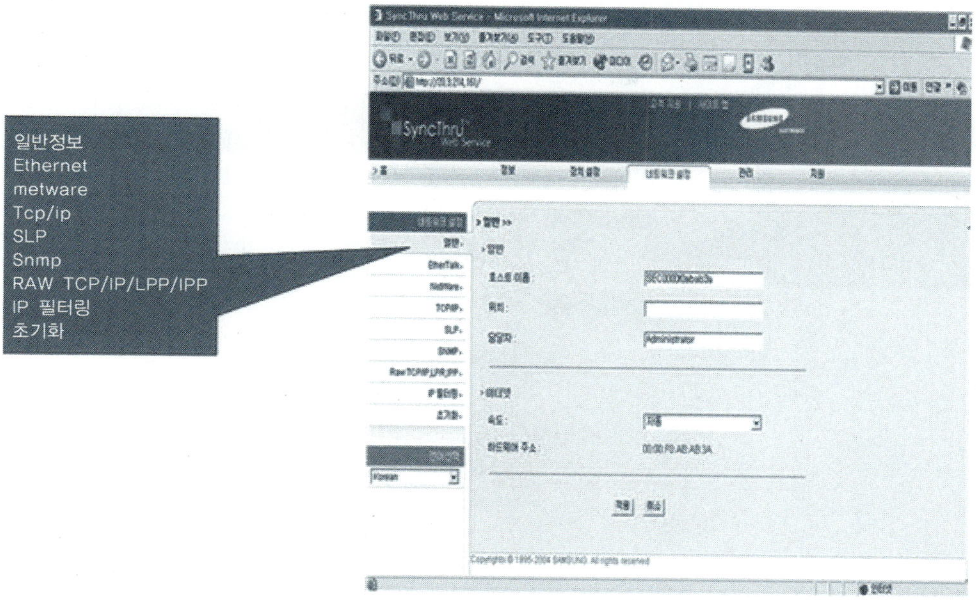

[그림 5-89] 임베디드 웹 서버 일반정보

(5) 유지관리

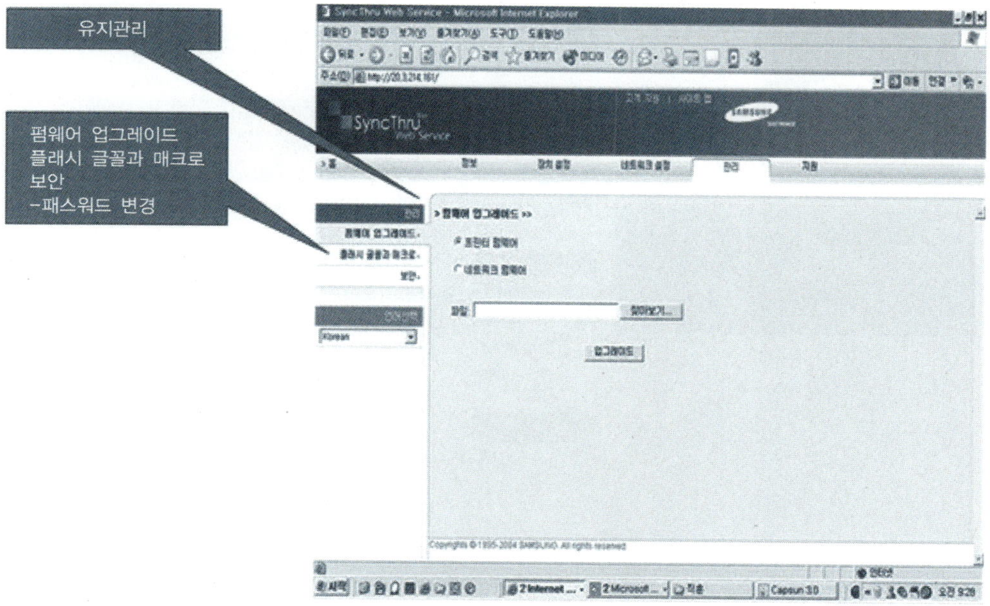

[그림 5-90] 임베디드 웹 서버 유지관리

(6) 지 원

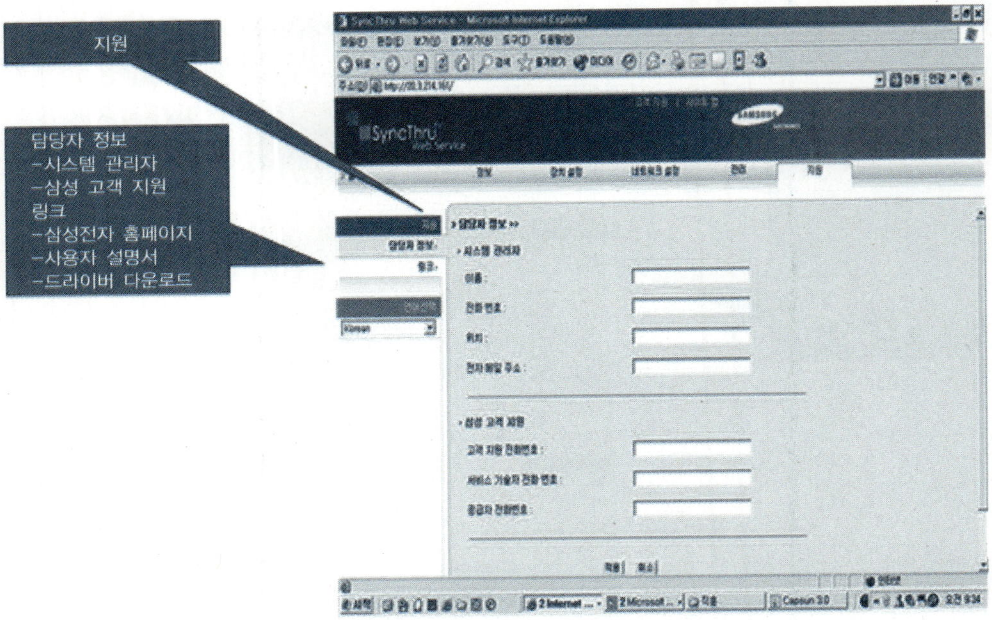

[그림 5-91] 임베디드 웹 서버 지원

(7) 서비스 MFP

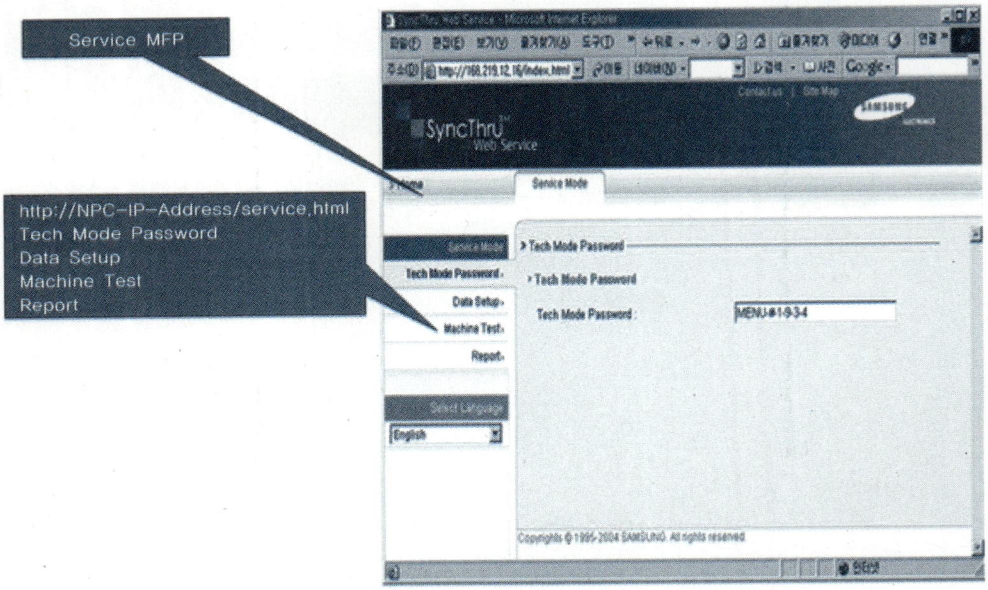

[그림 5-92] 임베디드 웹 서버 서비스 MFP

11) Embedded Web Server

임베디드 웹 서버(Embedded Web Server)는 MFP가 아닌 단순 네트워크 프린터에서 관련된 정보 및 설정값을 관리하기 위한 Web 기반의 관리 Tool이다.

(1) 임베디드 웹

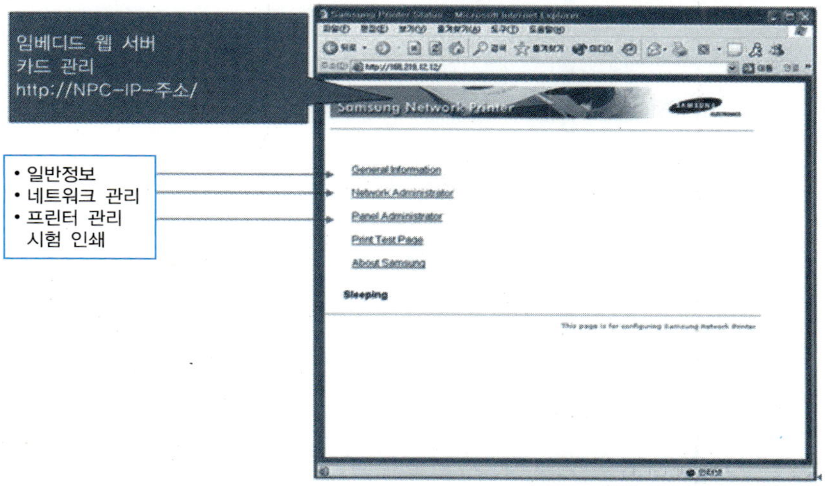

[그림 5-93] 임베디드 웹 서버

(2) 프린트 상세정보

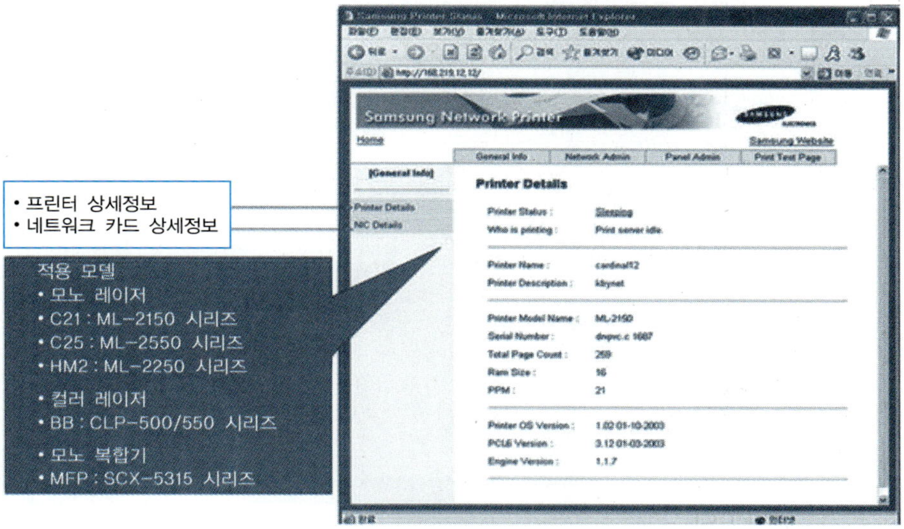

[그림 5-94] 프린트 상세정보

(3) 네트워크 관리

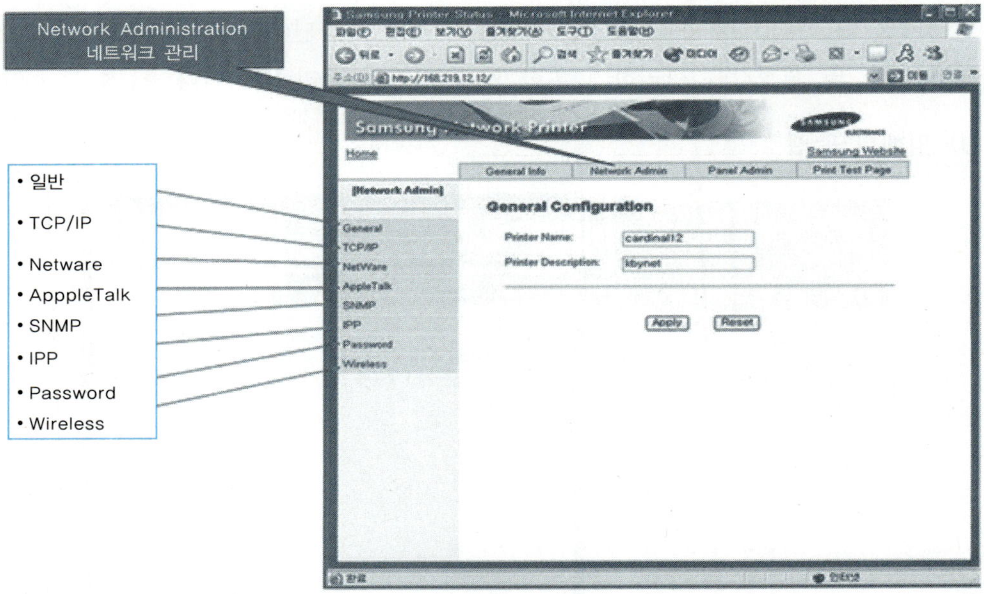

[그림 5-95] 네트워크 관리

(4) 테스트 페이지 프린팅

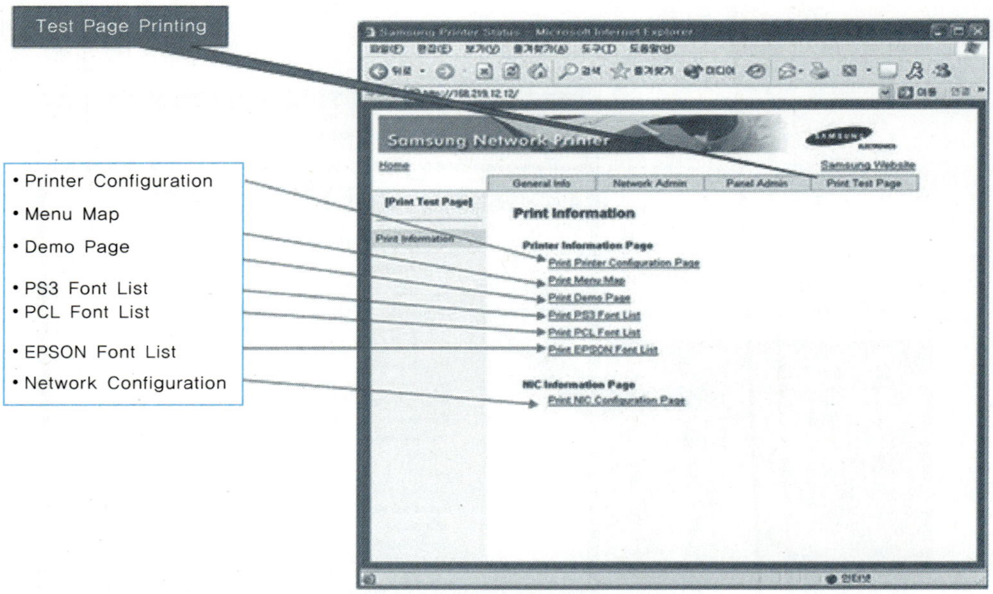

[그림 5-96] 테스트 페이지 프린팅

(5) 프린터 어드미니스트레이션

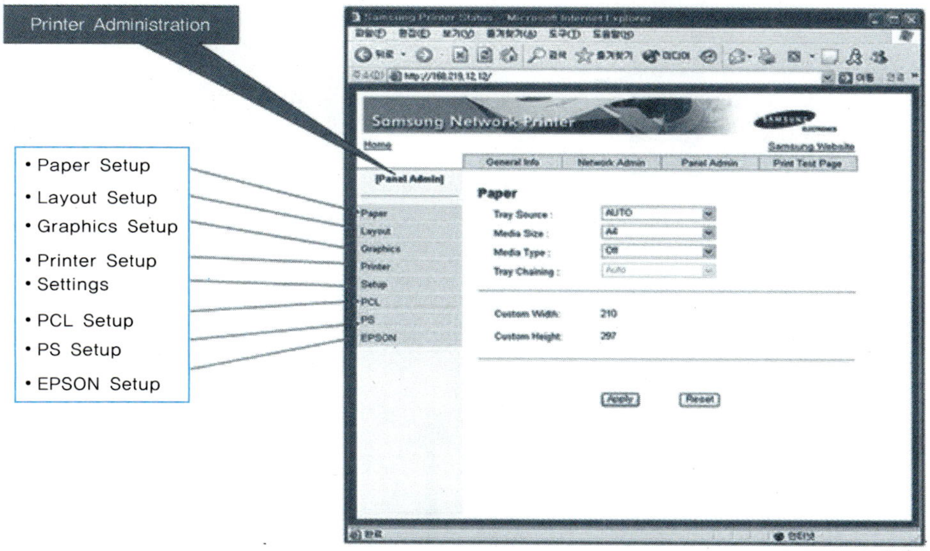

[그림 5-97] 프린터 어드미니스트레이션

12) DMFP 포장 박스 식별방법

실제 제품에 사용되는 Box 이미지 도안이다. 이러한 제품을 포장상태에서 취급할 때 제품 Box는 어떤 주의를 요구하는지 보도록 한다.

[그림 5-98] DMFP 포장 박스 식별방법

① 이 제품을 적재, 보관시에는 동일 제품 2단 초과 적재 불가표시이다(제품마다 상이함).

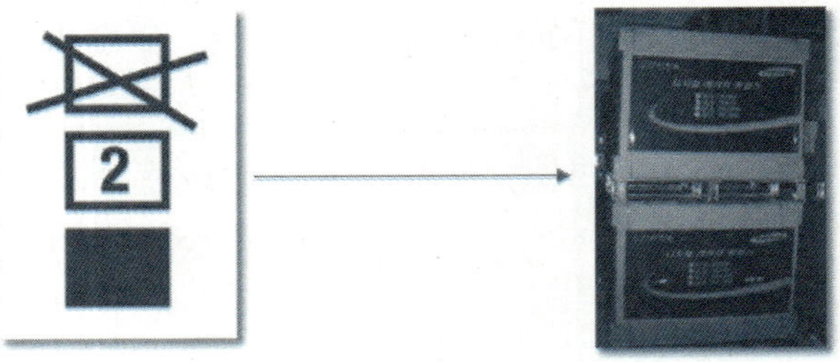

[그림 5-99] 제품 2단 초과 적재 불가표시

② 이 제품을 보관할 때 이 마크가 위를 향하도록 보관해야 한다.

[그림 5-100] 위를 향하도록 보관

③ 이 제품은 직접적인 습기와의 접촉을 피해야 한다.

[그림 5-101] 직접적인 습기와의 접촉을 피하는 표시

④ 이 제품은 깨지기 쉬운 Glass(유리) 소재가 포함된 제품이다.

[그림 5-102] 깨지기 쉬운 유리 소재가 포함된 제품

⑤ 이 제품은 보관 및 취급시 충격 및 주의를 요한다.

[그림 5-103] 보관 및 취급시 충격 및 주의

⑥ 이 제품은 중량과 부피가 있으므로 이동, 설치시 2명이 함께 들어야 한다.

[그림 5-104] 이동, 설치시 2명이 함께 들어야 한다

⑦ 이 제품은 독일의 환경인증 [Green Punkt(그린 풍크트)]에 만족하는 제품이다.

[그림 5-105] 독일의 환경인증 (그린 풍크트)에 만족하는 제품

간단히, [Green Punkt(그륀 풍크트)]는 1991년 독일에서 DSD(Dual System Deutschland) 제도를 출범하며 만든 환경 마크이다. 즉, 일회용 재료(주로 포장재)를 쓰는 모든 제조업체는 DSD에 일정한 요율의 환경 부담금을 납부하면 [Green Punkt(그린 풍크트)]를 포장재 표면에 표시할 수 있으며, 이 포장재가 폐기물이 되었을 때의 수거책임을 DSD가 갖게 된다(국내에도 이와 같은 EPR제도를 운영).
외국의 제품이 독일에 수출되기 위해서는 반드시 [Green Punkt(그린 풍크트)] 인증을 받아야 하며, 환경에 까다로운 독일 및 유럽에 수출인증을 받은 제품이라는 의미가 된다.

⑧ 이 제품에 사용된 포장재는 Recycle(재활용)이 되므로 분리배출을 요한다.

[그림 5-106] 포장재는 재활용이 되므로 분리배출

⑨ 제품을 사용하지 않는 시간에는 자동적으로 절전모드로 전환되거나, 플러그만 꽂아 둔 상태에서 대기소비전력을 기준치 이하로 최소화하는 제품에만 부착할 수 있는 [에너지 보이], 에너지 절약기호이다.

[그림 5-107] 에너지 절약 기호

⑩ 또한 제품에 따라서 [직사광선]을 피해야 하는 제품, 제품이 요구하는 적정 온도, Ozone Free(오존 프리), 제품의 Emulator, Software 기호, 제품과 호환 가능한 PC의 운영체제와 관련한 기호 등이 있다.

[그림 5-108] 매우 다양하며 제품의 Spec에 맞는 박스표기

이와 같이 제품의 종류, 특성마다 박스에 마킹되는 주의 표기는 매우 다양하며 제품의 Spec에 맞는 적재, 보관의 관심이 절대적으로 필요하다.

06 복합기(SCX-6545N)의 설치, 고장진단 및 분해

1) 복합기 제품구성

다음은 복합기 SCX-6545N Mechanism의 제품구성으로 다음과 같다.

- 표준 페이퍼 홀딩(Standard paper handing)
- Simple Finisher
- Fax 키트(랜과 팩스를 포함) : Super G3
- 80GB HD
- 표준 Consumables : 25K 토너, 80K 드럼
- 표준 인터페이스 : USB 2.0(고속), 10/100Base TX
- 소프트웨어 옵션
- SCF : 2번째, 3번째, 4번째(520sheets×3)
- 스탠드 : Short/Tail
- FDI

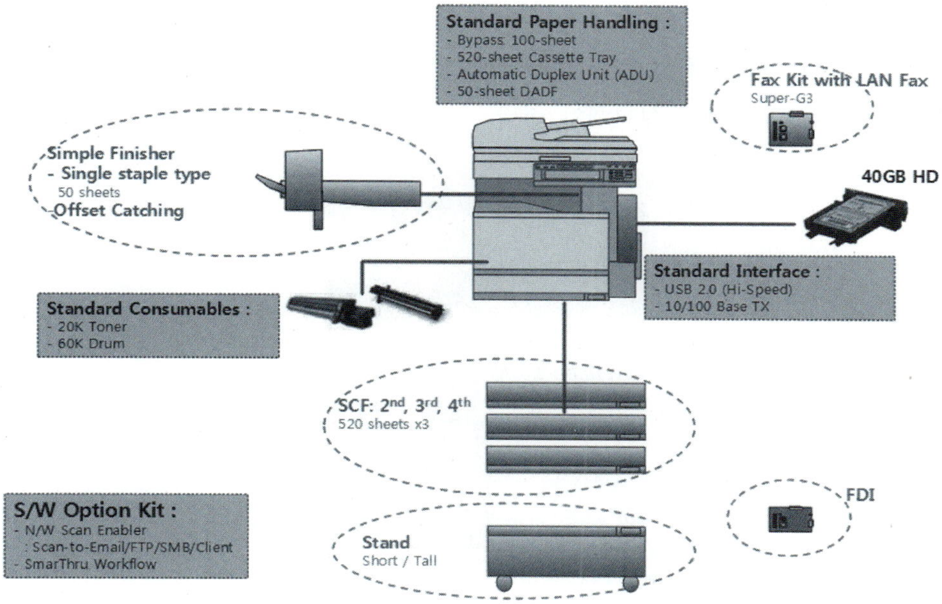

[그림 5-109] SCX-6545N Mechanism의 제품 구성

05

2) 고객에 설치 가능성을 고려한 CRU 설계

고객에 제품을 설치할 때 고려할 사항이 다음과 같다.

(1) 슬라이드-인 구조의 Finisher

슬라이드 인(Slide-in) 구조에서 Finisher를 끝까지 뺏을 경우에 벽에 닿거나 다른 기기들과의 접촉 등을 고려하여 설치해야 한다.

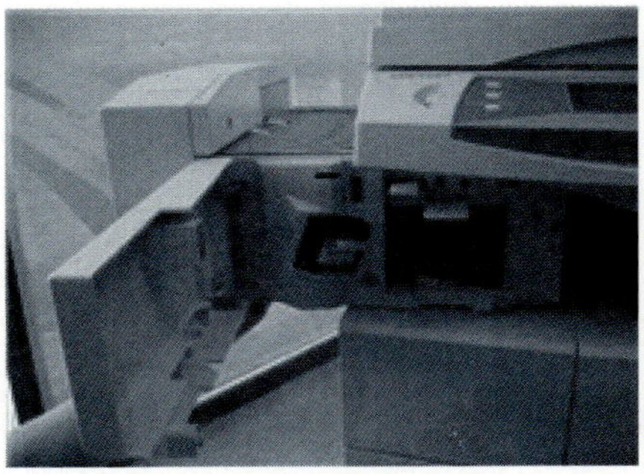

[그림 5-110] 슬라이드-인 구조의 Finisher

(2) 슬라이드-인 구조의 Fax 모듈

슬라이드 인(Slide-in) 구조에서 Fax 모듈은 고객의 설치장소에 팩스포트와 랜포트를 고려하여 설치장치를 고려하는 것이 좋다. 또는 이동 및 설치시에 벽에 닿거나 다른 기기들과의 접촉 등을 고려하여 설치해야 한다.

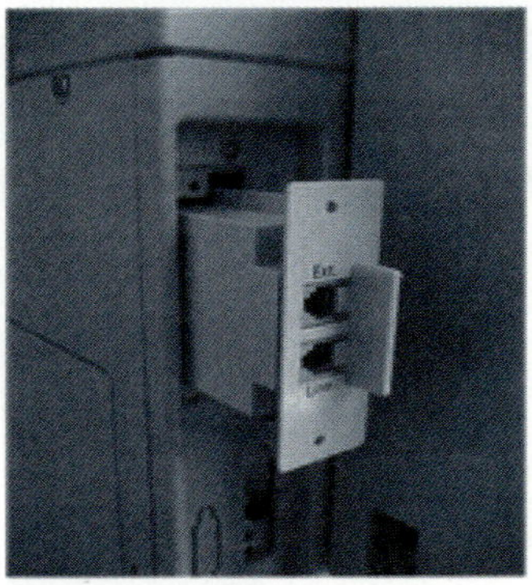

[그림 5-111] 슬라이드-인 구조의 Fax 모듈

(3) **메모리와 옵션 키트의 업그레이드 용이성**

메모리와 옵션 키트의 업그레이드가 용이하도록 설치해야 한다.

[그림 5-112] 메모리와 옵션 키트

(4) **드럼과 토너 카트리지 설치의 용이성**

SCX-6345N Mechanism의 제품을 설치시 공간 확보를 드럼과 토너 카트리지 설치가 용이하도록 확보하는 것이 좋다.

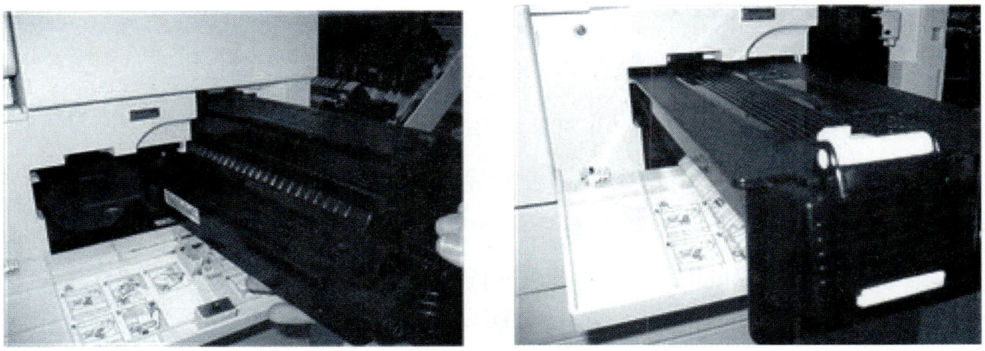

[그림 5-113] 드럼과 토너 카트리지

3) DADF Document path 과정

다큐멘트(Document) 종이 패스 과정은 2가지 경우가 있다.

(1) simplex의 경우

1 → 2 → 3 → 4 → 6 순으로 처리된다.

(2) Duplex의 경우

1 → 2 → 3 → 4 → 5 → 3 → 4 → 5 → 3 → 4 → 6 순으로 처리된다.

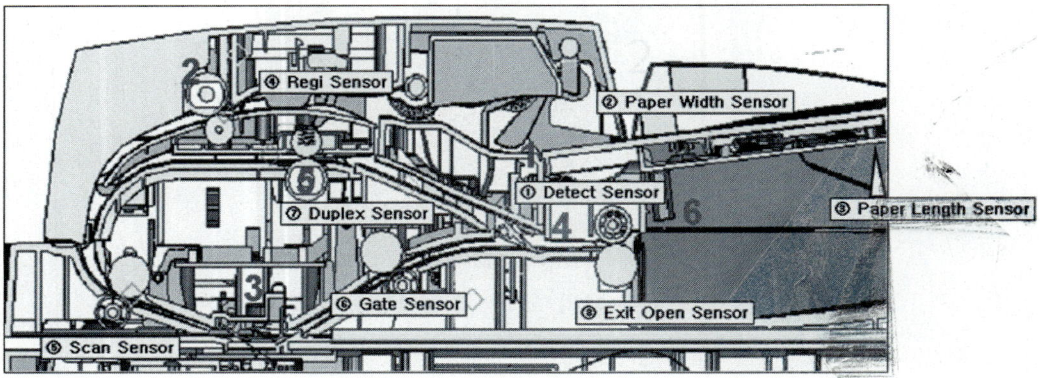

[그림 5-114] DADF Document path 과정

4) 프린팅 종이 처리과정

프린팅 종이 처리과정은 다음과 같다.

① Bin Full Sensor : Stacker상에 종이의 Overflowing 점검한다.

② Regi Sensor/Feed Sensor : 정확한 종이 위치를 위한 2개의 Regi 센서

③ Exit Sensor : Fuser상에 종이 위치를 점검한다.

④ Duplex Jam : Duplex path1상에 종이 위치를 점검한다.

⑤ Paper Empty Sensor : Cassette상에 종이의 상태를 점검한다.

⑥ Duplex Ready : Duplex path상에 종이의 준비 상태를 점검한다.

⑦ Cassette Detect : Cassette insertion를 점검한다.

⑧ Paper Limit : Feeding position까지 종이가 올라왔는지를 점검한다.

⑨ Paper Low Sensor : 종이가 100페이지 이하를 점검한다.

⑩ SCF Feed : Paper feeding path 있는 곳을 점검한다.

⑪ SCF Door Open Sensor : SCF 도어 오픈 상태를 점검한다.

⑫ MPF Empty Sensor : MPF상에 종이 상태를 점검한다.

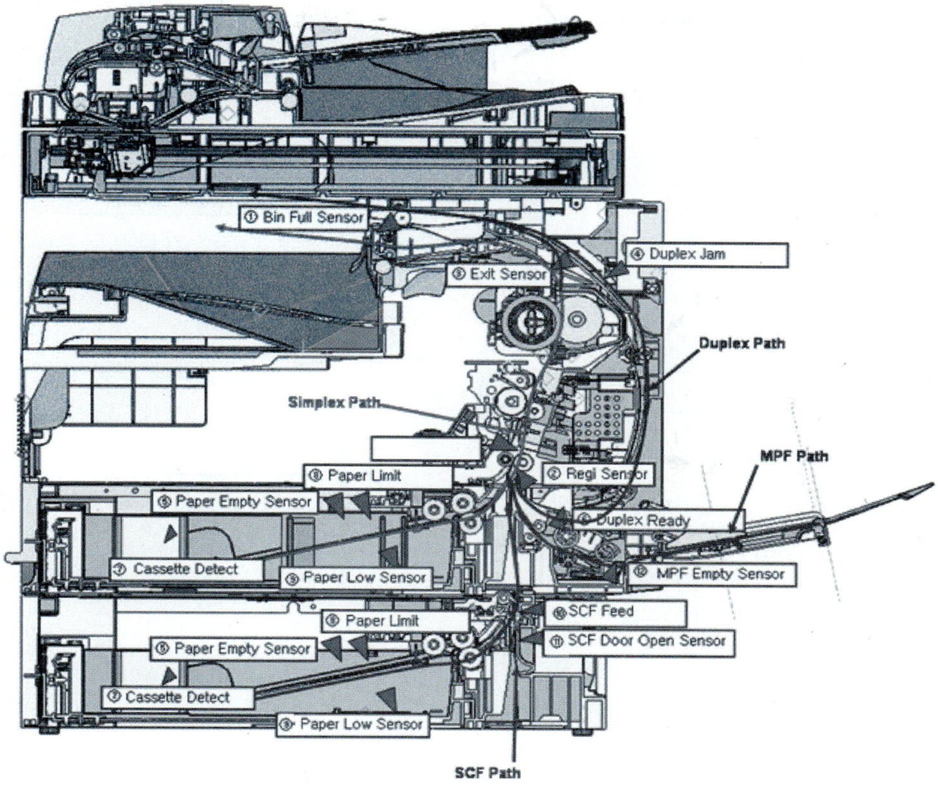

[그림 5-115] 프린팅 종이 처리과정

5) 전기광(Electro-photographic) 처리

복사 처리시에 복합기의 전기 및 광특성은 다음과 같다.

Tansfer 롤러(THV ; +21000V), OPC(VO = −610V, VL = −100V), 전하 롤러(MHV ; −1260V), LSU(0.13mW), 마그네틱 롤러(Deve Bias ; −480V)이다.

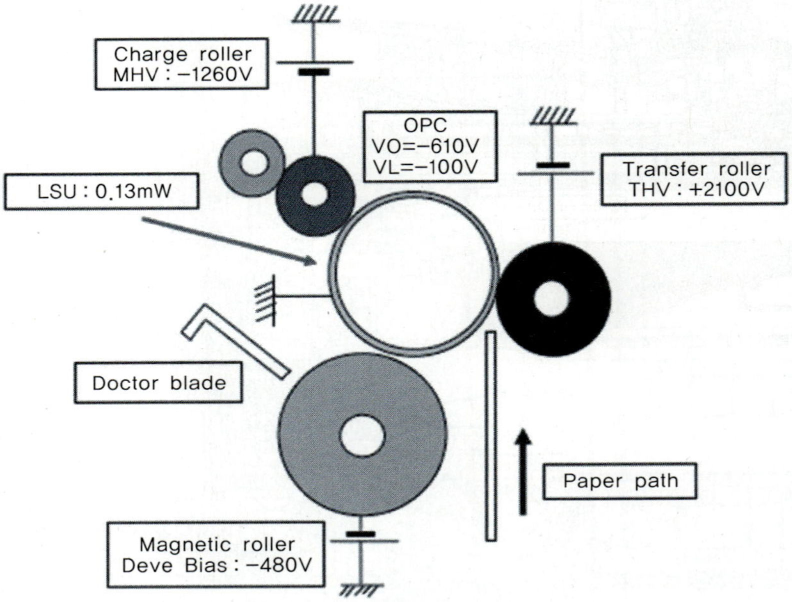

[그림 5-116] 전기광 처리특성

6) 시스템의 구성 및 방식

(1) 급지부

- 급지 형태 : 일반 Cassette 방식
- 급지 방식 : 중앙 Loading 방식
- 급지 용량 : Cassette 520Sheets(75g/m^2 일반용지)
  Manual Feed 100Sheets(75g/m^2 일반용지)
  20Sheets(OHP, 봉투, etc.)
  SCF 520Sheets(선택 사양)
- 용지 잔량 감지 센서 : 광센서 적용
- 용지 크기 감지 센서 : Tact Switch 적용

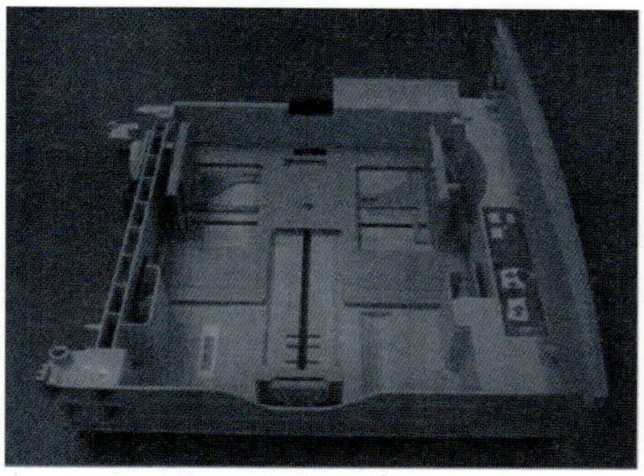

[그림 5-117] 카세트

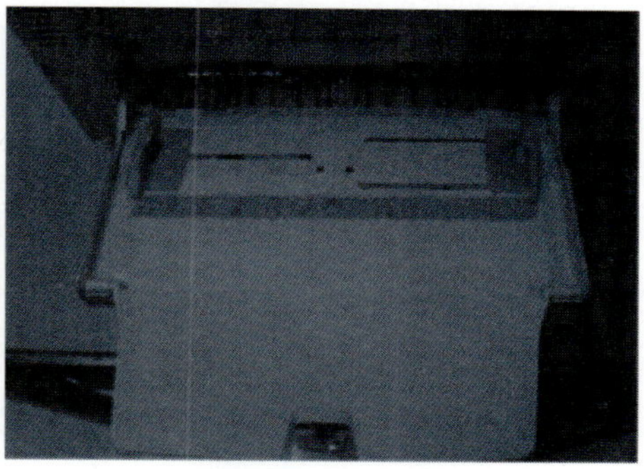

[그림 5-118] MPF

(2) **전사** Ass'y

- 전사 악세서리는 수명 보증기간이 10만매이다.

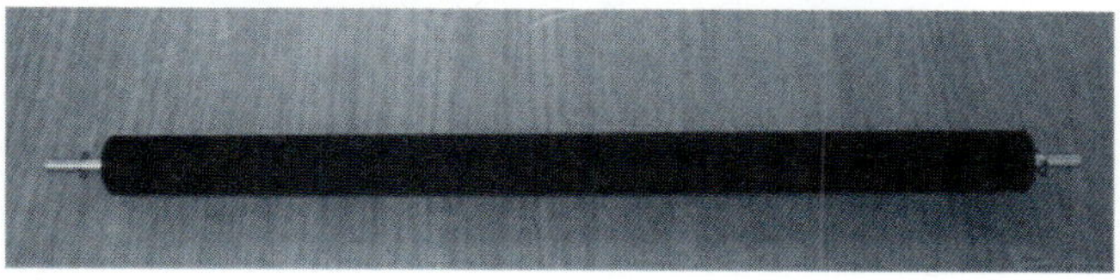

[그림 5-119] 전사 악세사리

(3) **구동부 악세서리**

- MAIN Motor는 일반 급지, Manual 급지, OPC, Registration roller를 구동
- Toner Motor는 토너 공급 역할 수행
- Fuser Motor는 정착기와 Exit roller를 구동
- Duplex Motor는 Duplex system 구동
- Exit Motor는 안정적 용지 적재 상태를 유지시킴

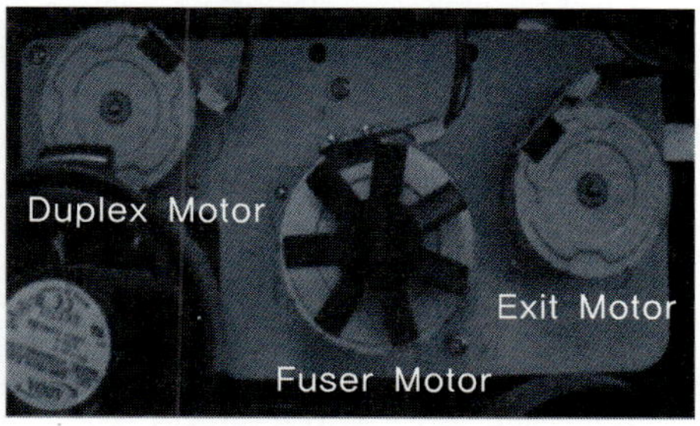

[그림 5-120] 토너모터와 퓨저모터

(4) 정착기

- 정착 방식 : [Induction Heating]
- 정착 Fuser Roller : [ø40 with 0.1 Crown]
- 정착 Pressure Roller : [ø50 electrically conductive]
- 서미스터(Thermistor) – 온도감지 센서
- 서모스트(Thermostat) – 과열방지 장치

[그림 5-121] 정착기

[표 5-23] 정착기의 문제점

문제점	세부내용
오픈 히트 에러	warm-up시 15초간 80° 이하일 경우
오버 히트 에러	3초 동안 225° 이상일 경우
저온 히트 에러	10초 동안 10° 이하일 경우

(5) LSU

LSU는 레이저 다이오드(LD)와 폴리건(Polygon) 모터 제어 시스템으로 구성되어 있다. 제어기(Controller)가 프린팅 신호를 발생시키면 LD가 켜지면서 폴리건 모터가 구동한다. LSU 수신부가 빔(Beam)을 감지하면 Hsync가 발생한다.

폴리건 모터 회전이 정속도가 되면 LSU는 프린팅(Printing) 준비상태가 된다. 두 가지 조건 중 한 가지라도 만족스럽지 않을 경우 [표 5-24]와 같은 LSU 에러가 발생한다.

[표 5-24] LSU의 문제점

문제점	원인분석
폴리건 모터 에러	폴리건 모터의 정속도로 구동하지 않는다.
Hsync 에러	폴리건 모터가 정속도로 구동하지만 Hsync 신호가 발생하지 않는다.

(6) 스캔부

- 스캔 방식 : Color CCD(203×98dpi)
- 스캔 속도 : 4.27sec/A4
- 스캔 시간 : 1.16sec/A4
- 스캔 준비시간 : 3.11sec

[그림 5-122] 스캐너

(7) 토너 카트리지

- 토너 카트리지의 수명 : 2만장

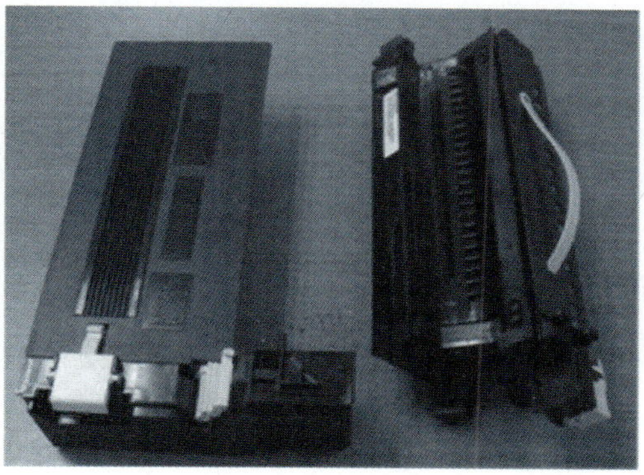

[그림 5-123] 토너 카트리지

(8) Finisher

- 적재 용량 : 500매 이상
- Staple 용량 : 50매

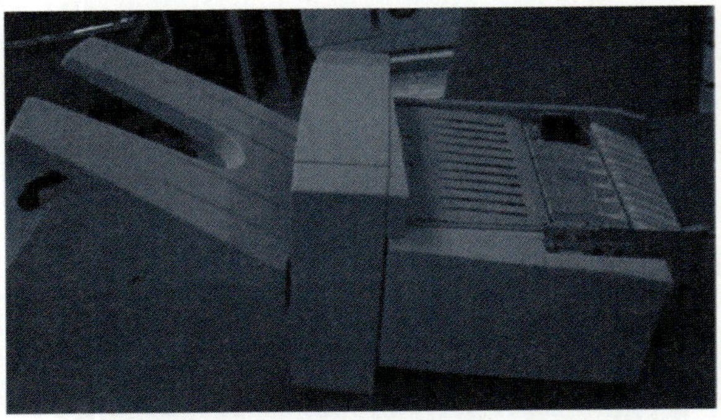

[그림 5-124] Finishor의 외형

(9) 옵션 트라이(Option Tray);(SCF)

- 용지 적재의 소비자 편의성 도모
- 용량 : 520매 [3단 설치 가능]

[그림 5-125] 옵션 트라이

7) 시스템의 분해

(1) Finisher 분리방법

① Finisher 커넥터를 뽑아낸다.

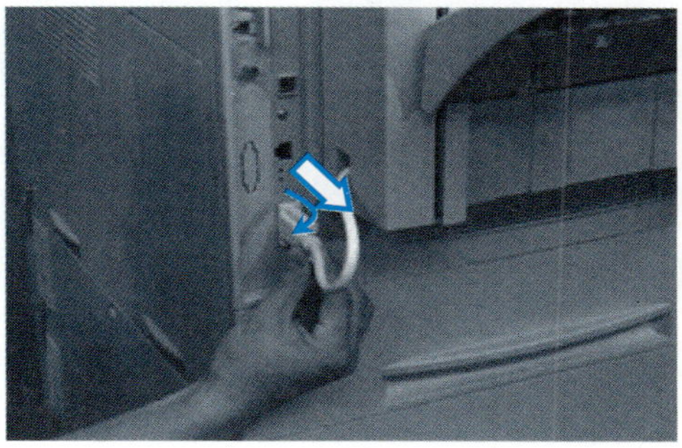

[그림 5-126] Finisher 커넥터 분리

② Latch를 눌러주면서 조심스럽게 Finisher를 당기는 형식으로 Finisher를 분리시킨다.

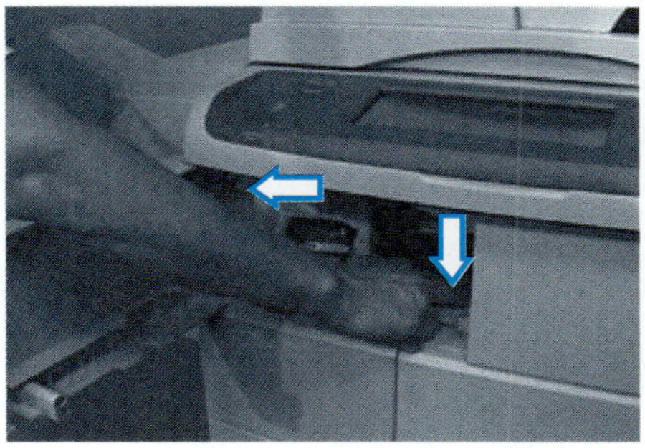

[그림 5-127] Finisher 분리

③ 화살표 방향으로 Finisher stacker를 제거시킨다.

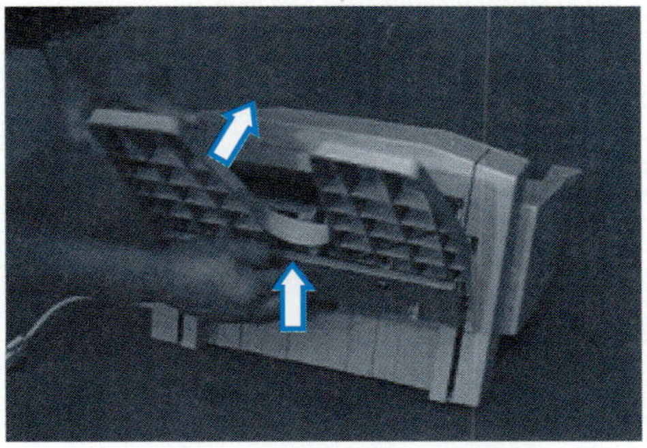

[그림 5-128] Finisher stacker 제거

④ [그림 5-129]와 같이 Latch를 이용하여 Staple을 분리시킨다.

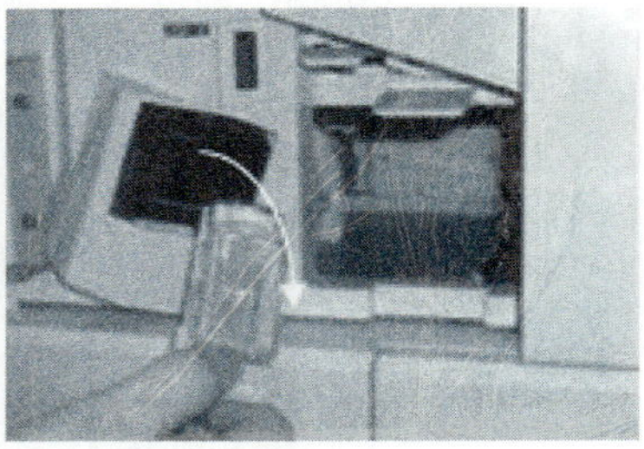

[그림 5-129] Staple 분리

(2) 커버 분리방법

① 다임 Screw를 제거하고, 지시 방향으로 Cover를 분리한다.

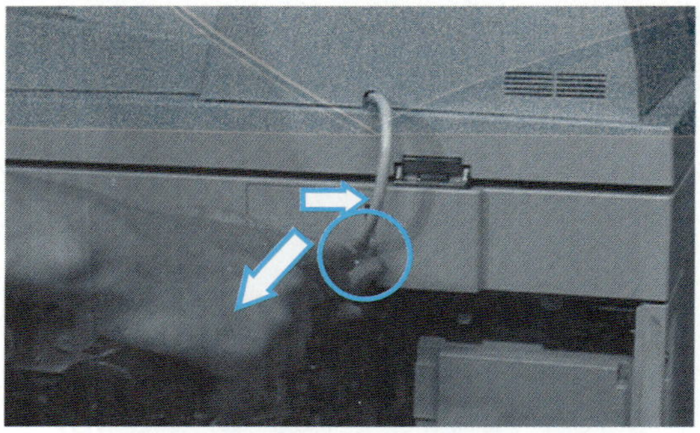

[그림 5-130] Cover를 분리

② 화살표 방향으로 스캔부를 분리시킨다.

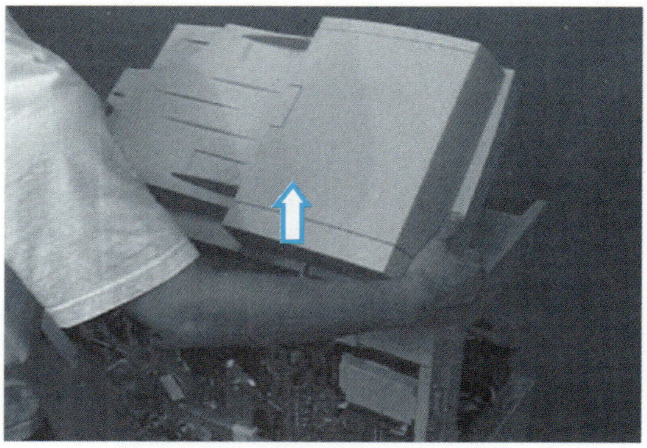

[그림 5-131] 스캔부 분리

(3) Stacker cover와 Front cover의 분리방법

① 다음 Screw 2개를 제거하고 Stacker cover를 화살표 방향으로 당기면서 분리시킨다.

[그림 5-132] Stacker cover 분리

② Cassette를 뽑아낸 후 3 × 10 Screw 2개를 제거한다.

[그림 5-133] Cassette 분리

③ Front cover를 열고 Screw 2개를 제거한다.

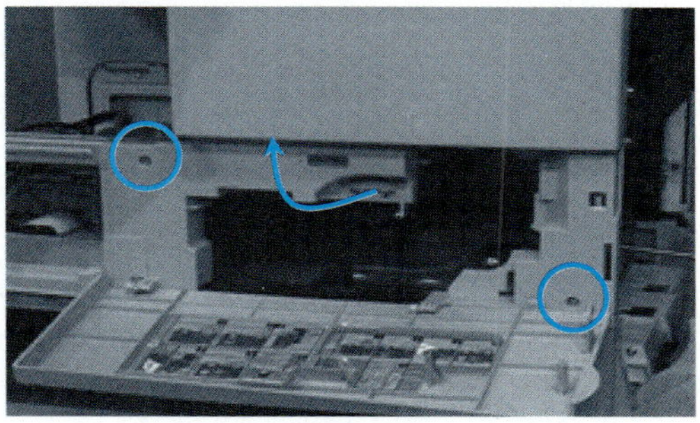

[그림 5-134] Front cover 오픈

④ 4 × 10 Screw 4개를 제거한다.

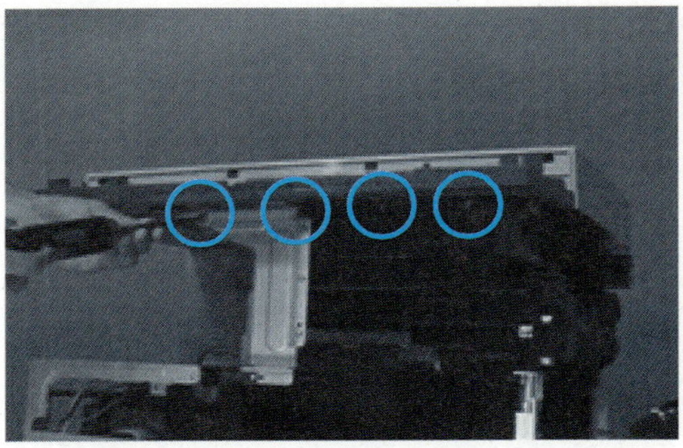

[그림 5-135] Screw 4개를 제거

⑤ 핀 2개와 4 × 10 Screw 6개를 제거한다.

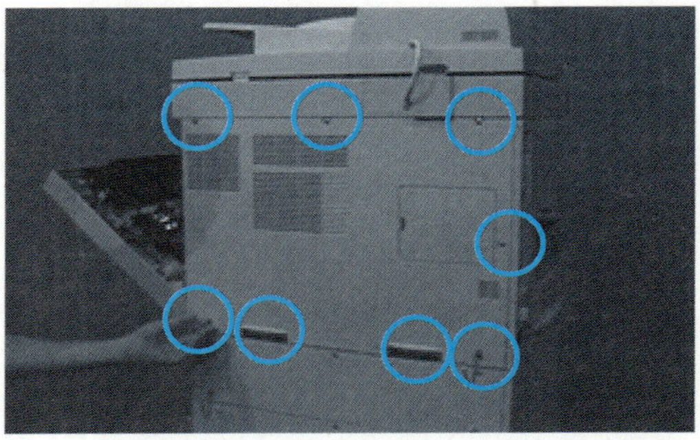

[그림 5-136] 핀 2개와 Screw 6개 제거

⑥ 4 × 10 Screw 3개와 커넥터 3개를 뽑아낸다.

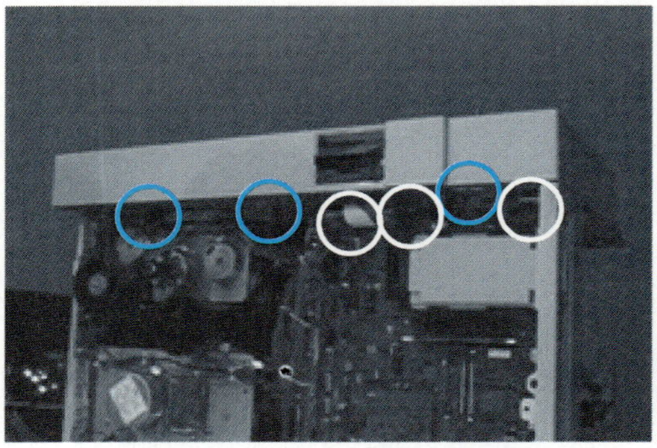

[그림 5-137] 4×10 screw 3개와 커넥터 3개 오픈

(4) Fax 분리방법

1 2개의 Thumb screw를 제거하고 Fax를 분리한다.

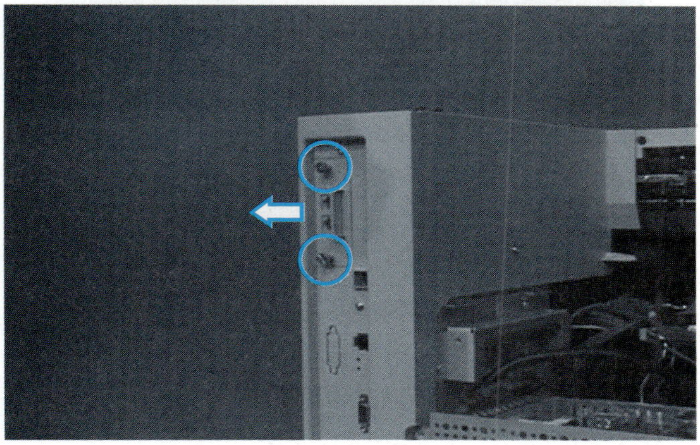

[그림 5-138] Thumb screw 제거 후 Fax 분리

(5) USB 및 Sub board 분리방법

1 3 × 10 Screw 1개를 제거하고 USB 보드를 분리한다.

[그림 5-139] USB 보드 분리

② Hook를 뽑아내고 Sub board를 분리한다.

[그림 5-140] Sub board 분리

③ Connector를 뽑아내고 Screw 5개를 제거한다.

[그림 5-141] Connector 오픈 후 Screw 5개 제거

(6) IH 보드 분리방법

① Screw 한 개를 제거한다.

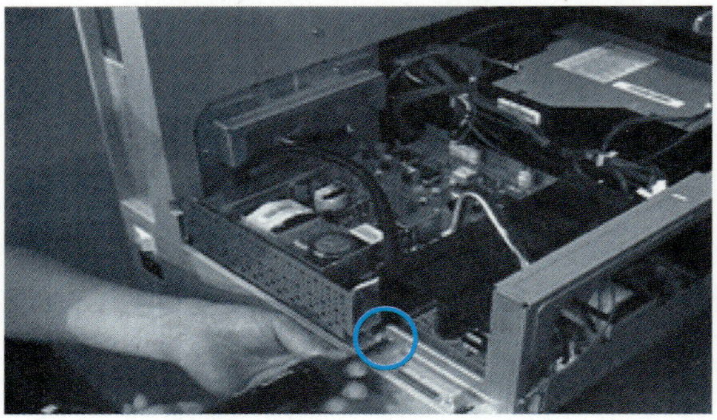

[그림 5-142] Screw 한 개 제거

② SMPS를 약간 당긴 후 Connector를 뽑아낸다.

[그림 5-143] SMPS 당긴 후 Connector 분리

③ Screw 1개를 제거하고 화살표 방향으로 Cover를 당겨 분리시킨다.

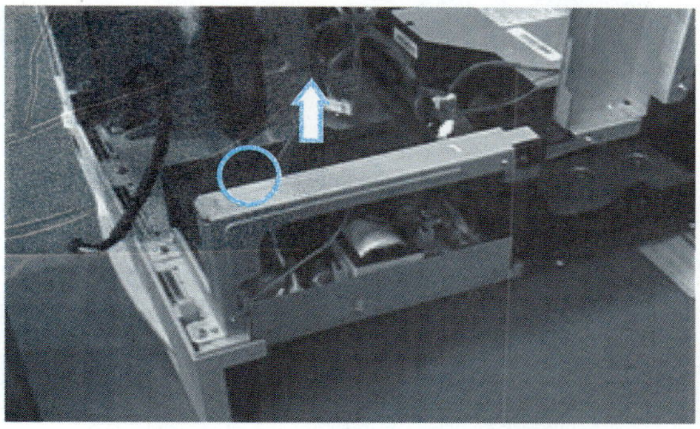

[그림 5-144] Screw 제거 후 Cover 분리

④ Screw 1개를 제거하고, Connector를 뽑은 후 IH 보드를 분리시킨다.

[그림 5-145] IH 보드 분리

(7) 전사 롤러 분리방법

① [그림 5-146]과 같이 두 방향으로 Latch를 누른 후 전사 롤러를 분리시킨다.

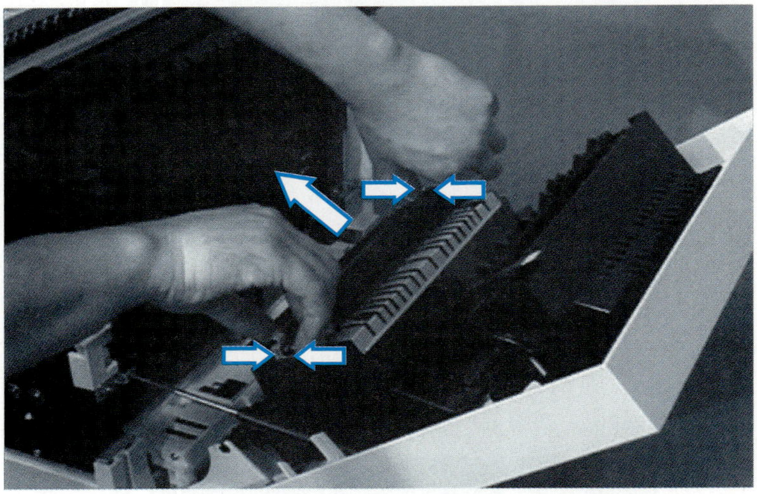

[그림 5-146] 전사 롤러 분리

(8) Exit Add'y 분리방법

① 3 × 10 Screw 5개를 제거한 후 Exit cover를 분리시킨다.

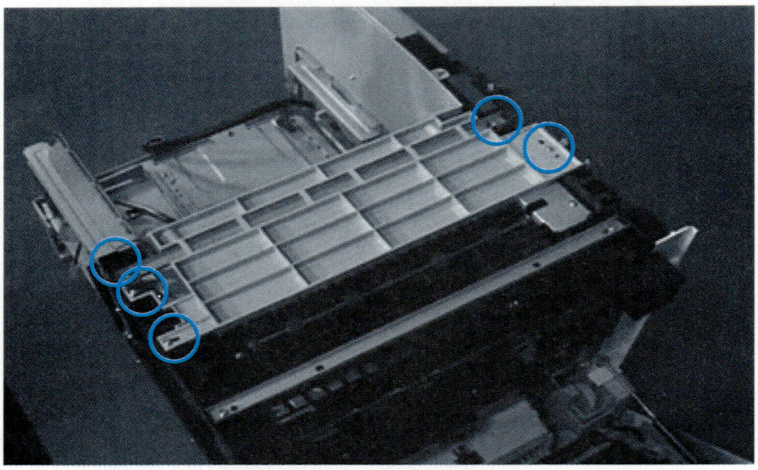

[그림 5-147] Exit cover 분리

② 3 × 10 Screw 4개를 제거한 후 화살표 방향으로 Exit Ass'y를 분리시킨다.

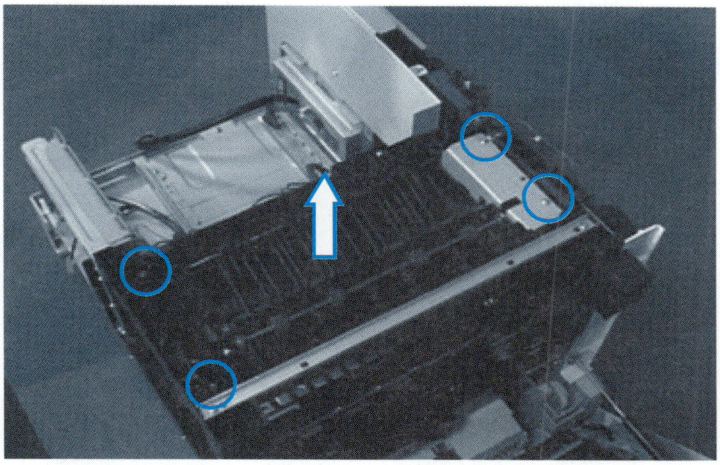

[그림 5-148] Exit Ass'y 분리

(9) LSU 분리방법

① Ground screw를 포함하여 5개의 screw를 제거한 후 화살표 방향으로 LSU를 분리시킨다.

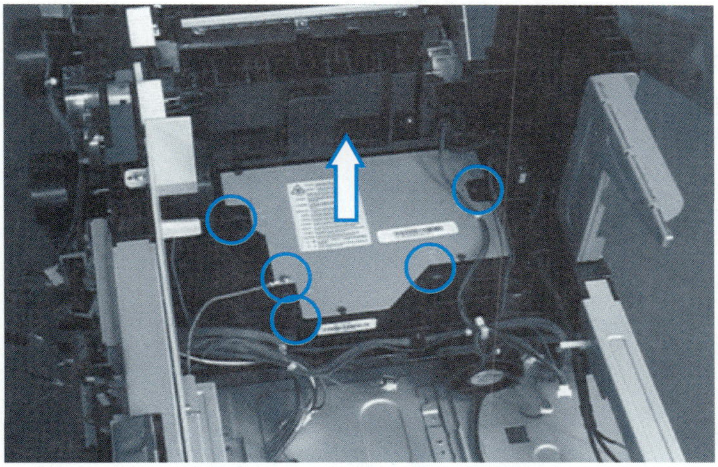

[그림 5-149] LSU 분리

(10) Drive-Exit Ass'y 분리방법

① 화살표 1의 방향으로 Fan을 분리시킨다.

② 사진의 파란 원 안에 있는 3 × 10 Screw 4개를 제거한 후 흰 원 안의 Connector 3개를 뽑아낸다.

③ 화살표 2의 방향으로 Drive-Exit Ass'y를 분리시킨다.

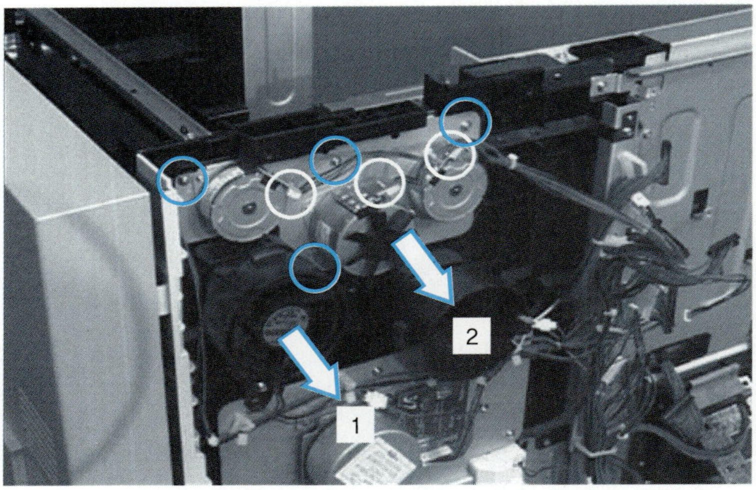

[그림 5-150] Drive-Exit Ass'y 분리

(11) Drive-Main Ass'y 분리방법

① 화살표 1과 같이 mold e-ring을 뽑아낸 후 clutch 3개를 분리시킨다.

② 화살표 2와 같이 duct를 제거한 후 흰원 안의 Connector 2개를 뽑아낸다.

③ 3 × 10 Screw 7개를 제거한 후 화살표 3의 방향으로 Drive-Main Ass'y를 분리시킨다.

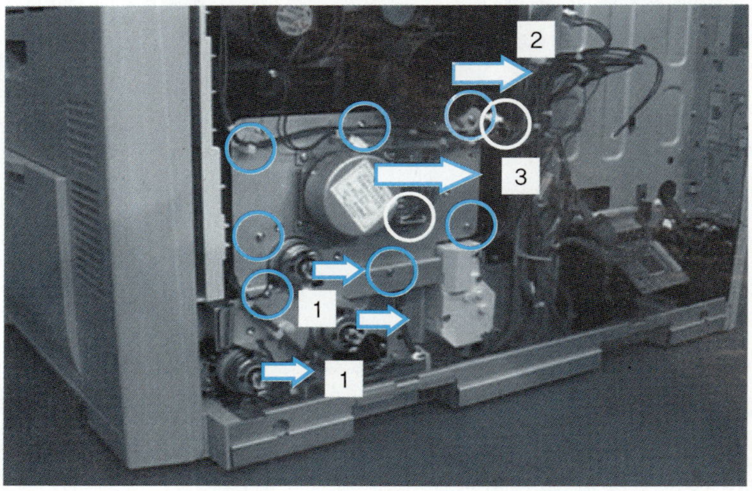

[그림 5-151] Drive-Main Ass'y 분리

(12) MP Ass'y 분리방법

1 3 × 10 Screw 1개를 제거한 후 원 안의 기어와 Press를 제거한다.

[그림 5-152] 기어와 press를 제거

2 3 × 10 Screw 1개와 Friction pad를 제거한다.

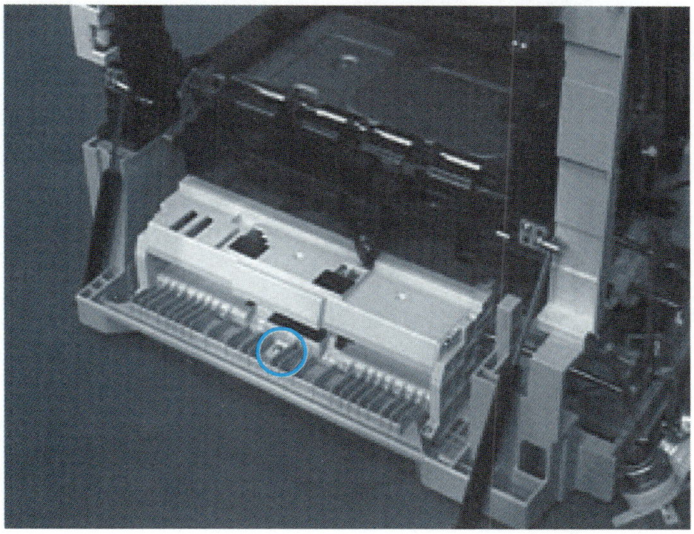

[그림 5-153] Friction pad를 제거

③ 3 × 10 Screw 2개를 제거한다.

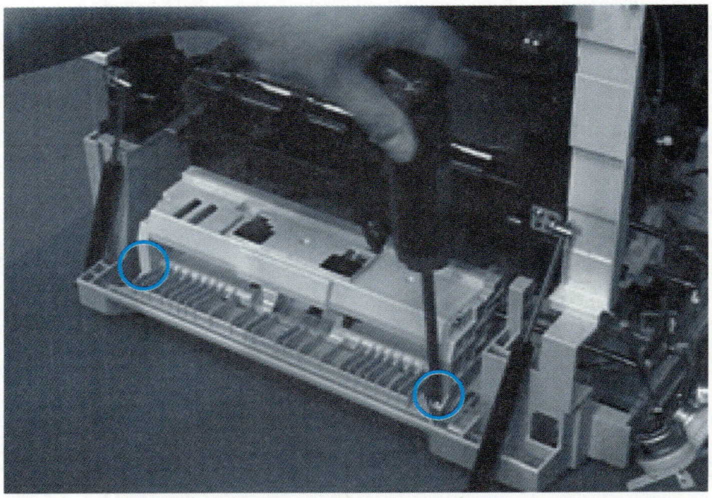

[그림 5-154] Screw 제거

④ 화살표 방향으로 MP Ass'y를 분리시킨다.

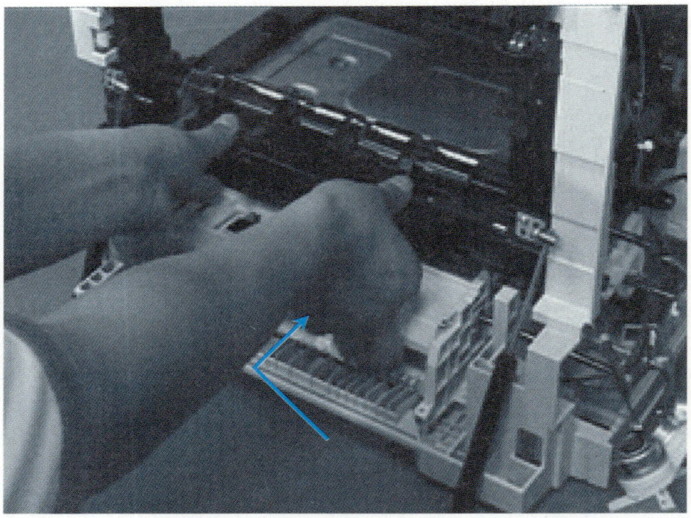

[그림 5-155] MP Ass'y 분리

06장

MPS 구성 및 기술

01 MPS의 개요

1) MPS

MPS(Managed Printing Services)는 출력과 관련된 모든 사무환경을 아웃 소싱하는 서비스로 프린터 · 복합기 등 기업의 모든 출력 기기를 통합적으로 유지 · 관리할 수 있는 시스템을 뜻한다. MPS는 사용자별 출력을 제한하고 사용자, 용지 크기, 출력 상태 · 시간 등의 정보를 볼 수 있는 '컬러 출력물 관리 솔루션(Printing Security & Resource Management)'으로 출력문서의 보안 기능을 강화하고 컬러 출력 관련 비용의 효율적 관리가 가능하다. 즉, 기존의 사무기기를 구매, 관리, 유지하던 것에서 출력기 전문기업에 출력관련 업무를 전담시키고 MPS 도입 기업은 핵심 업무에 더 많이 집중할 수 있도록

항목	추진 전	추진 후
방식	구매방식(장비 및 소모품 구매, 유지보수 별도계약)	토털 아웃소싱(장비, 소모품, 유지보수 포함)
장비	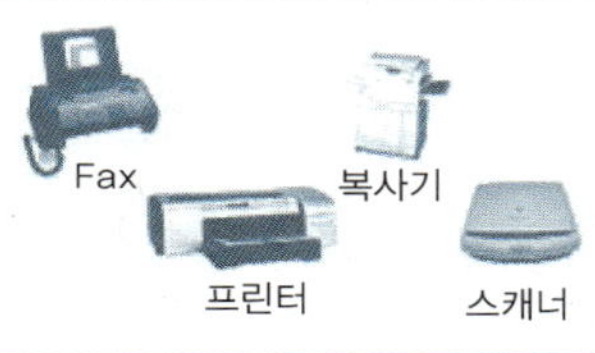	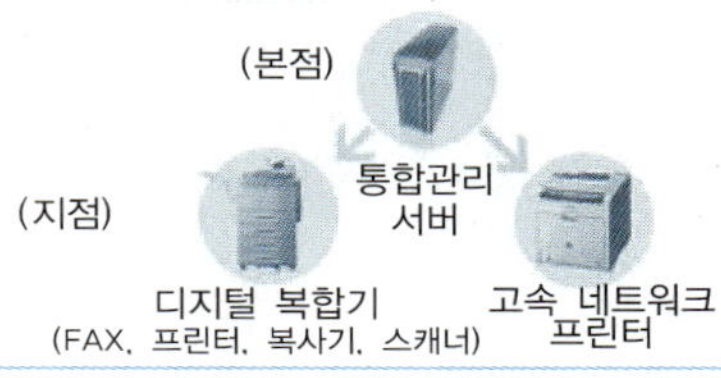
소모품	총무부에서 구매 → 영업점에서 용도품으로 신청	통합관리 시스템에 의한 소모품 자동배송/관리
유지보수	각 모델별/제조사별 분리 운영	• 단일업체로 통일 • 통합관리 시스템에 의한 장애 예방점검 및 사전 대응 가능

[그림 6-1] MPS 추진 전 / 후 구성현황

하는 것을 말한다.

MPS를 추진함으로써 고객사는 소모품 부족, 고장으로 인한 업무 중단을 방지할 수 있어서 업무효율성을 향상시킬 수 있다. 오피스 기기 시장이 아날로그 복사기에서 디지털 복합기로 변모함에 따라 문서출력 아웃소싱 서비스인 'MPS(Managed Printing Service · 통합 출력관리 서비스)' 시장이 커지고 있다. 이미 삼성전자, HP, 신도리코 등이 이 시장에 뛰어들었다.

기업은 유휴 장비 사용으로 인한 인력 및 예산낭비를 줄이고, 기업 내 중요 이슈인 보안문제도 MPS를 통해 해결할 수 있다. 사용자가 출력 지시한 문서는 비밀번호를 눌러야만 출력할 수 있는 문서 보안 기능도 MPS 지원 복합기에 추가되고 있는 것이다.

MPS 서비스는 다음과 같이 진행한다. MPS 서비스를 아웃소싱하는 A회사가 이 서비스를 위탁한 B회사를 직접 방문해 부서별로 출력 니즈(Printing needs)를 파악한 후 고화질 컬러 출력이 필요한 마케팅 부서에는 고성능 컬러 프린터를 설치하고, 흑백 출력만 있어도 되는 회계부서에는 흑백 출력만 가능하도록 프린터를 세팅한다.

복합기 사용량에 따라 지불하는 과금방식도 복합기에 적용한다. 이에 따라 전문 컬러용도, 일반 사무용도, 흑백에 따라 차별화된 가격으로 사용할 수 있다.

2) 고객의 혜택

(1) 업무 생산성 향상

업무효율 및 공간활용 개선을 위해 출력환경 컨설팅을 수행하여 정확하고 체계적인 AS-IS 현황 및 TO-BE 제안이 가능하다.

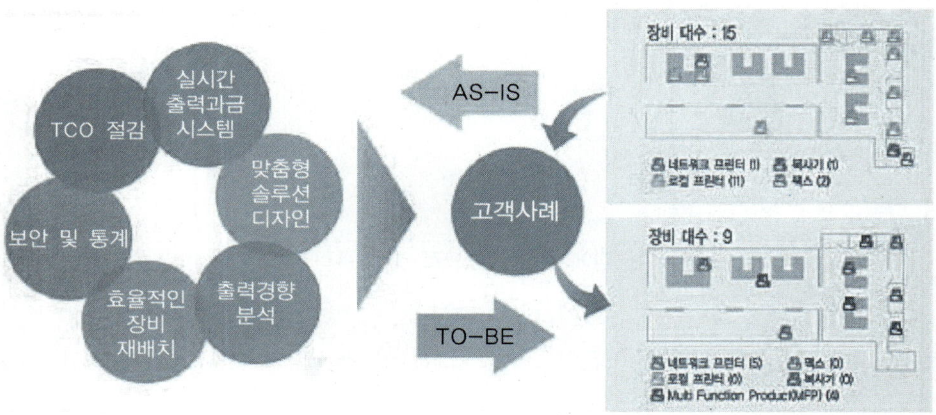

[그림 6-2] 출력 환경개선을 위한 컨설팅

(2) TCO 절감

출력 관련 업무를 위탁 운영함으로써 출력장비 구입비와 관리에 대한 모든 부담을 해결하고 출력량에 따른 실제 사용료만 지불하므로 총 소유비용(TCO)의 10~30%를 절감할 수 있다.

① 초기 비용 및 유지관리비 절감

- 최신 고속 장비로 장당 출력 비용의 실질적인 감소
- 아웃소싱을 통해 장비구축에 따른 초기 예산확보 문제해결
- 유지 보수, 관리 등 출력 관련 직/간접 비용감소
- 실제 출력비만 지불하므로 합리적인 지출 가능

② 찾아가는 서비스 실현

기존의 전화로 신청하는 서비스에서 고객이 서비스를 신청하지 않아도 원격관리 서버에서 사전에 감지하여 미리 찾아가는 서비스를 실현한다.

③ 관리 편의성의 획기적인 향상

- 프린터 통합 관제를 통한 편리한 운영
- 출력물에 대한 다양한 분석을 통해 출력정책 및 프로세스 개선
- 토너 등 소모품 부족 장애 사전예방 및 사전계획 수립

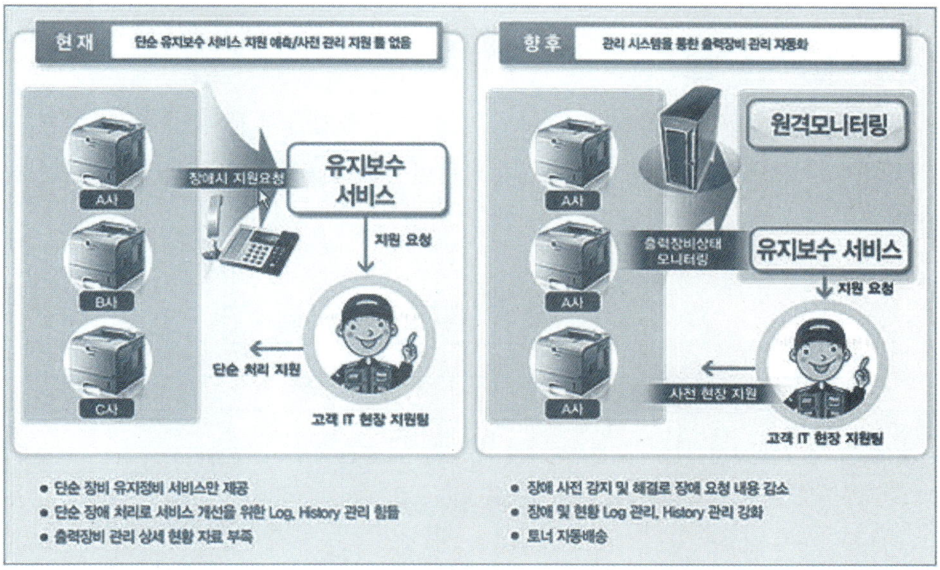

[그림 6-3] 찾아가는 서비스 실현

CHAPTER 06

02 MPS의 시장동향

MPS는 프린팅 비용을 최소화하고 싶은 기업의 요구와 정부의 녹색성장정책과 맞물리는 시장이다. 기업들이 MPS 비용을 지불하더라도 20~30%의 경비절감 효과를 누릴 수 있다.

삼성전자의 MPS에 최적화된 기업용 초고속 디지털 복합기 '멀티 익스프레스(MultiXpress) 6545N'을 출시했으며, 총 80GB의 대용량 하드디스크를 내장해 MPS에 필요한 문서관리 솔루션, 장비관리 솔루션과 네트워크 기능 등이 가능하다.

취약한 부문을 보완하는 차원에서 업체 간 제휴도 활발할 것으로 보인다. 신도리코는 코니카 미놀타와 제휴해 이 시장을 확대할 것이다.

MPS 시장은 세계적으로 급성장이 예상되고 있다. 시장조사기관 IDC는 아시아·태평양 지역의 경우 연평균 15.5%씩 성장해 2012년에는 8억6340만달러에 이를 것이라는 조사 결과를 발표하기도 했다.

03 삼성의 MPS

1) 삼성의 MPS의 개요

삼성의 MPS(Managed Printing Services)의 구성은 통합출력 관리 솔루션, 출력보안 솔루션, Form 레이아웃 자동생성 솔루션, 문서관리 솔루션, 무인과금 솔루션, 전문출력 솔루션이다.

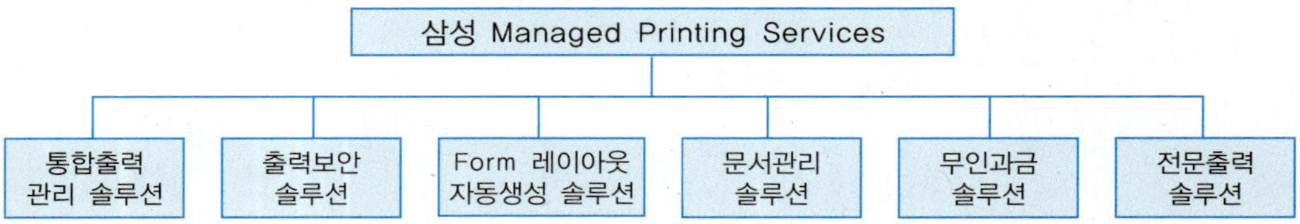

[그림 6-4] 삼성의 MPS의 구성

2) 삼성의 MPS의 구성 솔루션

(1) 통합출력 관리 솔루션

- 다양하고 복잡한 출력 방지의 관리를 편리하게! 통합출력 관리 솔루션

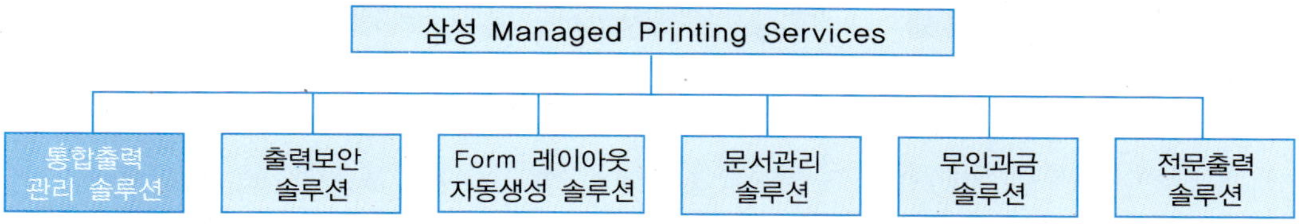

[그림 6-5] 삼성의 MPS의 통합출력 관리 솔루션

① 다양하고 복잡한 출력 관련 문제들을 한 번에 해결 CounThru™

직관적인 사용자 화면을 통해 중앙에서 출력장비의 자산·장애·출력상태를 한눈에 파악할 수 있도록 고객 요건에 맞는 맞춤식 기능을 제공하는 통합출력 관리 솔루션이다.

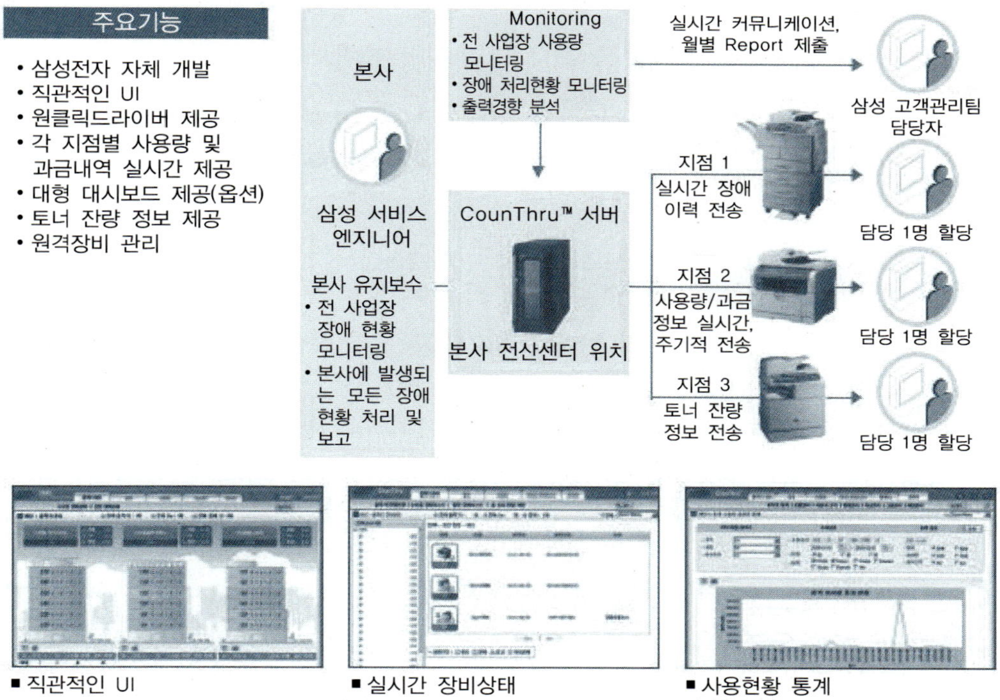

[그림 6-6] CounThru™ 구성도

② 실시간 모니터링으로 보다 편리하게 관리 SyncThru™

네트워크에 연결된 모든 장치를 검색 및 관리하고 보고서를 생성할 수 있으며, IT 관리자는 각 장치에 대한 SyncThru™ Web Service에 직접 액세스할 수 있다.

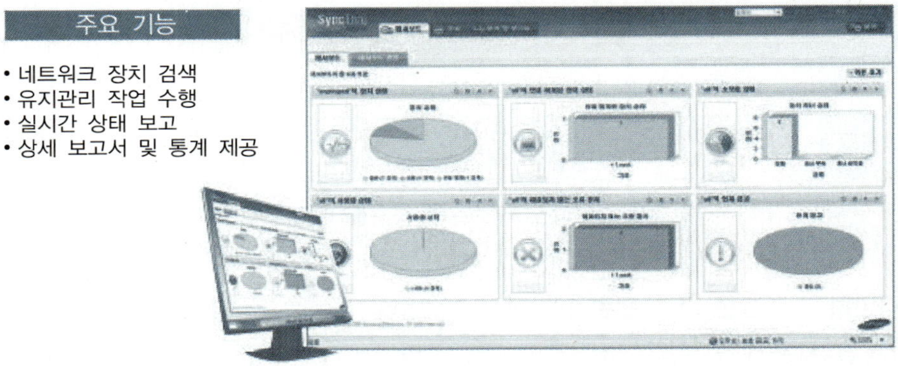

[그림 6-7] 실시간 모니터링으로 편리하게 관리 SyncThru

(2) 출력보안 솔루션

• 출력 업무에서 발생되는 정보를 보다 안전하게! 출력보안 솔루션

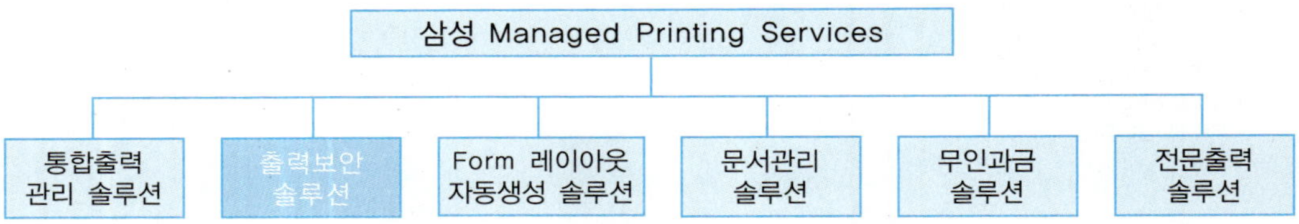

[그림 6-8] 삼성의 MPS의 출력 보안 솔루션

출력장비를 통한 모든 작업(프린트, 복사, 스캔, 팩스)에 대해 사전보안, 사후보안 기능으로 출력보안 수준을 높여 내부의 중요 정보의 유출방지를 지원하는 솔루션이다.

① 사용자의 인증을 통한 출력 접근제어 사전보안 솔루션

Client SW와 IC 카드를 통한 사용자 인증 후 프린트 · 복사 · 스캔 · 팩스 작업이 가능하다.

[그림 6-9] 사용자의 인증을 통한 출력 접근제어 사전보안 솔루션

② 출력물 생성 및 이력관리를 통해 내부 정보유출 차단/보호 사후보안 솔루션

출력물 마킹, 이력관리 및 출력물 파쇄로 구성된 3단계 사후보안을 지원한다.

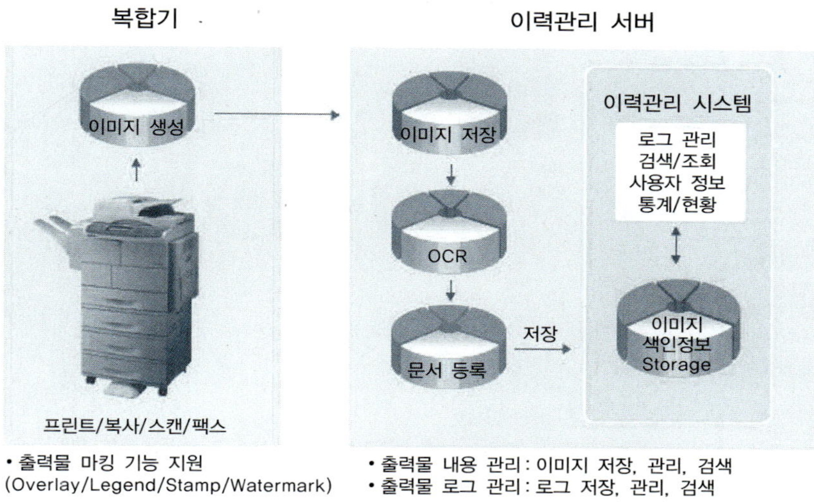

[그림 6-10] 내부 정보 유출 차단/보호 사후보안 솔루션

(3) Form 레이아웃 자동생성 솔루션

- 서식 업무를 편리하고 신속하게! Form 레이아웃 자동 생성 솔루션

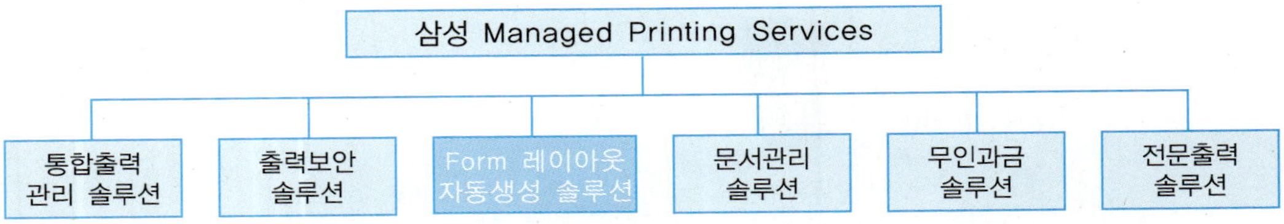

[그림 6-11] Form 레이아웃 자동생성 솔루션

① 보험사, 증권사, 은행(각종 신청서, 청약서) 무양식 출력

양식지 사용이 많은 고객의 출력업무를, 무양식 출력 환경으로 혁신시켜 준다.

양식지 및 관리비용을 줄이고, 문서 수발에 따른 처리시간 및 대기시간의 단축으로 서식 출력업무의 효율성을 높여주는 솔루션이다.

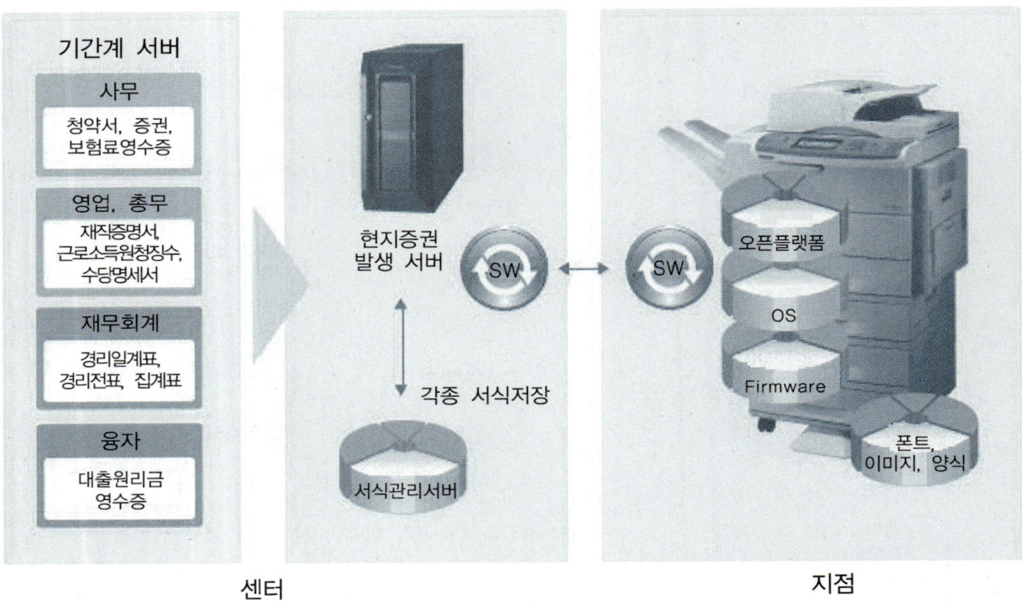

[그림 6-12] 무양식 출력 환경

② 판촉활동에 필요한 맞춤형 출력물 제작 가변 판촉물 출력

판촉활동에 필요한 가변 데이터와 디자인을 자동으로 연결하여 맞춤형 출력물을 제작할 수 있는 솔루션이다.

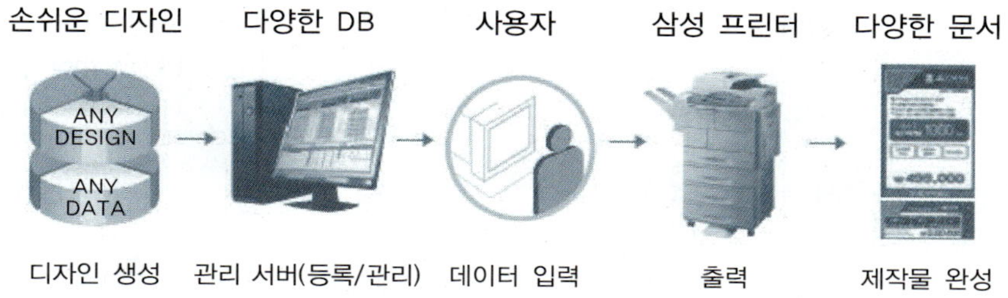

[그림 6-13] 맞춤형 출력물 제작 가변 판촉물 출력

(4) 문서관리 솔루션

- 종이문서 스캐닝에서 전자화문서 보관 및 활용까지! 문서 관리 솔루션

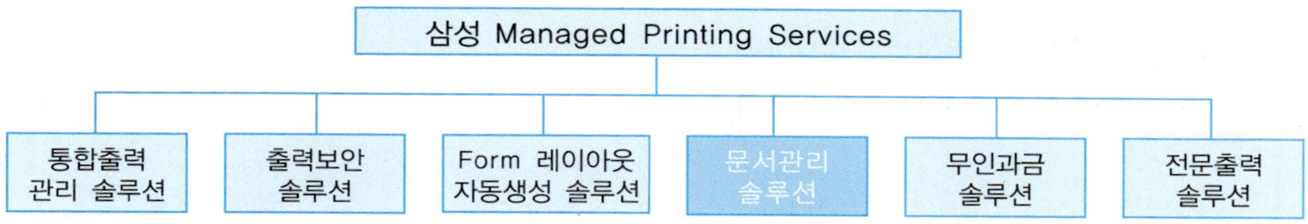

[그림 6-14] 문서관리 솔루션

① PC 스캔 매니저로 빠르게 스캔 PC 스캔 매니저

Network TWAIN 드라이버와 PC 스캔 매니저를 통해 종이문서를 스캔하는 GET 방식 스캔 솔루션이다.

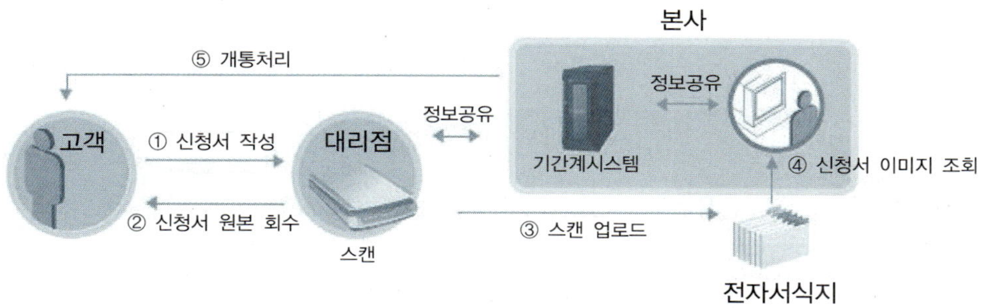

[그림 6-15] 전자화 문서를 중앙 서버로 전송하여 복합기 S/N별로 관리

CHAPTER 06

② 맞춤식 메뉴로 편리하게 스캔 DMFP 스캔 매니저

DMFP에서 종이문서 스캔 작업을 편리하게 수행하도록 지원하는 PUT 방식 솔루션이다.

[그림 6-16] 문서전자화에서 공인전자문서 보관소 연계

③ 복합기를 활용한 문서관리 EDMS

복합기를 활용한 문서관리 시스템 구현으로 업무를 효율화하는 솔루션이다.

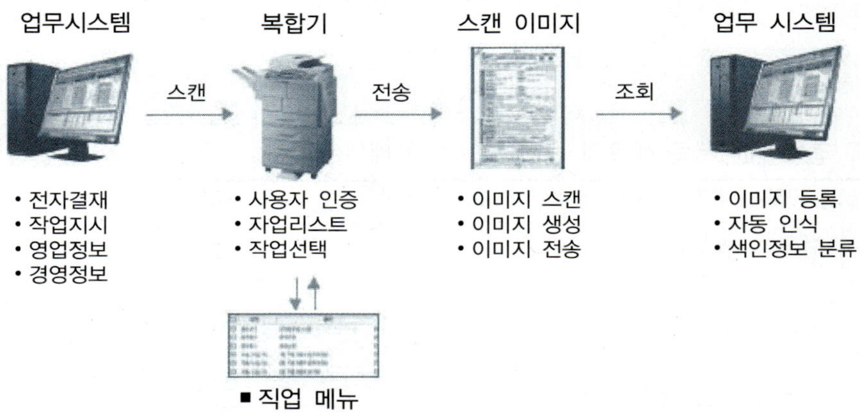

[그림 6-17] 비정형 문서의 정보 자산화 · 업무 프로세스 개선

④ 종이영수증을 편리하게 전자결재 처리 전자증빙 전표관리

종이영수증을 사용자가 직접 삼성 디지털 복합기에서 스캔하여 사용내역과 함께 기안하여 결재요청하고 결재자는 PC에서 스캔된 영수증을 확인, 결재처리하여 업무처리 절차를 간소화하도록 한다.

특히, 소액영수증의 경우 별도 종이영수증의 관리가 필요없어 업무를 효율적으로 개선하고 비용을 절감할 수 있다.

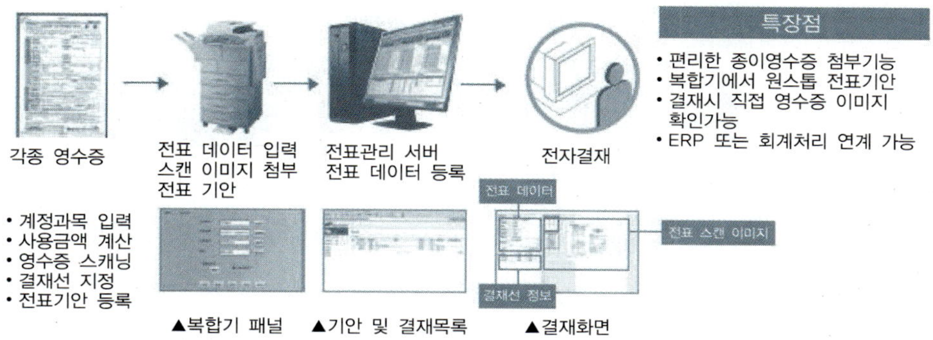

[그림 6-18] 기존 ERP 회계 시스템과의 연계가능

⑤ 팩스/스캔/그룹웨어 등 다양한 기능을 제공 Officeware™

실시간 메시징 기반의 팩스, 스캔 문서관리 솔루션으로 삼성 디지털 복합기와 연동되어 팩스 송수신 업무를 간소화한다. 또한 기업용 메신저, 그룹웨어 기능은 사내 커뮤니케이션 통로로 활용할 수 있어 기업정보화, 업무효율 향상 및 사무환경을 개선한다.

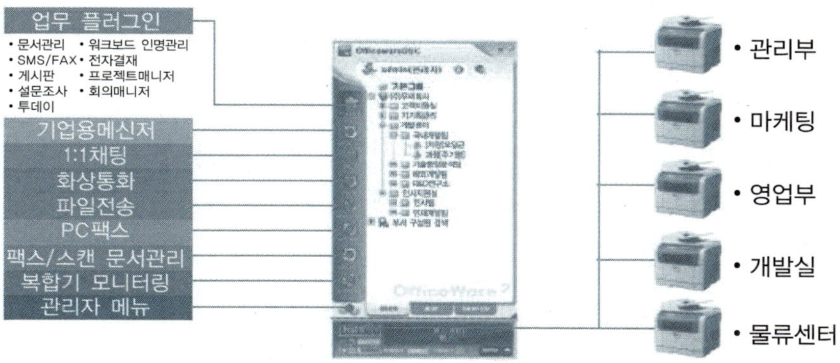

[그림 6-19] SMS 메신저 등 다양한 기능 제공

⑥ 전자문서 및 FAX/Scan 문서를 사용자가 원하는 형태로 변환 STWF (SmarThru™ WorkFlow)

종이문서 전자화 및 회사 내 전자화 문서의 손쉬운 정보공유를 지원한다.

복합기를 통해 전자문서화된 문서 정보 및 전자문서 자체를 다양한 형태로 공유할 수 있도록 한다.

[그림 6-20] 사용자가 원하는 형태로 변환 STWF

(5) 무인과금 솔루션

- 현금결재에서 인터넷 전자결재까지 편리하게! 무인과금 솔루션

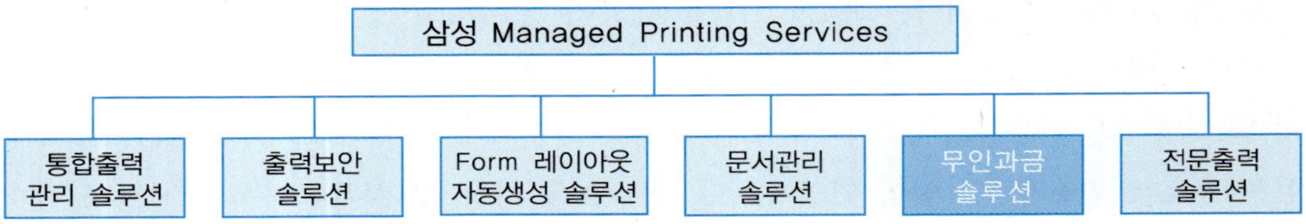

[그림 6-21] 무인과금 솔루션

① 무인과금

사용자가 적립 쿠폰, 전자 결재 시스템(핸드폰, 신용카드), 카드리더기를 이용하여 인터넷상에 사이버머니를 적립하고 클라이언트 프로그램으로 출력 및 충전된 적립금에 대하여 과금을 하는 솔루션이다. 또한 저작권법 28조의 도서관 보상금 제도에 최적화된 솔루션이다.

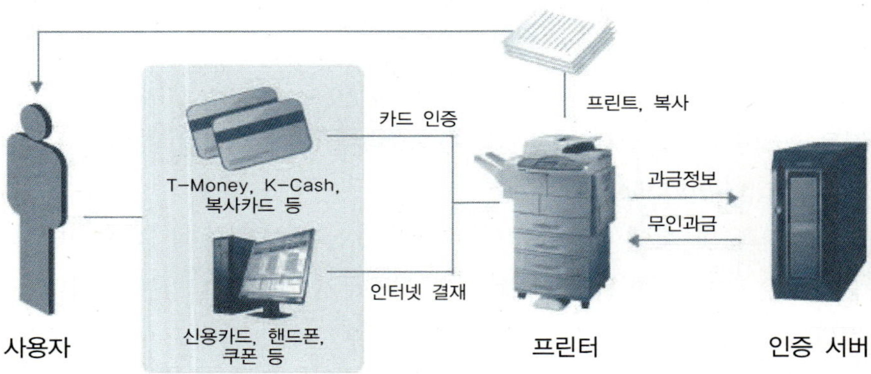

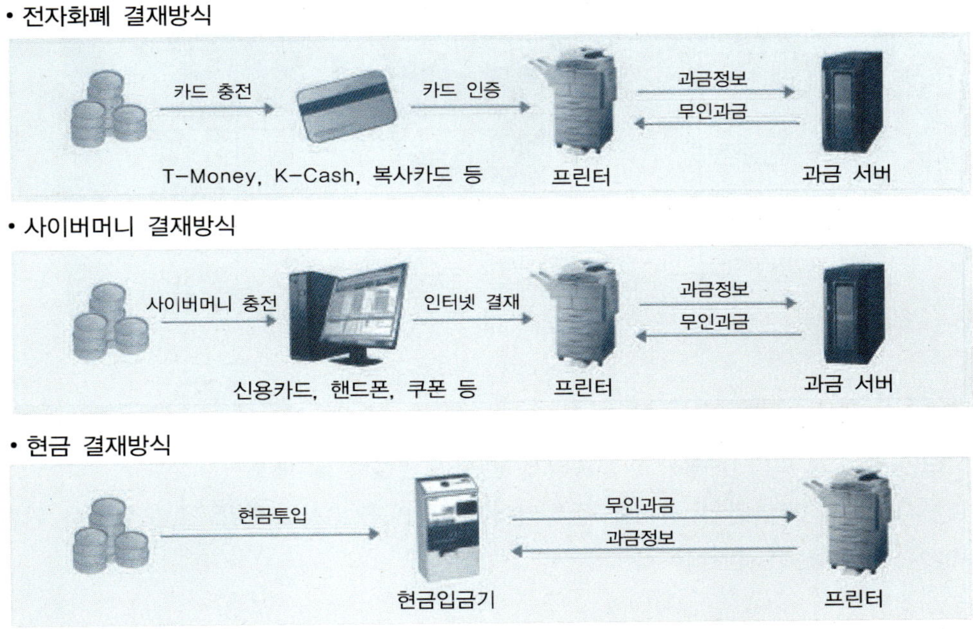

[그림 6-22] 무인과금 결재방식

(6) 전문출력 솔루션

- 도서 출판에서 설계도 출력까지 편리하게! 전문출력 솔루션

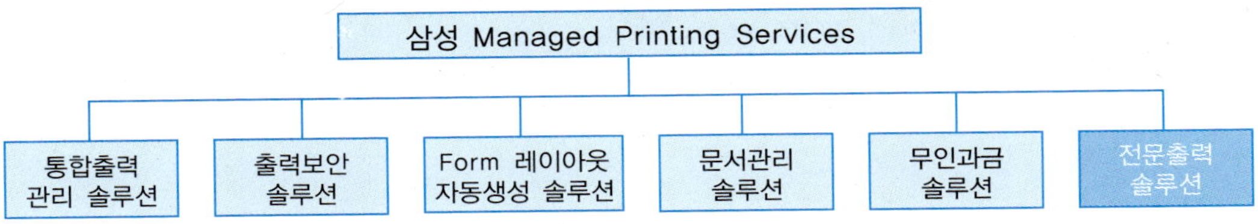

[그림 6-23] 전문출력 솔루션

① 디지털 도서출판을 보다 편리하게 디지털 출판

디지털 출판 솔루션은 디지털 책자 생성 및 출력이 가능하며, 다양한 옵션 기능을 이용하여 출력 작업 후 별도의 수작업이 필요없다.

다수의 디지털 복합기로 분할 출력 전송이 가능해 큰 용량의 업무를 보다 편리하게 관리하고 재활용할 수 있다.

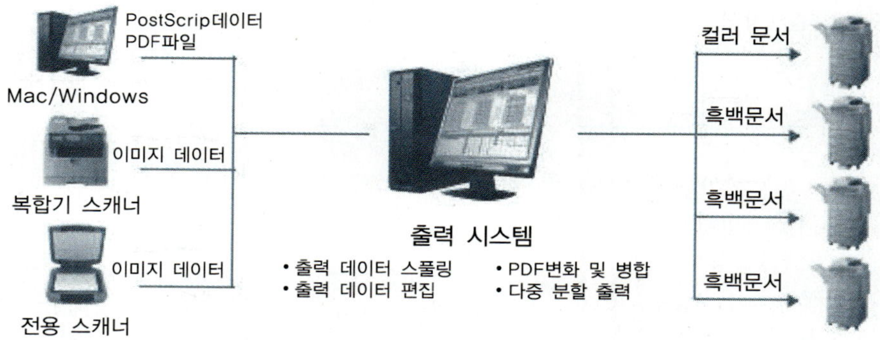

[그림 6-24] 디지털출판

② 도면 출력을 보다 원활하고 신속하게 변환 도면출력 및 배포

기간 시스템과 도면관리 서버에 등록되어 있는 PDF(문서/도면)를 출도실에서 원활히 출력하기 위한 출력 시스템이다.

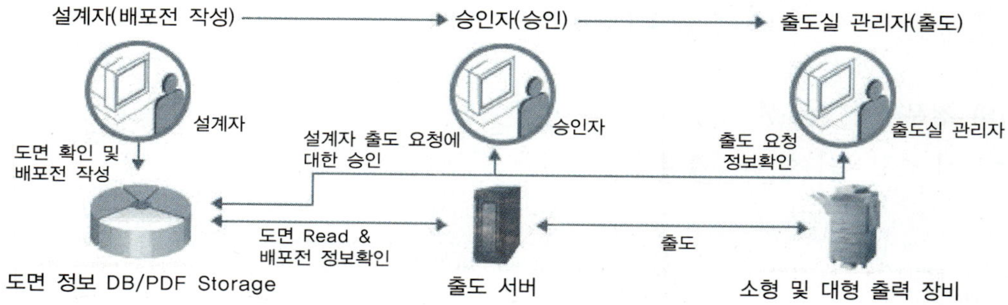

[그림 6-25] 변환 도면출력 및 배포

③ 출력 접지, 봉합의 전 과정이 한번에 OK 우편 봉합기

우편물 자동 봉합기는 각종 공과금고지서, 안내장 등의 다량의 우편물을 별도의 봉투를 사용하지 않고 인쇄된 용지(내용물)를 봉투형태로 접고 봉합하여 즉시 발송, 처리하는 우편물처리 사무자동화기기이다. 일반적인 고지서, 세금계산서, 홍보물, 안내문, 통지문과 같은 우편업무를 위한 최적의 솔루션이다.

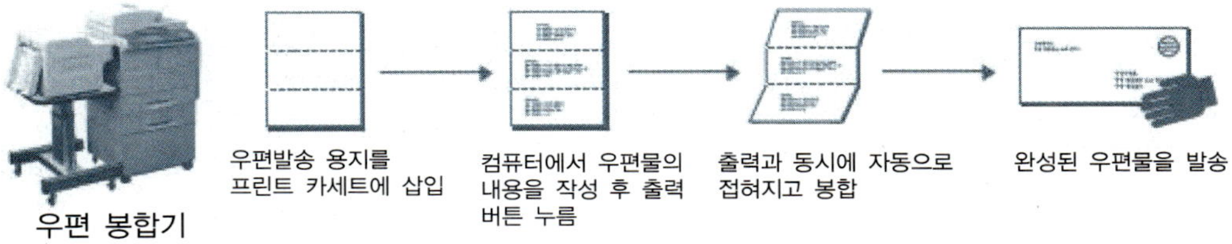

[그림 6-26] 우편물 자동 봉합기

④ 동사무소 각 양식지 트레이를 자동으로 지정 민원 출력

3개의 카세트에 각기 다른 민원 양식지를 장착할 수 있어 인쇄 버튼만 누르면 자동으로 해당 양식지를 선택하여 출력하는 민원서류 발급전용 프린팅 솔루션이다. 1대의 프린터로 3대의 효과를 볼 수 있으므로 비용과 공간이 절약되고, 서류발급시간을 최소화하여 행정업무의 효율성이 높아진다.

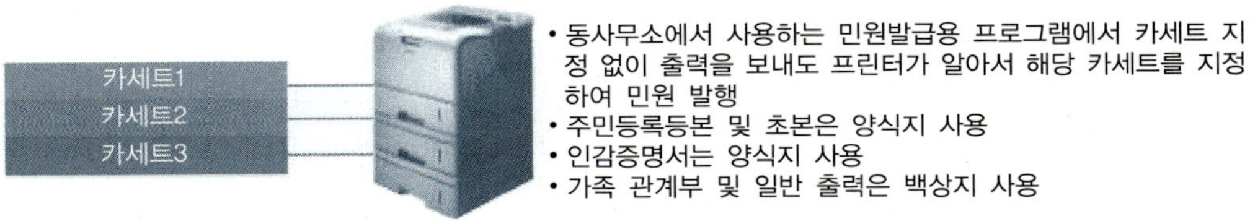

[그림 6-27] 자동으로 지정 민원 출력

부 록

01 SCPE

SCPES는 amsung Certified Printing Engineer의 약자로서, '삼성 프린팅 엔지니어 인증 교육'이다.

SCPE교육은 3급 과정에 해당하며, 기초 교육이다. 수료 후 테스트 통과시 인증서가 발행된다.

삼성 DMFP CF 점이라면 최소한 1명 이상의 수료자가 있어야 DMFP 설치비를 삼성전자로부터 지원받을 수 있다.

교육신청 자격 가능자 요건은 현재 삼성전자 국내영업에서 Code를 인가받아 판매 · 설치를 할 수 있는 전문점, 로지텍, 일반 유통점 등에 소속되어 근무하고 있는 영업 및 설치 인력이다.

02 SCPP

Samsung Certified Printing Professional의 약자로서 3급에 해당하는 SCPE 교육 대비 2급 교육이다. SCPE 교육수료 후 3개월 이상 지난 수료자, 혹은 타사 동 자격보유자(증빙서류 제출)에 한해 교육 신청이 가능하다. (단, 전산용품점은 제외) 테스트 통과시 인증서가 발행되며, 1명 이상의 수료자가 있을 경우 DMPF 설치비 + 무상 A/S 수수료를 삼성전자로부터 지원받을 수 있다.

03 프린터 용어해설

번호	용 어	해 설
1	고품위 인쇄	프린터 드라이버를 '고품위'로 설정하면 출력물이 선명하게 인쇄되지만 인쇄속도는 느려진다.
2	고속 인쇄	이미지를 양방향으로 인쇄하는 방식이다. 따라서 인쇄속도가 빠르다. 그레이스케일 흰색에서 회색으로, 그리고 검은색으로 점진적으로 변경되는 회색조 단계를 이르는 용어다. 검정 잉크로만 인쇄할 때 컬러를 표현하기 위해 사용된다.
3	글꼴	같은 유형의 글자 한 벌. 예를 들어, 영문자라면 알파벳, 숫자, 구둣점, 기호, 각종 특수 문자들로 이루어진 한 벌의 글씨체를 말한다.
4	급지 위치	용지가 자동으로 공급되는 위치를 말한다.
5	노즐(Nozzle)	잉크가 뿜어 나오는 부분을 말하며 양호한 출력을 위해서는 항상 깨끗하게 유지해야 한다.
6	노즐수	잉크 카트리지의 잉크를 뿜어주는 노즐의 숫자를 나타내는 것으로 수량이 많고 조밀하게 되어 있을수록 출력속도가 빠르고 출력 해상도가 높아 고품질을 얻을 수 있다.
7	도트 매트릭스	가로 세로로 평행하게 배열된 여러 개의 점을 사용하여 글자나 기호를 인쇄하는 방식이다.
8	드라이버	컴퓨터 주변장치의 제어와 데이터 전송을 위해 사용되는 프로그램이다. 예를 들어, 워드프로세서 프로그램에서 문서를 인쇄하면 프린터 드라이버가 데이터를 받아 프린터에 인쇄 방법을 알려준다.
9	드럼	드럼은 원래 OPC(Organic Photo Conductive) 드럼이라 불리며, 빛에 민감하게 반응하는 감광성(感光性) 물질로 표면을 코팅한 알루미늄 재질로 되어 있다. 레이저 빔과 고압 트랜스로 인해 '보이지 않는 전하의 그림이 그려져 있는' 드럼이 회전하면서 토너 카트리지를 스치게 되는데, 토너는 역시 전자적으로 자화(磁化)되어 있다. 결국 (−)극성을 가지고 있는 토너(극성은 제품에 따라 달라질 수 있다)는 드럼의 (+)로 자화된 부분에만 달라붙게 된다. 종이에도 자성이 있어 결국 토너는 종이에 묻어 있는 형태가 된다. 드럼에 남아있는 토너는 닦여 나가고, 남아 있던 자기는 다이오드나 방전 와이어에 의해 없어진다.
10	마이크로위브	밴딩 현상을 줄이고, 레이저 프린터로 인쇄한 것과 같은 효과를 내는 인쇄방법이다. 밴딩 현상 참조이다.
11	망점	이미지를 재현하는데 사용하는 흑백 또는 컬러 점의 패턴을 말한다.
12	망점 처리	점을 규칙적으로 정렬하여 컬러를 인쇄하는 중간색조 처리방법으로서, 차트나 그래프 같은 단색 이미지를 인쇄할 때 사용하면 가장 효과적이다. 중간색조 처리를 참조바란다.
13	메모리 송신	송신될 문서를 끝장까지 모두 메모리에 기억시킨 뒤 송신을 시작하는 방법으로 여러 장을 송신하는 경우 송신이 완료될 때까지 기다리지 않아도 되므로 편리한 기능이다.

번호	용 어	해 설
14	메모리 수신	수신 도중 기록지가 떨어지거나 종이가 걸리는 등의 이유로 인쇄를 할 수 없을 때 자동적으로 메모리에 수신되었다가 새 기록지가 보충되거나 걸린 종이를 제거하면 자동적으로 메모리에 기억되어 있던 수신내용을 기록지에 인쇄하여 배출하는 기능이다.
15	바이트	8비트로 구성된 정보 단위를 말한다.
16	밴딩 현상	그래픽을 인쇄할 때 나타날 수 있는 가로선이다. 프린터 헤드 캐리지가 원래 위치로 돌아올 때 잘못 정렬되면 이러한 현상이 발생한다. 마이크로위브를 참조바란다.
17	버퍼	인쇄작업에서 데이터가 인쇄되기 전에 임시로 저장되는 프린터의 메모리 부분이다.
18	병렬 포트	프린터와 컴퓨터 간의 인터페이스는 주로 병렬 포트를 이용한다. 보다 빠른 병렬 포트의 동작을 위해 EPP(Enhanced Parallel Port)나 ECP(Extended Capabilities Port) 등의 접속방법이 사용되고 있는데 이들의 데이터 전달속도는 EPP 방식이 2MB/초, ECP가 2.4MB/초 정도된다.
19	비밀통신 (Security Comm.)	동일한 비밀번호가 설정되어 있는 제한된 상대방 하고만 팩스 송수신이 가능한 기능이다.
20	비트	2진수 한 자리(0 또는 1)를 나타내는 것으로, 프린터와 컴퓨터에서 정보를 나타내는 가장 작은 단위이다.
21	스풀	인쇄작업의 첫째 단계로서, 프린터 드라이버에서 인쇄 데이터를 프린터가 이해할 수 있는 코드로 변환하는 작업을 말한다. 이 데이터는 프린터로 바로 보내지거나 인쇄 서버로 보내진다.
22	색 분해	원본 이미지가 청록(C), 진홍(M), 노랑(Y), 검정(B)의 네 가지 컬러로 분해되어 있는 사진이나 그림을 인쇄하는 단계. 네 가지 컬러마다 개별적인 색판이 만들어지며 그 위에 해당 컬러의 잉크가 인쇄되어 원본 이미지의 컬러와 가장 유사한 컬러를 재현해 낸다.
23	색상 순도	색상의 선명성. 예를 들어, 갈색은 순도가 낮은 빨강이고, 태극기에 표현된 빨강은 순도가 아주 높은 빨강인데, 컬러의 색상값이 양(+)의 값이면 선명성이 높고, 음(−)의 값이면 선명성이 약하며 선명성이 약해질수록 회색에 가까워진다. 이미지의 색상 순도는 프린터 드라이버에서 청록(C), 진홍(M), 노랑(Y)의 값을 다르게 설정하여 조절할 수 있다.
24	응용 프로그램	문서작성이나 재무계획 등과 같은 특정 작업을 컴퓨터로 처리하기 위해 만들어진 프로그램을 말한다.
25	인쇄 가능 영역	프린터에서 한 페이지에 인쇄할 수 있는 영역으로 여백 때문에 실제 용지 크기 보다 작다.
26	인쇄 대기열	다른 작업을 수행중인 네트워크 프린터로 인쇄작업을 보내면, 이전 작업을 모두 처리할 때까지 새로 보낸 작업을 대기열이나 인쇄 대기열에 저장한다.
27	인쇄품질	이미지를 표현하는 데 사용되는 1인치당 점의 수로 구분된다. 프린터에서는 고품질(720 DPI), 표준(360 DPI), 잉크 절약 등의 세 가지 인쇄품질 방법을 설정할 수 있다.

번호	용 어	해 설
28	인터페이스	컴퓨터와 프린터 간의 연결을 말한다. 패러렐 인터페이스는 한 번에 하나의 문자나 코드를 전송할 수 있다.
29	잉크 절약	인쇄점을 적게 사용하여 이미지를 인쇄함으로써 잉크를 절약하는 인쇄방법이다.
30	잉크젯	잉크를 용지에 정교하게 뿌려 문자나 기호를 인쇄하는 인쇄방식이다.
31	잉크 카트리지	잉크가 담겨 있는 탱크를 말하며, 잉크와 잉크를 분사하는 헤드로 구성된 일체형, 잉크와 헤드가 분리된 분리형이 있다.
32	잉크 카트리지 정렬	잉크 카트리지를 프린터에 설치한 후 양호한 출력물을 얻기 위해 수직선, 수평선을 맞추는 행위이다.
33	잉크 카트리지 청소	잉크 카트리지가 외부환경에 의해 잉크 노즐이 막혀 화상이 제대로 나오지 않을 때 프린터 드라이버 메뉴에서 잉크 카트리지 청소를 할 수 있으며, 별도 매뉴얼에 제시된 방법으로도 잉크 카트리지를 청소할 수 있다.
34	전용지	제품의 특징에 따라 출력물의 품질을 최상으로 표시할 수 있는 용지가 서로 다르며, 이를 위해 제품마다 최적 용지를 권장하고 있는데 이를 전용지라고 한다.
35	전자사진 방식	전자사진 프린트 방식은 드럼 표면에 대전, 노광, 현상, 전사, 정착, 크리닝의 각 단계를 거쳐 화상을 처리하는 방식이다.
36	중간색조	처리점 패턴을 사용하여 이미지를 표현하는 방식이다. 중간색조 처리는 검정색의 점만 사용하여 다양한 회색 컬러를 표현하거나, 몇 개의 컬러 점을 사용하여 수많은 색상을 표현할 수 있는 기법이다.(망점, 망점 처리, 흩뿌리기)
37	초기값	프린터를 켜거나 재설정하거나 초기화할 때 적용되는 값이나 설정을 말한다.
38	초기화	프린터의 설정을 초기값, 즉 정해져 있는 값으로 되돌린다. 프린터를 켜거나 재설정할 때마다 프린터의 설정이 초기화된다.
39	패러렐 인터페이스	패러렐 인터페이스는 한번에 하나의 문자나 코드만 전송할 수 있다.
40	프린터 드라이버	특정 프린터에 데이터를 전송하거나 프린터를 제어하는 데 사용되는 프로그램을 말한다. 보통 "드라이버"라고 줄여 말하기도 한다.
41	흩뿌리기	각 색상의 점과 점 주변의 색상을 혼합하여 자연스러운 컬러를 만들어 내는 방법이다. 이 방법을 사용하면 정교한 중간색조를 만들거나 멋있는 컬러로 인쇄할 수 있다. 특히, 세밀한 그래픽이나 사진을 인쇄할 때 가장 효과적이다. (1pen 방식 & 2pen 방식 : 1pen 방식은 검정 또는 컬러 잉크를 1개만 장착하는 방식이며, 2pen은 검정, 컬러 잉크가 동시에 장착된다.)
42	ADF(Auto Documents Feeder)	복사기 혹은 팩시밀리에서 자동 원고 급지장치를 말한다.
43	애플토크 (AppleTalk)	APPLE의 Mac 컴퓨터 환경에서 사용되는 Network Interface로써 기본 블록 단위로 데이터가 직렬이동(230k~2Mbps)한다.
44	응용 (Application)	워드 프로세스나 스프레드 시트 특정작업을 수행하는 컴퓨터 응용프로그램이다.

번호	용 어	해 설
45	ASF(Auto Sheet Feeder)	자동 기록지 급지장치를 말한다.
46	Auto Emulation Switching	에뮬레이션 모드를 맞추어 주지 않아도 프린터가 PC로부터 전송되는 데이터를 보낼 때 전송되는 프린터 포트를 프린터가 자동인식하여 인쇄하여 주는 기능이다.
47	Auto Interface Switching	프린터에서 인쇄할 포트를 맞추어 주지 않아도 PC로부터 프린터로 데이터를 보낼 때 전송되는 프린터 포트를 프린터가 자동인식하여 인쇄하여 주는 기능이다.
48	Bitmap Font	Font가 ASCII 코드에 의한 흑과 백의 점의 모임으로써 이루어진 것을 말한다. 고정된 Dot로 구성되므로 기본 글자의 변형이 안된다. 기존 Dot Printer와 종래의 LBP는 대부분 Bitmap Font를 사용한다.
49	Buffer	데이터를 임시로 저장하는데 사용하는 메모리 영역을 말한다.
50	Cassette	인쇄할 종이를 저장하고 먼지덮개가 달린 통으로 복사기의 종이 카세트와 유사하며 인쇄종이의 크기에 따라 종류가 다양하다.
51	Centronics/ 센트로닉스	PC에서 사용되는 병렬 포트는 센트로닉스(Centronics)라는 이름으로 널리 알려져 있으며 병렬 프린터를 접속하기 위한 용도로 주로 사용된다. 초기의 센트로닉스 병렬 포트는 단방향으로만 동작이 되도록 구성되었으나, PS/2 시스템에서는 센트로닉스를 개량하여 양방향이 가능한 형태로 만들었다. 이 포트에 스캐너(Scanner) 또는 바코드 리더(Bar Code Reader) 등을 접속할 수 있게 함으로써 한번에 많은 데이터의 입출력도 가능해졌다.
52	Centronics Interface/ 센트로닉스 인터페이스	IBM PC호환 컴퓨터에 있는 병렬 프린트 포트를 가리키는 것으로, 이 인터페이스 표준의 전신을 설계한 센트로닉스사의 이름에서 그 명칭을 땄다.
53	Check Cashing	금전등록기에서 수표를 현금으로 바꾸어 주는 기능을 한다.
54	Cleaning Unit	종이에 옮겨 붙지 못하고 드럼에 남아 있는 잔류 토너를 수거하는 장치이다.
55	CMYK	컬러프린터 등에서 사용하는 빛의 삼원색 Cyan(청록색), Magenta(붉은색), Yellow(노랑색)에 Black(검정색)을 더한 4색을 말한다. 이 4가지 색의 잉크로 천연색을 만들 수 있다.
56	CPI	인치당 문자 수를 나타내며, 글자 크기를 측정하는 단위로, 피치(Pitch)라고도 한다.
57	Default	어떤 기능이나 상태가 구체적으로 다르게 지정되지 않는 경우 사용되는 값으로 주로 제품의 출하시 지정된 값을 일컫는 용어다.
58	Double Heigh	한 번에 2개의 Line을 동시에 인쇄하는 방식이다.
59	Download	S/W나 Font 등과 같은 정보를 컴퓨터를 사용하여 단말로 보내는 작업을 말한다.
60	DPI(dots per inch)	1인치당 점의 수. 프린터 해상도의 측정단위로 가로 1인치 안에 장치가 만들어 낼 수 있는 점의 수를 나타낸다.
61	Draft Normal	Fine과 반대되는 개념의 인쇄방법으로 일부 Dot를 Skip 하여 인쇄품질은 다소 떨어지나 속도는 빠르게 하는 방식이다.

부록

번호	용 어	해 설
62	DTMF(Dual Tone Multi-Frequency Dialing)	주파수가 다른 이중의 신호를 이용한 Dial 방식이다.
63	Dual Access	어떤 기능을 실행하고 있는 동안 다른 기능을 실행할 수 있는 기능. 현재 실행중인 동작이 끝날 때까지 기다리지 않아도 되므로 시간이 절약된다. 예) 문서복사중 메모리 송신, 리스트 출력중 메모리 수신 등이다.
64	Duplex	양면인쇄를 말한다.
65	Duplex Bind	페이지가 제본되는 방향을 지정하는 것으로 앞페이지의 뒷면이 다음 페이지의 앞면과 어떤 방향으로 붙을지에 따라 결정한다.
66	Duty Cycle	LBP에 별다른 무리를 주지 않고 한달 동안에 인쇄할 수 있는 Page수를 의미한다.
67	Dye Ink/ 염료잉크	색소(Colorant)가 현탁물(Suspension) 상태로 된 Pigment-based 잉크에 반대되는 것으로 색소가 용액(Solution) 상태로 된 잉크를 말한다.
68	ECM(Error Correction Mode)	송신시 전송선로에 이상이 생기더라도 팩스를 중단하지 않고 자체적으로 대응하여 처리해 가는 기능으로 다소 시간이 걸리지만 원고를 에러없이 보낼 수 있는 기능이다.
69	Emulation Mode	다양한 S/W들의 언어를 프린터가 받아들일 수 있도록 해주는 일종의 프린터의 통역장치. 인쇄시에는 반드시 컴퓨터의 S/W와 프린터의 Emulation Mode를 동일하게 맞추어야 한다.
70	ESC/P	래스터 컴퓨터에서 프린터를 제어하는 데 사용되는 명령 언어이다. 이러한 명령들을 사용하여 고급 그래픽 인쇄 등 레이저 프린터로 인쇄한 것 같은 효과를 낼 수 있는데, ESC/P는 Epson Standard Code for Printers(엡손 표준 프린터 코드)의 약어를 말한다.
71	EtherTalk/ 이더토크	애플컴퓨터와 쓰리콤사가 공동 개발한 이더넷 LAN용 하드웨어로 애플셰어 네트워크 운영체계와 함께 작동하도록 설계되어 있다. 애플토크(AppleTalk)은 초당 230KB씩 데이터를 전송하는데 반해 이더노크은 초당 10MB의 비율로 동축 케이블을 통해 데이터를 전송한다.
72	Font	인쇄되는 문자의 기본형태로 Bitmap, Scalable, Outline Font 등이 있다.
73	Fusing Unit	종이위에 부착된 토너를 열 또는 압력 등의 수단을 이용하여 종이위에 융착시키는 장치이다.
74	GDI 프린터	Graphic Device Interface GDI Driver는 Windows 응용 프로그램에서 보낸 GDI 명령을 다른 프린터용 언어로 바꾸지 않고, 그것을 곧바로 압축된 출력 Image로 변환하여 프린터로 전송하여 인쇄하는 형식의 프린터를 말한다.
75	Gray Scale	명암의 농도가 한 가지인 검정이 아니라 명암이 단계별로 표현된 회색점으로 이루어진 그래픽으로 한 Pixel을 Gray Scale 단계수만큼 표현할 수 있도록 하는 방법이다.
76	Halftone	명암의 농도를 단계별로 표시하기 위해 여러 Pixel(즉 Matrix)을 이용하여 한 Matrix 안에 검정으로 표시되는 Pixel의 개수로 명암의 단계를 표시하도록 표현하는 방법. 이는 Gray Scale에 비해 해상도가 낮다.

번호	용 어	해 설
77	IEEE/ 미국 전기전자기술자 협회	IEEE(Institute of Electrical and Electronics Engineers. Inc)는 1884년 전기 및 전자 분야의 기술자들을 훈련시키기 위해 설립된 단체로 전기, 전자, 컴퓨터, 전산 분야 등의 기술 분야에 대한 표준 제정, 세미나 및 회의 개최, 교육 등 다양한 활동을 하고 있다.
78	IEEE 1394	Serial 접속방식의 일종으로, USB보다 고속인 신기술 Interface 방식으로 200M~400Mbps의 전송속도를 가진다.
79	Interface	두 개의 Device 간을 연결하는 것을 총칭하는 것으로 연결하기 위해서는 H/W, S/W, Protocol이 맞아야 한다.
80	ISO (International Organization for Standardization)	국제표준화기구 ISO는 International Organization for Standardization 또는 International Standards Organization의 줄임말로 국제표준화 기구를 말한다. ISO는 나라마다 다른 공업규격을 조정 통일하고 물자 및 서비스의 국제적 교류를 쉽게 하기 위하여 1947년에 설립된 국제기구로서 우리나라는 1963년에 가입하였다.
81	Landscape	인쇄방향을 지정하는 용어로 가로방향으로 인쇄하는 방식을 말한다.
82	LBP(Laser Beam Printer)	Laser를 광원으로 하는 전자방식의 인쇄기술을 활용하는 프린터이다.
83	LCD(Liquid Crystal Display)/액정 디스플레이	랩톱 컴퓨터, 계량기, 테스터, 디지털 시계 등 소형 전동 전자장치에서 사용하는 저전력 디스플레이 기법. 레이터 프린터와 유사한 방식으로 토너를 종이에 전기적으로 압착시키는 고품질 프린터이다.
84	LED printer/ 발광 다이오드 프린터	레이저 프린터와 유사한 방식으로 토너를 종이에 전기적으로 압착시키는 고품질 프린터. 그러나 광원으로 광선이 아닌 발광 다이오드 매트릭스라는 점에서 레이저 프린터와 다르다. 이 프린터는 이미지를 만들기 위해 회전하는 프린터 드럼에 대해 다이오드를 켰다 껐다 하는 방식으로 작동한다.
85	LLC(Logical Link Control)	토큰링에서 사용하는 데이터 링크 제어 프로토콜을 말한다. IEEE.0.2와 같다. 커넥션 리스 형태의 프레임 타입이 LLC1, 커넥션 형태의 타입은 LLC2이다.
86	LocalTalk	로컬토크(LocalTalk)는 애플컴퓨터사가 모든 매킨토시 컴퓨터에 내장되어 있는 애플토크(AppleTalk)라는 통신 프로토콜을 이용하여 개발한 LAN 시스템의 이름을 말한다. 전화선을 통해 전송할 수 있도록 고안되었으며, 초당 235KB의 전송속도를 제공한다.
87	LPH LED	Printer Head 광원으로 Laser 대신에 LED Array를 사용한다.
88	LPS(Line per Second)	초당 출력되는 Line수이다.
89	LQ(Letter Quality)	한 방향으로만 인쇄하는 방식을 말하며 인쇄품질은 좋으나 속도는 다소 느리다.
90	Machine Life	제품수명으로 사용 가능한 수명을 총 인쇄장수로 나타냄. 이 기간 중 소모성의 일부 부품은 교체하는 기준으로 설정되며 제품별로 상이하다.
91	Macro	프린터 메모리에 일시적으로 또는 영구적으로 저장되는 명령어이다.

번호	용 어	해 설
92	MarkVision	프린터의 상태에 대한 정보를 제공하거나 한 개의 설치 파일을 여러대의 프린터를 구성할 수 있도록 해주는 양방향 통신능력을 가진 프린터 유틸리티 프로그램이다.
93	MFP(Multi-Functional Product)	하나의 제품에 여러 가지 기능(팩시밀리, 복사기, 스캐너 프린터 등)을 조합시킨 Product이다.
94	MMX	MMX(MultiMedia Extention)란 기존 CPU에 멀티미디어 관련 명령어를 약 52개 추가하고 32KB의 캐시메모리를 내장, 하드웨어에서 담당하던 작업을 CPU에서 도와줌으로써 멀티미디어 관련 프로그램의 성능을 최대 60% 향상시켜주는 기술을 가리킨다. 이 기술은 인텔이 1996년 3월 처음 공개한 CPU의 새로운 규격으로 복잡한 멀티미디어 및 통신 응용프로그램, 컴퓨터 그래픽 프로그램의 성능을 높이는 것이 특징이다. MMX 기술은 그래픽, 오디오, 비디오, 압축 및 압축해제, 알고리즘, 음성인식, 이미지 처리, 영상회의 등 다양한 분야의 응용프로그램을 분석해 가장 집약적인 루틴으로 처리하는 것이 특징이다. 따라서 압축속도를 개선하고 멀티미디어 및 통신 응용프로그램의 성능을 높여준다. 출시 초기에는 MMX기능을 지원하는 응용프로그램이 개발되지 않아 무용론까지 대두됐으나 1997년 매크로미디어 디렉터를 필두로 어도브사 등 그래픽, 멀티미디어 소프트웨어 전문업체가 제작한 MMX용 소프트웨어가 등장하고 있다. 국내에서는 1백66MHz급과 2백MHz급 MMX 컴퓨터가 주력 품목으로 떠오르고 있으며 조만간 일반 PC를 대체할 것으로 전망되고 있다.
95	MP Tray 용지(Multi-Purpose Tray)	Size의 제한없이 간단한 조정만으로 사용할 수 있는 Tray이다.
96	Network	서로 연결되어 정보를 공유할 수 있는 컴퓨터, 프린터, 그밖의 다른 하드웨어 장치 그룹이다.
97	OPC-Drum	전자사진방식 프린터에 사용되는 유전체 드럼으로 빛에 의해 인쇄하고자 하는 잠상을 형성하는 장치이다.
98	Outline Font	Font가 점으로 고정된 형태가 아니라 X, Y좌표로 위치가 표시된 점과 점 사이의 직선 또는 곡선식에 의해 구성되는 것이다.
99	Ozone Filter	인쇄과정에서 발생하는 오존(O_3)을 제거하기 위해 촉매작용을 하는 탄소(Carbon)로 구성된 필터이다.
100	Page Printer	Page 단위로 인쇄하는 프린터이다.
101	Paper Input	LBP가 채용할 수 있는 급지방법 및 용량을 결정하는 것을 말하며 급지방법은 카세트 급지, 다목적 트레이 급지, 수동 트레이 급지 등이 있다.
102	Paper Output	인쇄된 종이의 면이 나오는 방향 및 종이가 쌓이는 용량을 결정하는 것으로 종이가 출력되는 방향은 Face Up, Face Down이 있다.
103	Paper Path	인쇄되는 과정에서 종이가 지나가는 경로를 의미한다.
104	Parallel Port	단거리 데이터 전송을 위한 것으로 8bit씩 데이터가 이동하며, 컴퓨터에서 프린터로 단일 방향인 일반적인 Centronics Interface와 양방향인 Bi-tronics Interface가 있다.

번호	용 어	해 설
105	PC-FAX	PC FAX 응용프로그램을 사용하여 PC에서 작성된 파일을 내장 혹은 외부 Fax Modem을 이용하여 상대방 Fax에 송신하는 것이다.
106	PCL(Printer Control Language)/ 프린터 제어 언어	특정 상표의 프린터를 제어하기 위해 사용되는 명령어 세트. 일반적인 프린터 제어 언어로는 도트 매트릭스 프린터용 엡슨 명령어 세트와 IBM호환 레이저 프린터용 휴렛팩커드 프린터 제어언어(HPPCL), 활자 품질 프린터용 디아블로(Diablo) 명령어 세트 등이 있다.
107	PC-Scan	팩스 혹은 스캐너에서 스캔한 데이터를 PC로 올려 데이터를 가공 편집할 수 있도록 한 것이다.
108	PDL(Page Description Language)/ 페이지 기술언어	컴퓨터에서 인쇄 명령을 내리면 응용프로그램은 문서의 내용을 프린터 드라이버로 전하고, 프린터 드라이버는 이를 명령어를 통해 프린터가 이해할 수 있는 내용으로 변환한다. 프린터마다 사용하는 PDL이 다르지만, 보통 HP사의 PCL이나 어도비사의 포스트 스크립트가 가장 많이 사용된다. 이렇게 변환된 데이터는 인터페이스를 통해 프린터의 제어보드로 전달된 후 프린트된다.
109	PhotoREt II	PhotoREt II는 HP의 새로운 컬러잉크 카트리지와 함께 작동되며, 이 카트리지로부터 최대의 효율을 뽑아내도록 설계된 프린터의 드라이버, 펌웨어 및 하드웨어에 있어서의 기술적인 진보를 나타낸다. 이 카트리지는 이전의 데스크젯 카트리지에 비해 70% 작게 잉크 방울을 사용하는데 실제로 PhotoREt II에 적용되는 새로운 방울의 부피는 업계에서 가장 작은 것으로, 한 픽셀당 보다 많은 잉크 방울이 쏘아질 수 있다. PhotREt II는 각 도트에 쏘아지는 잉크의 양을 조절하여 선명한 출력, 보다 밝은 색조, 색조 간의 보다 부드러운 그라데이션 등을 포함하는 색상 품질상의 극적인 개선을 이루어냈으며, dpi만을 증가시켜서 얻을 수 있는 정도를 뛰어넘은 출력 품질을 이루어냈다.
110	Piezo 방식	잉크젯 프린트 방식의 한 종류로 물체에 전기를 가하면 압력이 생기는 압전현상을 이용하여 노즐에서 잉크를 밀어내는 방식이다.
111	Pigment Ink/ 안료잉크	색소(Colorant)가 현탁물(Suspension) 상태로 된 잉크를 말하며 dye-based ink에 비해 Performance가 좋다. 내수, 내광성이 강해 번짐이 없고 변색이 없어 선명하나 개발이 어렵다.
112	Pixel(픽셀)	화소, 화상을 구성하는 최소단위. 주로 점의 형태로 사용된다.
113	Post Script/ 포스트 스크립트	미국 어도비사가 개발한 국제 표준 페이지 기술언어로 전세계에 이미 5천개 이상의 애플리케이션 소프트웨어 및 프린터가 이 언어를 지원하고 있다. 최대 특징은 출력장치의 성능, 즉 해상도에 관계없이 문자, 그래픽, 화면을 고품위로 출력할 수 있다는 것. 문자의 회전, 확대/축소, 변형 등 고도의 편집 기능을 갖추고 있다.
114	PPM(Page Per Minute)	분당 페이지라는 의미로 어떤 하나의 기계에서 1분 동안에 처리할 수 있는 페이지의 갯수를 말한다. 예를 들면 프린터에서 1분 동안에 출력할 수 있는 페이지 갯수 등이 이에 해당된다. 일반적으로 프린터 등과 같은 인쇄장치의 성능을 평가하는 기준으로 사용되는 데 PPM이라는 단위를 사용하고 있다.

번호	용 어	해 설
115	PQET(Print Quality Enhancement Technology)	글자나 선의 외곽선을 부드럽게 처리함으로써 인쇄의 질을 높혀주는 프린터 기능으로 IBM에서 사용되는 용어이며, HP의 RET 등도 유사 개념이다.
116	RAM	Random Access Memory(임의 액세스 기억장치)의 약어로, 프린터 메모리의 일부는 버퍼로 사용되거나 사용자가 지정한 글꼴을 저장하는데 사용된다. 프린터를 끄면 RAM에 저장된 데이터는 모두 지워진다.
117	REN(Ringer Equivalent Number)	일종의 Ring Impedance를 나타낸 말로서 같은 Line에 얼마나 많은 기기를 연결해도 Ringing이 가능한가를 나타내는 기준
118	Resident Font Controller	보드의 ROM내에 저장되어 있는 기본 폰트로 Download Font에 대응되는 의미이다.
119	Resolution/해상도	인쇄된 이미지의 선명정도를 나타내는 측정단위로 1inch당 인쇄 도트수. 숫자가 높을수록 화질이 뛰어나다.
120	RET(Resolution Enhancement Technology)	단위 인치당 표현할 수 있는 dot수는 그대로 유지하면서 해상도를 향상시키는 기술이다.
121	RGB	빨강(R), 초록(G), 파랑(B)을 각각 나타낸다. 컴퓨터 모니터 뒤쪽에 있는 전자총에서 인광 물질이 칠해 있는 스크린으로 빛을 주사하여 만들어 내는 컬러로서 가상 컬러로 부른다.
122	ROM	Read Only Memory(읽기 전용 메모리)의 약어이다. 읽을 수만 있고 데이터를 저장할 수 없는 메모리로, ROM에 있는 내용은 프린터를 꺼도 지워지지 않는다.
123	Running Cost	종이 1장당 인쇄비용이다.
124	Scalable font/배율 조정 가능 폰트	특정 범위 내에서 일그러짐 없이 어떤 크기로도 확대하거나 축소할 수 있는 화면 폰트 또는 프린터 폰트. 배율조정 가능 폰트를 만들어 내는 데 가장 널리 사용되는 것은 외곽선 폰트 기법이지만, 선의 행렬의 형태로 글자가 만들어지는 스트로크 폰트(Stroke font) 기법 등 다른 기술도 가끔 사용된다. 매킨토시와 윈도 시스템용으로 가장 널리 사용되는 배율조정 가능 폰트로는 포스트 스크립트와 트루타입폰트가 있다.
125	SCF (Second Cassette Feeder)	프린터에 기본으로 장착되어 있는 용지 카세트 외에 옵션으로 제공되는 용지 카세트이다.
126	Shuttle-scan	잉크젯 프린터의 구동방식을 스캐너에 응용한 것으로 스캐너 모듈을 잉크 카트리지 옆에 부착하여 스캐너 모듈이 구동축을 따라 움직이면서 데이터를 스캔하는 기술이다.
127	Slot(슬롯)	Slot(슬롯)이란 PC 카드나 확장 보드를 끼우는 곳을 말한다. 컴퓨터에서 주변장치를 쉽게 확장하기 위해 주변장치를 위한 확장 카드를 모기판에 삽입할 수 있도록 마련되어 있는 홈. 시분할 방식의 다중화를 사용하여 자료를 교환하는 데이터 전송에서 송신 측에서 수신 측으로 전달되는 프레임에 대하여 각각의 장치에 대해 할당되어 있는 조그만 시간간격을 말한다.

번호	용 어	해 설
128	Status Monitor	인쇄작업을 시작하기 전에 남아 있는 잉크의 양이나 기타 프린터 상태를 점검하는 프로그램이다.
129	Toner(토너)	레이저 프린터와 복사기에서 사용하는 전기적으로 충전된 잉크로 아주 미세한 탄소와 금속이 혼합된 가루로 입자의 크기는 보통 12~18마이크론 정도다. 1마이크론은 백만분의 1미터를 의미하는 것으로 머리카락이 300마이크론 정도의 굵기라고 한다. 따라서 토너 입자의 크기는 머리카락의 20분의 1밖에 안되는 아주 작은 크기다. 프린터의 해상도가 틀려지면 이 토너 입자의 크기도 달라져서 이미지를 형성할 때 정전기적으로 충전된 드럼에 토너를 뿌린 다음 가열장치를 사용하여 종이에 융착시킨다.
130	Toner Saver	토너 사용량을 줄이기 위한 방식으로 어떤 Rule에 따라 인쇄 Dot수를 줄이는 방식이다.
131	True Type Font	마이크로소프트 윈도우에서 사용되는 서체로 화면에 나타나는 것과 동일하게 인쇄할 수 있는 서체이다.
132	Universal Cassette	A4, Letter, B5 등의 다양한 용지를 하나의 카세트로 사용할 수 있도록 조절 가능한 형태를 말한다.

04 OA 기기의 자가수리

1) 장마철 OA 기기 제품관리

지루한 장마철에 접어들었다. 습기에 특히 약한 OA 기기의 전자제품은 장마철에 적절한 관리나 응급조치를 해주지 않으면 잦은 고장을 일으킨다. 집중호우 등의 재해로 전자제품에 물이나 이물질이 들어갔다면 재빨리 응급조치를 취해야 피해를 최소화할 수 있다. 장마철 전자제품 관리방법과 피해시 응급조치법은 다음과 같다.

(1) 습기는 최대 '적'

장마철에 전자제품의 고장이 잦은 이유는 습도가 높아지면서 가전제품 내부의 열이 외부로 발산되지 않고 쌓이기 때문이다. 따라서 항상 적절한 통풍조절로 습기를 제거해줘야 한다. 통풍조절을 하려면 OA 기기의 전자제품도 열을 배출할 수 있는 공간이 필요하다.

또 폭우가 내리면 빗물이 벽면부터 스며들기 때문에 물기가 OA 기기의 전자제품으로 스며들지 않도록 벽과 10cm 이상 거리를 두는 것이 좋다. 빗물이 들이칠 수 있는 창가에 가전제품을 두는 것은 금물이다.

잘 사용하지 않는 OA 기기의 가전제품은 3~4일에 한 번씩 사용해 자체 열로 습기가 제거되도록 해준다.

부록

통풍이 잘 안 되는 OA 기기의 뒤쪽이나 장식장 안에는 습기 제거제를 넣어두는 것이 좋다. 공간이 좁을 경우에는 포장용 김에 들어 있는 실리카겔이나 말린 녹차팩을 두는 것도 좋은 방법이다. OA 기기 위의 장식 덮개는 통풍을 방해하므로 치우고, OA 기기를 사용하지 않을 때는 뚜껑을 열어 환기시키는 것이 좋다.

OA 기기 같은 것을 꽂는 OA 기기의 내부의 슬롯이나 OA 기기의 주변기기를 연결하는 외부의 연결단자들이 제대로 연결되지 않아 습기가 새어 들어가는 경우가 있다. 단자들이 부식을 일으키고 고장이 생기는 원인이다. 단자가 부식됐다면 면봉에 알코올을 살짝 찍어 가볍게 닦아주고 잘 말려서 사용하기만 해도 대부분의 문제는 해결된다. 카드나 케이블들이 움직이지 않도록 고정나사들을 단단히 조여 틈새를 막아주는 것도 부식을 막아주는 방법이다. 습기가 많은 날에는 잠깐이라도 PC를 켜 주는 것이 좋다.

특히 레이저 프린터 등 주변기기는 열이 많이 나기 때문에 바람이 잘 통하지 않는 좁은 공간에 붙여 놓지 않도록 한다. 무더운 날에는 OA 기기의 밀폐된 내부 안에 둬서도 안 된다. 직사광선을 받은 밀폐된 사무실이나 가정에서는 내부온도가 80° 이상으로 올라가 주요 부품이 망가지거나 플라스틱으로 된 키보드(자판) 등이 휘어 고장이 날 수도 있기 때문이다.

OA 기기는 자주 사용하지 않는다면 보관하는 가방이나 서랍에 방습제를 넣어두는 것이 좋다. 장기간 사용하지 않을 때는 배터리를 분리해 둬야 한다.

(2) 응급처치의 요령

집중호우로 침수피해를 보거나 빗물이 들어간 전자제품은 적절한 응급조치를 취하고 곧바로 애프터서비스를 받으면 원래 기능을 회복할 수도 있다.

우선 집중호우시 낙뢰나 번개가 치면 순간적으로 과전류가 전선을 따라 흐를 수 있으므로 전자제품을 사용하지 않는 것은 물론 플러그도 모두 뽑아놓는 것이 안전하다. 전선에 물기가 스며들어 누전이 됐을 경우에는 전기요금이 많이 나오거나 감전사고 위험이 있으므로 반드시 전문가에게 점검을 받아야 한다.

OA 기기의 전자제품에 빗물이 들어갔다면 제품 뒷면을 열어 일단 깨끗한 물로 세척해 고장을 일으킬 수 있는 오염물질을 제거한다.

세척 후에는 통풍이 잘 되는 곳에서 건조한다. 이때 완전히 건조되기 전까지 전원을 연결해서는 안 된다. 보통 햇볕에 2~3일 말려야 90% 정도 건조된다.

단, OA 기기의 부품을 말릴 때 헤어드라이기를 사용하면 정전기로 인해 망가질 수 있으므로 유의해야 한다. 응급조치를 한 후에는 최대한 빨리 서비스센터에서 점검을 받는 것이 바람직하다. OA 기기가 물에 잠겼을 때는 합선을 막기 위해 가장 먼저 배터리부터 제거하고 서비스센터로 가져가야 한다.

(3) 장마철 전자제품 관리 10계명

① 가전제품은 벽과 10cm 이상 거리를 둔다.

② TV와 오디오, 냉장고의 뒤쪽이나 장식장 안에는 습기 제거제를 넣어둔다.

③ 세탁기를 사용하지 않을 때는 뚜껑을 열어두고 TV나 오디오, 컴퓨터는 장식 덮개를 걷어둔다.

④ PC 등에 연결하는 케이블이나 카드 등은 움직이지 않도록 고정나사를 단단히 조여 준다.

⑤ 장기간 사용하지 않을 때는 플러그, 보조전원 스위치를 꺼 놓는다.

⑥ 집중호우나 벼락이 칠 때는 전자제품의 플러그를 뽑아둔다.

⑦ 카메라 가방에는 방습제를 넣어두고 장기간 사용하지 않을 때는 배터리를 분리해 둔다.

⑧ 침수가 됐다면 재빨리 전원코드 및 연결선을 뺀 뒤 물기를 제거한다.

⑨ 물이나 이물이 들어갔다면 이를 제거한 후 그늘진 곳에서 건조하고 서비스센터에 맡긴다.

⑩ 열이 많이 나는 주변기기들을 좁은 공간에 몰아넣지 않는다.

05 올바른 잉크젯 프린터 관리법

1) 평상시 관리법

① 잉크젯 프린터의 전원은 항상 켜두십시오 -카트리지 보호-(전기료 2~300원/월) 프린터는 전원을 켤(On) 때 오히려 전기가 많이 소모된다.

② 1주일에 한번은 프린팅하기/ 응고방지
컴퓨터[시작]→[설정]→[프린터/팩스]→해당 프린터 아이콘에서 오른쪽 마우스 누르고 [속성 or 등록정보]→[테스트페이지 인쇄]

③ 컴퓨터에서 노즐 청소하기(엡손, 캐논 일부제품)
컴퓨터[시작]→[설정]→[프린터/팩스]→해당 프린터 아이콘에서 오른쪽 마우스

누르고 [속성 or 등록정보] → [인쇄기본설정] → 상단 탭에서[유지보수 or 서비스] → 노즐 청소

④ 출력물이 처음부터 끝까지 가로로 스크레치(줄무늬)가 생길 때 ⇒
노즐이 막혀 있다. 앞의 ③을 2~3차례 시행한다.

⑤ 처음은 잘~ 나오다가 점점 희미 : 잉크 없음
프린팅 중지하고 빨리 충전하십시오!, 가스렌지에 빈냄비 올려 놓은 상황이 된다.

2) 증상 노즐이 막혔을 때 해결방법

준비물 : 마른 티슈, 따뜻한 물 반 컵, 접시, 책받침 or 마우스패드

① 카트리지를 분리한다(HP, 삼성, 캐논 일부기종의 경우에 해당된다).

② 우선 티슈 1장을 3번 정도(8겹) 접고 접은 티슈에 따뜻한 물을 약간 붓는다.

③ 카트리지 밑면을(노즐부분 네모형상) 적신 티슈에 약 1~2분 동안 밀착시킨다.

④ 1~2분후 마른 티슈 위에 잘~ 찍어본다(도장 찍듯이).

⑤ 노즐 모양이 질~찍힙니까? 불완전하다고요? 2~3회 계속 실시한다.

• 그래도 안되면 다음 마지막 단계

⑥ 접시에 따뜻한 물을 5mm정도(깊이로) 담는다.

⑦ 노즐부분을 접시 물에 담궈 놓는다(5~10분).

⑧ 마우스패드 or 책받침 위에 젖은 티슈를 깔고 카트리지를 꺼내어 노즐부분이 완전히 밀착되게 올려놓고 5~10분 기다린다.

⑨ 그 다음 위의 4번 도장작업을 시행한다.

⑩ 2~3회 반복

• 매우 심각... 즉시 잉크를 완전히 제거하고 새 잉크로 교체하거나 교체하여야 한다.

06 업종에 따른 구입 노하우

1. 구입전 검토하여야 할 사항

① 임대 & 구입
월 사용량 3,000 매이상이면 임대가 저렴하며 월 2000매 이하인 경우는 구입하는 것이 좋다 (A4 1BOX 2,500매).

② 월 사용량
③ 컬러 & 흑백
④ 유지비용(1장당 cost)
⑤ 주로 사용하는 size는?
⑥ 기타(A/S)

2. 복사(인쇄)점

디지털 고속 복합기이어야 하며 유지비용이 저렴하고 수리하기 좋은 제품을 선택해야 한다고 본다.

3. 디자인 회사

디지털 컬러 복합기이어야 하며 해상도가 중요하다. 또한 "맥"호환이 되는지 드라이버가 있는지 체크하여야 한다.

4. 설계사무소

디지털 복합기 및 컬러 복사기가 필요하며 캐드에 잘 프린팅되는 제품을 권한다.

5. 개인

소형복합기 위주이며 컬러 필요에 따라 잉크젯과 레이저로 구분해서 구입하는 것이 좋다.

6. 일반기업체

중형(20~45ppm)의 디지털 복합기를 구입하면 된다.
주로 임대 위주로 검토하는 것이 관리가 편리하며, 세법상에도 일반관리비용 정산하기에 좋다.

07 속도에 따른 소형, 중형, 대형 구분 구입 노하우

1. 구분 방법에는 속도에 따른 소형, 중형, 고속이라고 한다.
   소형 15매(A4/1분 기준) 이하
   중형 20매~40매
   고속 50매 이상으로 보통 칭한다.
   (대형복사기(도면 복사기라고도 한다)는 A3이상 A2, A1, A0 size이다)
2. 크기에 따라 A3 size 또는 A4 size라고 한다.

08 국내 제조업체 및 수입판매업체

1. 신도리코
   홈페이지 www.sindo.com
   대표이사 우석형

연　　혁 1960.7.7　신도교역 창입
1962.1　일본리코社와 한국총판 체결
1967.6　신도사무기기
1969.6　(주)신도리코 상호변경
1990.11　신도하이네트와 신도에이스를 설립

주요 취급품목 디지털 복사기, 컬러 복합기, 팩시밀리, 프린터, LCD프로젝터, 디지털 인쇄기

2. 후지제록스("구" 코리아제록스)

홈페이지 http://www.fujixerox.co.kr/
대표이사 정광은
연　　혁 1974 코리아제록스 설립
1993 대전공장 신축 준공
1995 코리아제록스 정보 시스템(주)설립
DaNet시스템(주) 설립
1999 한국 후지 제록스(주)로 회사명칭 변경

3. 캐논 비즈니스 솔루션("구" 롯데캐논)

홈페이지 http://www.canon-bs.co.kr/index.asp
대표이사 김대곤
연　　혁 1985.5.10　주식회사 롯데캐논(LOTTE CANON)설립
1986.01.29　복사기 네덜란드, 독일 수출 개시
1986.08.15　일본 Canon㈜와 기술도입 계약 체결
1986.08.22　외국인투자기업 등록
2006.03.　캐논코리아 비즈니스 솔루션㈜로 사명 개명

4. 삼성전자

홈페이지 http://www.sec.co.kr
대표이사 윤종용
연　　혁 1969.01 삼성전자 공업주식회사 설립
1969.12 삼성 SANYO 전기 설립
1970.01 삼성 NEC 설립
1978.07 미국 현지 판매법인 [SEA] 설립
1978.12 수출 1억불 돌파
1980.03 한국 전자통신(주) 인수
1982.06 독일 현지 판매법인[SEG] 설립
1982.09 최초의 포르투갈 현지 생산법인 [SEP] 준공

5. 태흥아이에스(코니카 미놀타)

홈페이지 http://www.tids.co.kr/Main.asp
대표이사 김양기
연　　혁 1991.03　일본 OKI사와 Printer에 대한 계약체결 및 Printer 사업개시

1999.01 Dot, Laser Printer 행정전산망용 프린터 조달업체로 선정
1999.12 인터넷 기업 '사이버링크'와 전략적 제휴
2000.03 일본 Konica 社와 전략적 제휴
2000.12 품질보증체제기업 인증 ISO 9001 획득
2005.04 코니카미놀타 유통망 태흥아이에스로 단일화

6. 청호컴넷

홈페이지 http://www.chunghocomnet.com/kor/index.asp
대표이사 전영안
연　　혁 1977 청호실업주식회사 설립
1981 대청전기주식회사 설립
1996 (주)청호전기 설립
1996 인천사무소 사옥 준공
1996 구로공장 신관 준공
1999 레이저 프린터 사업개시
2000 (주)청호컴넷으로 상호변경
2000 복사기 및 복합기 사업개시

7. 카이시스 (폐업)

홈페이지 http://www.kysys.co.kr/
대표이사 최상규
연　　혁 1981 구영사무기 법인 설립
1993 자도청사진 복사기 개발
1996 청사진 복사기 수출(대만, 중국, 태국)
2000 주식회사 카이시스 상호변경
2001 청사진 복사기 용지배출 감지장치 특허
2005 정부조달 납품업체 등록
2006 현대중공업(주)와 '도시바 디지털 복합기 대형 임대 및 솔루션 서비스 계약'체결

찾아보기

저자 약력

■ 남 상 엽

- 공학박사
- 삼성종합기술원 정보시스템연구소 근무
- 모토로라 반도체통신(주) 기술연구소 근무
- (현) 국제대학 IT계열 교수

■ 박 정 호

- 공학박사(성균관대)
- 삼성종합기술원 전자기기연구소 근무
- 인성정보 통신개발실 근무
- (주)코리아닷컴 시스템개발실 근무
- (주)두루넷 시스템개발실 근무
- (현) 서울디지털대학교 컴퓨터공학부 교수

■ 최 경 찬

- (현) 삼성솔루션 대표이사

OA 기기의 기본구성 및 응용

2010년 11월 10일 1판 1쇄 발행

저 자 남상엽 · 박정호 · 최경찬
발행인 남 승 우

발행처 도서출판 상尙 학學 당堂

서울특별시 동작구 사당3동 220-43
TEL : 02) 595-1692~4
FAX : 02) 595-1394
E-mail : namdoo6@unitel.co.kr
신고 : 2-155호 (1968. 11. 29)

정가 20,000원

ISBN 978-89-93383-89-8 93560

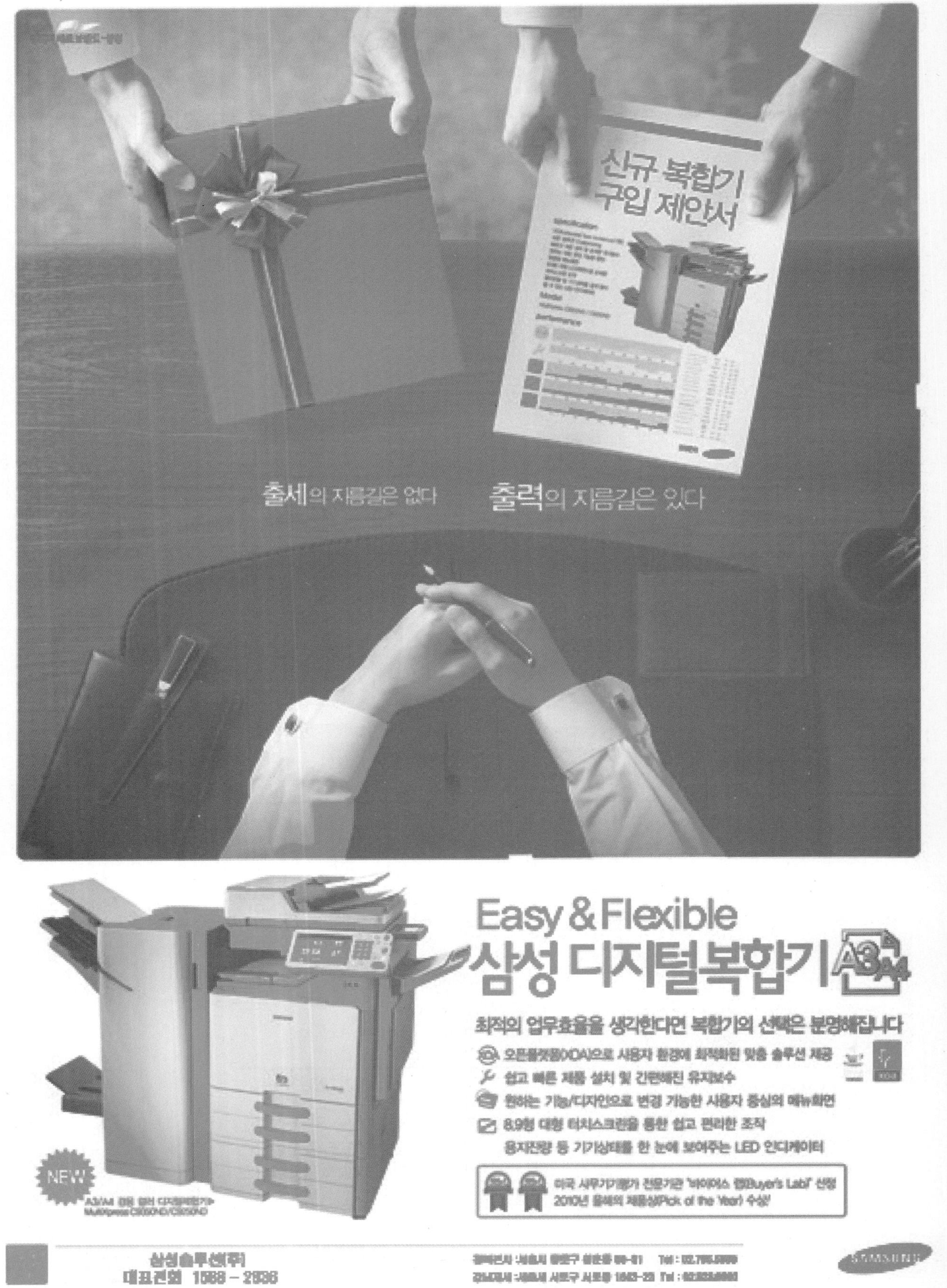

신규 복합기 구입 제안서
출세의 지름길은 없다
출력의 지름길은 있다
Easy & Flexible
삼성 디지털복합기
최적의 업무효율을 생각한다면 복합기의 선택은 분명해집니다
오픈플랫폼(XOA)으로 사용자 환경에 최적화된 맞춤 솔루션 제공
쉽고 빠른 제품 설치 및 간편해진 유지보수
원하는 기능/디자인으로 변경 가능한 사용자 중심의 메뉴화면
8.9형 대형 터치스크린을 통한 쉽고 편리한 조작
용지잔량 등 기기상태를 한 눈에 보여주는 LED 인디케이터
미국 사무기기평가 전문기관 '바이어스 랩(Buyer's Lab)' 선정
2010년 올해의 제품상(Pick of the Year) 수상!
NEW
삼성솔루션(주)
대표전화 1588 - 2936